Budischewski • Kriens
Aufgabensammlung Statistik

Kai Budischewski • Katharina Kriens

Aufgabensammlung Statistik

Übungsaufgaben für Psychologie, Sozial- und Humanwissenschaften

Anschriften der Autoren
Prof. Dr. Kai Budischewski
SRH Hochschule Heidelberg
Fakultät für Sozial- und Rechtswissenschaften
und Fakultät für Angewandte Psychologie
Ludwig-Guttmann-Str. 6
69123 Heidelberg
E-Mail: kai.budischewski@fh-heidelberg.de

Katharina Kriens
SRH Hochschule Heidelberg
Fakultät für Sozial- und Rechtswissenschaften
und Fakultät für Angewandte Psychologie
Ludwig-Guttmann-Str. 6
69123 Heidelberg
E-Mail: katharina.kriens@fh-heidelberg.de

1. Auflage 2012

© Beltz Verlag, Weinheim, Basel 2012
Programm PVU Psychologie Verlags Union
http://www.beltz.de

Herstellung: Sonja Frank
Reihengestaltung: Federico Luci, Odenthal
Umschlagbild: Veer/1985515
Satz: Reproduktionsfähige Vorlagen der Autoren
Bindung: Beltz Bad Langensalza GmbH, Bad Langensalza
Druck: Beltz Druckpartner GmbH & Co. KG, Hemsbach

Printed in Germany

ISBN 978-3-621-27921-5

Inhalt

2   Lösungen   64

Anhang 285

Vorwort

Liebe Leserin, lieber Leser,

zuallererst folgender Hinweis: Dies ist ein Arbeitsbuch, kein Lehrbuch! Wenn Sie noch nicht mit Statistik vertraut sind, dann empfehlen wir Ihnen zum Einstieg das Lehrbuch »Statistik und Forschungsmethoden« von Eid, Gollwitzer und Schmitt (2011). Hier dagegen werden wir Ihnen keine statistischen Ansätze erklären, hier soll/darf/kann geübt werden!

So manche Studentin, so mancher Student mag sich mit statistischen Berechnungen schwer tun – daher haben wir Aufgaben zusammengestellt, die einerseits einen umfassenden Überblick über die Deskriptivstatistik, Wahrscheinlichkeitsrechnung und Inferenzstatistik geben, und sich somit für eine Klausurvorbereitung außerordentlich gut eignen; andererseits haben wir uns bemüht, die Aufgaben mit Witz zu konzipieren, und die Lösungen detailliert und kleinschrittig erläutert. Des Weiteren haben wir zu jeder Aufgabe eine Bearbeitungsdauer und ein Schwierigkeitsniveau angegeben. Diese Angaben sind natürlich nur grob geschätzt! Einsteigern empfehlen wir, sich primär an leichten Aufgaben zu orientieren. Die mittelschweren Aufgaben richten sich an Fortgeschrittene und die kniffligen Aufgaben an Freunde der Statistik.

Um die Bearbeitung zu erleichtern, haben wir eine Formelsammlung (Anhang B) und eine Tabelle mit der Zuordnung der Aufgaben zu statistischen Verfahren (Anhang D) beigefügt.

Wir wünschen Ihnen viel Freude beim Rechnen (und Lösen) der Aufgaben!

Heidelberg, Frühjahr 2012

Kai Budischewski & Katharina Kriens

1 Aufgaben

1.1 Bälle in einer Trommel

Schwierigkeit: leicht   *Dauer: 15 min*

Wir haben eine Trommel mit insgesamt 200 Bällen. Die Bälle können unterschiedliche Farben haben sowie zusätzlich noch einen aufgedruckten Stern. Von jeder Kategorie gibt es so und so viele Bälle (Tabelle 1).

Tabelle 1 Aufteilung der Bälle in einer Trommel

	Rot	Blau	Grün	gesamt
Mit Stern	60	40	30	130
Ohne Stern	20	40	10	70
gesamt	80	80	40	200

Wie groß ist die Wahrscheinlichkeit,
a) einen blauen Ball zu ziehen?
b) einen roten oder einen grünen Ball zu ziehen?
c) einen grünen Ball mit Stern zu ziehen?
d) einen grünen und einen blauen Ball zu ziehen?
e) zuerst einen grünen und dann einen blauen Ball zu ziehen?
f) entweder einen grünen Ball ohne Stern oder einen blauen Ball mit Stern zu ziehen?
g) entweder einen roten Ball oder einen Ball mit Stern zu ziehen?
h) dass ein blauer Ball einen Stern hat?
i) dass ein Ball ohne Stern rot ist?

1.2 Statistik verstehen

Schwierigkeit: leicht   *Dauer: 10 min*

Die Wahrscheinlichkeit dafür, dass eine Person den Statistikunterricht versteht, sei $p(\text{verstehen}) = 0{,}8$.
a) Wie hoch ist die Wahrscheinlichkeit dafür, dass von einer Seminargruppe mit n = 25 Teilnehmern alle den Statistikunterricht verstehen?

b) Wie hoch ist die Wahrscheinlichkeit dafür, dass in der Seminargruppe mit n = 25 Personen niemand den Statistikunterricht versteht?

1.3   Zur falschen Zeit am falschen Ort?

Schwierigkeit: leicht   *Dauer: 10 min*

Die Wahrscheinlichkeit, sich zu irgendeiner Zeit am »richtigen Ort« zu befinden, beträgt p = 0,3. Die Wahrscheinlichkeit, sich zur »richtigen Zeit« irgendwo zu befinden, beträgt p = 0,5.
a) Wie groß ist die Wahrscheinlichkeit dafür, zur richtigen Zeit am falschen Ort zu sein?
b) Wie groß ist die Wahrscheinlichkeit dafür, zur falschen Zeit am richtigen Ort zu sein?
c) Wie groß ist die Wahrscheinlichkeit dafür, dass sich von n = 5 Personen mindestens 3 zur richtigen Zeit am richtigen Ort befinden?

1.4   Sich unersetzlich fühlen und austauschbar sein

Schwierigkeit: leicht   *Dauer: 15 min*

Die Wahrscheinlichkeit dafür, dass sich eine Person an ihrem Arbeitsplatz für unersetzlich hält, sei p(uners.) = 0,8. Die Wahrscheinlichkeit dafür, dass eine Person an ihrem Arbeitsplatz ohne größere Probleme ausgetauscht werden kann, sei p(aust.) = 0,625.
a) Wie groß ist die Wahrscheinlichkeit dafür, dass sich eine Person für unersetzlich hält, aber ohne größere Probleme ausgetauscht werden kann?
b) Wie groß ist die Wahrscheinlichkeit dafür, dass eine Person sich nicht für unersetzlich hält, aber nur mit größeren Problemen ausgetauscht werden kann?
c) Wie groß ist die Wahrscheinlichkeit dafür, dass sich von 10 Personen mindestens 8 für unersetzlich halten und auch nur mit größeren Problemen ausgetauscht werden können?

1.5   Multiple-Choice (1)

Schwierigkeit: leicht   *Dauer: 15 min*

In einem Test hat man vier Multiple-Choice-Fragen mit je fünf Antwortmöglichkeiten, von denen immer nur eine richtig ist.

Beispiel für eine Multiple-Choice-Aufgabe
Die Durchfallquote in einer Statistik-Klausur liegt bei:

1) 2 %	2) 10 %	3) 20 %	4) 35 %	5) 52 %

a) Wie groß ist die Wahrscheinlichkeit dafür, bei einer Frage per Zufall die richtige Antwort anzukreuzen?
b) Wie groß ist die Wahrscheinlichkeit dafür, bei einer Frage per Zufall eine falsche Antwort anzukreuzen?
c) Wie gesagt, der Test besteht aus insgesamt vier solcher Fragen wie das Beispiel oben. Wie groß ist die Wahrscheinlichkeit dafür, die erste Frage richtig und die zweite richtig und die dritte falsch und die vierte falsch zu beantworten?
d) Wie groß ist die Wahrscheinlichkeit dafür, die erste Frage richtig und die zweite falsch und die dritte richtig und die vierte falsch zu beantworten?
e) Wie groß ist die Wahrscheinlichkeit dafür, genau zwei Fragen richtig zu beantworten (egal ob die dritte und vierte oder die zweite und dritte oder ...)

1.6   Multiple-Choice (2)

Schwierigkeit: leicht   *Dauer: 10 min*

Ein Dozent entwickelt einen (zugegebenermaßen recht seltsamen) Multiple-Choice-Test. Dieser Test besteht aus 5 Fragen. Zu jeder Frage gibt es 20 Antwortmöglichkeiten, von denen jeweils nur eine einzige richtig ist.
Bitte rechnen Sie bei dieser Aufgabe mit 4 Stellen hinter dem Komma genau!
a) Wie groß ist bei diesem Multiple-Choice-Test die Wahrscheinlichkeit dafür, genau zwei Fragen (egal welche) per Zufall richtig anzukreuzen?
b) Wie groß ist bei diesem Multiple-Choice-Test die Wahrscheinlichkeit dafür, höchstens zwei Fragen (egal welche) per Zufall richtig anzukreuzen?

1.7   Mensa und Essen

Schwierigkeit: mittel   *Dauer: 15 min*

Sie sitzen in der Mensa und stochern in Ihrem Essen rum. Da es sich bei dem Gericht wider Erwarten nicht um ein kulinarisches Highlight handelt, schweifen Sie gedanklich ab. Sie überlegen, wie wahrscheinlich es ist, dass ...
a) die Nudeln nicht verkocht sind und somit gut schmecken?
b) Sie etwas Undefinierbares auf dem Teller haben?
c) es entweder Schnitzel oder Nudeln gibt?
d) Sie 5 Tage lang hintereinander lecker essen?

e) es sich bei einem leckeren Essen um Schnitzel handelt?

Eine Anwendungsbeobachtung bei 350 Mensabesuchen ergab Tabelle 2, die als Basis für die Aufgaben a) bis e) dienen mag.

Tabelle 2 Mensabesuche

	Nudeln	Schnitzel	Undefinierbar	gesamt
Lecker	45	100	35	180
Gar nicht lecker	55	80	35	170
gesamt	100	180	70	350

1.8   »Manchmal, aber nur manchmal ...«

Schwierigkeit: leicht   *Dauer: 10 min*

»... haben Frauen ein kleines bisschen Haue gern«, sangen »Die Ärzte« einst. Gesetzt den Fall, dieses »manchmal« entspräche einer Wahrscheinlichkeit von p = 0,02. Wenn jetzt hintereinander n = 10 Frauen darauf angesprochen werden:

a) Wie hoch ist die Wahrscheinlichkeit dafür, dass hiervon wenigstens eine Frau ein kleines bisschen Haue gern hat?

b) Wie hoch ist die Wahrscheinlichkeit dafür, dass von diesen zehn Frauen keine einen Gefallen daran findet?

c) Falls Sie das Lied nicht kennen, suchen Sie den Liedtext heraus und beschreiben Sie die Wahrscheinlichkeit dafür, dass der »Typ was auf die Fresse verdient«.

1.9   Jägermeister

Schwierigkeit: leicht   *Dauer: 5 min*

Sie sind einer von insgesamt zehn (kleinen) Jägermeistern. Laut den Angaben einer Düsseldorfer Tanzkapelle werden diese zehn Jägermeister nacheinander dahingerafft. Wie hoch ist die Wahrscheinlichkeit dafür, als dritter Jägermeister das irdische Dasein zu verlassen?

1.10 Hochschule Holtzhausen am Errl (HHE)

Schwierigkeit: mittel   *Dauer: 15 min*

Wir befinden uns an der Hochschule in Holtzhausen am Errl. Über diese Hochschule wissen wir einiges:

1. Es gibt hier insgesamt gleich viele Studentinnen wie Studenten.
2. Im Fachbereich Sozial- und Verhaltenswissenschaften gibt es insgesamt 330 Studentinnen und 170 Studenten.
3. Von den Studentinnen dieses Fachbereichs haben 40 % gute statistische Kenntnisse.
4. Von den Studenten dieses Fachbereichs haben 35 % gute statistische Kenntnisse.
5. An der Hochschule sind insgesamt 2000 Studierende immatrikuliert.

a) Wie groß ist die Wahrscheinlichkeit dafür, dass, wenn man sich zufällig eine Person auf dem Campus greift, diese Person weiblich ist?
b) Wie groß ist die Wahrscheinlichkeit dafür, dass diese Person weiblich ist und am Fachbereich Sozial- und Verhaltenswissenschaften studiert?
c) Wie groß ist die Wahrscheinlichkeit dafür, dass diese Person weiblich ist, am Fachbereich Sozial- und Verhaltenswissenschaften studiert, aber nur über geringe statistische Kenntnisse verfügt?

1.11 Psychische Beanspruchung

Schwierigkeit: leicht   *Dauer: 15 min*

Eine Gruppe von Studenten entwickelt während ihres Experimentalpraktikums einen Fragebogen zur Erfassung von psychischer Beanspruchung am Arbeitsplatz. Der Test hat 40 Fragen und jede Frage hat 4 Antwortmöglichkeiten. Jede Antwortmöglichkeit gibt zwischen 0 und 3 Punkten. Umso mehr die Person gestresst ist, desto mehr Punkte erreicht sie. Anhand der erreichten Punkte kann man am Ende sehen, wie beansprucht der Mitarbeiter ist. Anhand der Normierungsstichprobe berechnen die Studenten einen Mittelwert von 63 Punkten und eine Standardabweichung von 5 Punkten. Ab einem Prozentrang von 74 % wird dringend zu einem Stressbewältigungs- und Zeitmanagement-Training geraten. Welche der folgenden Mitarbeiter sollten ein solches Training besuchen?

Tabelle 3 Erreichte Punktzahl bei einem Test über psychische Beanspruchung

Mitarbeiter	A	B	C	D	E	F	G
Punktzahl	53	75	66	68	49	59	71

1.12   Penthes und Sileas

Schwierigkeit: mittel   *Dauer: 45 min*

Wir befinden uns in der Bronzezeit, viele, viele Jahre früher. Zwei benachbarte Amazonenstämme, die Penthes und die Sileas, wollen sich nicht mehr jedes Mal gegenseitig die Schädel einschlagen, wenn es um die Vorherrschaft um die einzige Wasserstelle geht. Diesmal wollen sie die Frage durch einen sportlichen Wettkampf klären.

a) Als erstes steht Speerweitwurf auf dem Programm. Je fünf Amazonen treten gegeneinander an. Am weitesten wirft eine Penthe. Am zweit- und drittweitesten je eine Silea. An vierter Stelle liegt wieder eine Penthe. Den fünften, sechsten und siebten Platz belegen Frauen vom Stamm der Sileas. Die restlichen Plätze werden von Penthen eingenommen.

Tja, welcher Stamm ist nun besser? Der weise Schamane Kaibus behauptet, dass die Rangplätze gleichverteilt seien. Würden Sie dem zustimmen?

b) Als nächster Wettkampf steht »Steine schleudern« auf dem Programm. Je zwanzig Werferinnen pro Stamm treten an, die aus fünfzig Schritt Entfernung ihre Steine auf ein Ziel schleudern. Hier die Ergebnisse:

Tabelle 4 Ergebnisse beim »Steine schleudern«

	Penthes	Sileas	gesamt
Treffer	12	9	21
Kein Treffer	8	11	19
gesamt	20	20	40

Unser weiser und freundlicher Schamane behauptet wieder, es gäbe keinen signifikanten Unterschied. Wie sehen Sie das?

c) Das nächste ist kein eigentlicher Wettkampf. Es geht lediglich darum, dass die Penthes behaupten, im Schnitt mehr Männer zu besitzen; nämlich 4 Stück, bei einer Standardabweichung von 0,75. Die Sileas haben im Schnitt 2,5 Männer, bei einer Standardabweichung von 0,5. An diesem Vergleich nehmen 30 Penthes und 30 Sileas teil. Würden Sie sagen, dass die Penthes wirklich im Schnitt mehr Männer haben?

d) Nach dem letzten Vergleich schlagen die Wogen hoch. Die Sileas haben zwar weniger Männer, behaupten jedoch, mit ihren Männern glücklicher zu sein, als es die Penthes mit ihren Männern jemals sein werden.

Unser weiser, kluger, intelligenter, guter, netter und freundlicher Schamane Kaibus betrachtet die jeweiligen Männer. Das wirklich Auffallende an den sileischen Männern sind ihre großen Nasen. Flugs erstellt Kaibus einen Fragebogen, der das

Glücklichsein der sileischen Frauen erfasst, und er misst noch die Nasengröße der anwesenden sileischen Männer.

Hier die Werte:

Tabelle 5 Ergebnisse beim Nasenvergleich

Nasengröße	10	7	8	10	6	13	11	9
Glücklichsein	27	18	23	22	14	28	26	22

Kaibus behauptet, dass 1. beide Merkmale normalverteilt seien und dass 2. die Nasengröße der Männer wohl mit dem Glücklichsein der Frauen in Beziehung stehe. Was meinen Sie dazu?

Anmerkung: Der Mann mit der Nasengröße 13 heißt angeblich Johannes.

Als Kaibus diese Vermutung äußert und die Penthen mit Entsetzen feststellen, dass ihre Männer alle über kleine Nasen verfügen, werden sie dermaßen zornig, dass sie Kaibus mit einer seltsam geformten Keule erschlagen. Alten Überlieferungen zufolge sieht die Keule ungefähr so aus:

1.13   Karriereplanung

Schwierigkeit: leicht   *Dauer: 15 min*

Der eigene Lebenslauf bzw. die persönliche Karriere ist ja eigentlich etwas, was man ganz allein entscheiden sollte. Doch nach einem Fernsehabend stellen eine befreundete Medienwissenschaftlerin und Sie sich berechtigterweise eine Frage: Ist es als prominente Person wirklich zu empfehlen, die (strauchelnde) Karriere um einen Besuch des australischen Outbacks zu ergänzen, der zudem auch noch medial von einem privaten Fernsehsender dokumentiert wird, oder schadet das nicht viel mehr dem eigenen Status? Sie stellen eine Stichprobe von 20 C- bis F-Prominenten auf und untersuchen ihren Prominentenstatus vor und nach dem Besuch des tropischen Lagers.

Hat sich der Prominentenstatus vorher zum Prominentenstatus nachher verändert?

Tabelle 6 Häufigkeiten zum Prominentenstatus von n = 20 möglicherweise Prominenten

| | | Prominentenstatus nachher | | |
		hoch	niedrig	gesamt
Prominentenstatus vorher	hoch	5	7	12
	niedrig	1	7	8
	gesamt	6	14	20

1.14   Studieren oder surfen in Australien?

Schwierigkeit: leicht   *Dauer: 15 min*

Nach dem Abitur steht einem die Welt offen! Schaut man sich die heutigen Abiturjahrgänge an, fällt doch auf, dass viele genau diese Chance wahrnehmen und das Studieren nach hinten verschieben, um in Neuseeland Kiwis zu pflücken, in Australien zu surfen, in Südafrika Weinreben zu pflegen oder Backpacking in Brasilien zu machen. Direkt nach dem Abi sind viele noch unentschlossen und wollen nicht sofort studieren. Doch nach einem Jahr voller neuer Leute und Erfahrungen sieht das häufig ganz anders aus: Sie untersuchen eine Stichprobe von 45 Abiturienten vor und nach ihrem Jahr »Work & Travel« und befragen sie mittels eines vollstandardisierten Interview nach ihrer Studienbereitschaft. Dabei ermitteln Sie folgende Ergebnisse:

Tabelle 7 Häufigkeiten von n = 45 potentiell Studierenden

| | | Studierbereitschaft nachher | | |
		hoch	niedrig	gesamt
Studierbereitschaft vorher	hoch	6	9	15
	niedrig	25	5	30
	gesamt	31	14	45

Hat sich die Studierbereitschaft vor einem Jahr »Work & Travel« zur Studierbereitschaft nach einem Jahr »Work & Travel« verändert?

1.15   Fußball-WM, Frauen und Männer

Schwierigkeit: leicht   *Dauer: 25 min*

Es ist Fußball-WM und Sie haben mit Ihren Mitbewohnern gewettet, wer die meisten Spiele richtig tippt. Pro richtig getipptes Ergebnis gibt es 2 Punkte und für eine richtige Tendenz gibt es 1 Punkt. Für einen falschen Tipp gibt es keine Punkte. Am Ende zeigten sich folgende Ergebnisse:

Tabelle 8 WG-Ranking 1. Durchgang

Mitbewohner	Punktzahl	Rangplatz
Steffen	94	1.
Anne	86	2.
Christin	64	3.
Max	38	6.
Nadine	41	5.
Matthias	52	4.

a) Sofort bricht der Kampf der Geschlechter aus: Die Jungs sehen sich als das klar bessere Team. Die Mädels sind da ganz anderer Meinung! Wie sehen Sie das? Übrigens: Das Verlierer-Team muss vier Monate den Putzdienst übernehmen …
b) Nachdem die Frage, wer im Geschlechtervergleich gewonnen hat, nicht eindeutig geklärt werden konnte, geht es in die zweite Runde: Die Jungs behaupten, dass sie häufiger das richtige Ergebnis geschätzt haben. Somit seien sie die Gewinner.

Tabelle 9 WG-Ranking 2. Durchgang

Mitbewohner	Anzahl richtig getippter Spielergebnisse	Rangplatz
Steffen	38	2.
Anne	43	1.
Christin	25	3.
Max	8	6.
Nadine	15	4.
Matthias	14	5.

Wie sehen Sie das? Gibt es einen geschlechtsspezifischen Unterschied bezüglich der Rangplatzverteilungen?

1.16 Nordlichter und Lederhosen

Schwierigkeit: leicht   *Dauer: 45 min*

Zwei Studentengruppen veranstalten ein Kräftemessen der besonderen Art! In 5 Disziplinen wollen sie herausfinden, wo die coolsten Studenten leben! Die Gruppe »Nordlichter« (N) umfasst 7 Teilnehmer. Die »Lederhosen« (L) zählen 8 Teilnehmer.

a) In der ersten Disziplin geht es um »Spätzle futtern«. Die Rangplätze sehen wie folgt aus:

Tabelle 10 Ergebnisse beim Spätzle futtern

Nordlichter	3.	6.	7.	9.	10.	11.	14.	
Lederhosen	1.	2.	4.	5.	8.	12.	13.	15.

Welche Gruppe eröffnet den Wettbewerb mit einem Sieg und geht in Führung? Oder sind die Mannschaften etwa gleich stark?

b) Die zweite Disziplin heißt »im Regen stehen«. Wider Erwarten sind die »Nordlichter« darin sehr gut – doch reicht das zum Sieg?!

Tabelle 11 Ergebnisse beim »im Regen stehen«

Nordlichter	1.	2.	3.	5.	9.	10.	11.	
Lederhosen	4.	6.	7.	8.	12.	13.	14.	15.

Leider erkälten sich dabei 3 »Lederhosen« und können fortan nicht mehr teilnehmen

c) Im dritten Durchgang wird das »Durchhaltevermögen auf der Semesteranfangsparty« abgeprüft. Es endet in einem Kopf-an-Kopf-Rennen. Anzumerken ist, dass ein »Nordlicht« und eine »Lederhose« beim Wettkampf nach Hessen durchgebrannt sind. Dies verstößt gegen die Regeln und so teilen sich die beiden die letzten beiden Plätze und werden anschließend disqualifiziert. Doch welche Gruppe kann diese Runde nun für sich entscheiden?

Tabelle 12 Ergebnisse beim »Durchhaltevermögen auf der Semesteranfangsparty«

Nordlichter	1.	3.	5.	7.	9.	10.
Lederhosen	2.	4.	6.	8.		

d) Um den vierten Wettkampf zu gewinnen, ist Muskelkraft gefragt: Die Gruppen treten im »Bleistiftnotizen aus Büchern radieren« gegeneinander an. Welche Gruppe hat die stärkeren Arme und gewinnt diese Runde? Reicht es eventuell schon für einen Vorentscheid?

Tabelle 13 Ergebnisse beim »Vergleich der Muskelkraft«

Nordlichter	3.	5.	6.	7.	9.	10.
Lederhosen	1.	2.	4.	8.		

Um die schon etwas angespannten Gemüter zu beruhigen, wird nun Bruderschaft getrunken. Die Lederhosen fangen stark an, doch nach der Hälfte haben die Nordlichter aufgeholt und die beiden inzwischen mehrfach verbrüderten Studentengruppen liegen gleich auf. Man kommt zu dem Schluss, dass »Geschwister« sich in ihrer Coolness eigentlich nicht voneinander unterscheiden, und beschließt, den Wettstreit auf sich beruhen zu lassen!

1.17 Die multifunktionale Gemüsereibe (1)

Schwierigkeit: leicht   *Dauer: 25 min*

Samstagnacht, 2:30 Uhr. Sie wären gerne auf der großen Sportlerparty, aber – wie es leider manchmal so ist – Sie müssen sich etwas dazuverdienen und hüten die drei schlafenden Kinder Ihrer Nachbarn. Durch Zufall landen Sie auf dem Homeshopping-Kanal. Beim Betrachten einer kaum synchronisierten Sendung entwickeln Sie folgendes Versuchsdesign für Ihre Bachelorthesis.
Fragestellung: Wirkt sich der zweistündige Konsum einer Dauerwerbesendung (»Die multifunktionale Gemüsereibe«) eines nationalen Homeshopping-Fernsehsenders auf das subjektive Aggressionspotenzial (SAP) aus?
Für eine Praktikabilitätsprüfung erheben Sie von n = 10 Personen mittels Fragebogen vor und nach der zweistündigen Sendung das SAP. Die erhobenen Daten besitzen Ordinalskalenniveau.

Tabelle 14 Subjektives Aggressionspotenzial (SAP) von n = 10 Personen vor und nach dem Betrachten einer Dauerwerbesendung

SAP vorher	2	5	2	7	5	6	1	3	7	3
SAP nachher	10	10	8	6	4	9	4	8	7	5

a) Bitte berechnen Sie folgende deskriptive Kennwerte: Mittelwert, Standardabweichung, Schiefe, Exzess und Varianz für SAP vorher und SAP nachher.

b) Bitte prüfen Sie, ob es zu statistischen bedeutsamen Veränderungen kommt.

1.18 Anpassung der Toleranzschwelle gegenüber unhygienischen Zuständen in Küche und Bad

Schwierigkeit: leicht   *Dauer: 25 min*

Im Rahmen einer Langzeitstudie wurde bei n = 8 Bewohnern eines Studentenwohnheims (Baujahr 1951) die Anpassung der Toleranzschwelle gegenüber unhygienischen Zuständen (TUZ) in gemeinsam benutzten Räumen wie Küche und Bad kurz nach dem Einzug und nach drei Jahren Wohndauer mittels standardisiertem Interviewleitfaden erhoben. Nach Desinfektion der Interviewbögen konnten folgende, nicht normalverteilte Daten erhoben werden:

Tabelle 15 Toleranzschwelle (TUZ; je höher der Wert, desto höher die Toleranzschwelle) gegenüber unhygienischen Zuständen von n = 8 Personen

TUZ vorher	6	4	7	3	3	5	4	8
TUZ nachher	5	4	9	3	5	6	7	9

a) Bitte berechnen Sie die deskriptiven Kennwerte Mittelwert, Standardabweichung, Schiefe, Exzess und Varianz.

b) Bitte prüfen Sie, ob es zu statistischen bedeutsamen Veränderungen kommt.

1.19 Broken Home

Schwierigkeit: leicht   *Dauer: 20 min*

Im Rahmen der vieldiskutierten Broken-Home-Thematik stellen Sie und Ihre Forschungsgruppe sich die Frage, ob es einen Zusammenhang zwischen dem Auftreten einer »Aufmerksamkeits-Defizit-(Hyperaktivitäts)-Störung« [AD(H)S] und dem Eheverhältnis der Eltern gibt.

Sie erfassen eine Stichprobe von n = 50 Kindern im Alter von 6 bis 12 Jahren.

Tabelle 16 Rohwerte von Kindern mit/ohne AD(H)S, deren Eltern verheiratet/geschieden sind

		Ehestatus		gesamt
		verheiratet	geschieden	
AD(H)S	ja	4	8	12
	nein	24	14	38
	gesamt	28	22	50

a) Gibt es einen Zusammenhang zwischen dem Eheverhältnis der Eltern und dem Auftreten einer AD(H)S-Störung?
b) Ist der Zusammenhang statistisch signifikant?

1.20 Schwimmabzeichen und Wohnsituation

Schwierigkeit: leicht *Dauer: 25 min*

Im Zuge einer sozioökonomischen Untersuchung des Instituts für »Besser schwimmen, schöner leben« wurden bei n = 10 Personen mittleren Alters die bisher abgelegten Schwimmabzeichen (Seepferdchen, Bronze, Silber, Gold, Totenkopf) erfasst und mit der aktuellen Wohnsituation (Mietwohnung, Eigentumswohnung, Reihenhaus, freistehendes Haus) in Verbindung gebracht.
Gehen Sie davon aus, dass ...
... ein freistehendes Haus besser ist als ein Reihenhaus, ein Reihenhaus besser als eine Eigentumswohnung und eine Eigentumswohnung besser als eine Mietwohnung.
Gehen Sie weiterhin davon aus, dass ...
... ein Totenkopf besser ist als Gold, Gold besser als Silber, Silber besser als Bronze und Bronze besser als Seepferdchen.
Verteilen Sie Rangplätze für »Schwimmabzeichen« und Rangplätze für »Wohnsituation«!

Tabelle 17 Schwimmabzeichen und Wohnsituation von 10 Versuchspersonen

Schwimmabzeichen	Wohnsituation
Seepferdchen	Freistehendes Haus
Totenkopf	Mietwohnung
Silber	Freistehendes Haus
Silber	Eigentumswohnung
Gold	Mietwohnung
Bronze	Reihenhaus
Gold	Mietwohnung
Seepferdchen	Reihenhaus
Bronze	Eigentumswohnung
Bronze	Reihenhaus

a) Überprüfen Sie, ob es einen Zusammenhang zwischen »Schwimmabzeichen« und »Wohnsituation« gibt. Berechnen Sie auch die gemeinsame Varianz der beiden Variablen.

b) Überprüfen Sie, ob der gefundene Zusammenhang statistisch bedeutsam ist!

1.21 Viele Köche verderben den Brei

Schwierigkeit: leicht   *Dauer: 35 min*

»Viele Köche verderben den Brei«, sagt man. Auf einer mehrwöchigen Erkundungstour durch Heidelberger Restaurants wagen Sie immer mal wieder einen Blick in die Küche und zählen die anwesenden Köche. Des Weiteren notieren Sie, ob Ihnen das Essen geschmeckt hat oder nicht.

Nach einiger Zeit, ziemlich viel Geld und doch ein paar neu hinzugekommenen Pfunden schauen Sie in Ihr Notizbuch und stellen folgende Liste zusammen:

Tabelle 18 Anzahl Köche und Qualität des Essens bei n = 11 Restaurants

Restaurant-Nr.	Anzahl Köche	Qualität Essen
1	wenige	gut
2	viele	gut
3	viele	schlecht
4	wenige	schlecht
5	wenige	schlecht
6	viele	gut
7	wenige	gut
8	viele	schlecht
9	viele	schlecht
10	wenige	gut
11	viele	schlecht

a) Wie groß ist – bei Annahme stochastischer Unabhängigkeit – die Wahrscheinlichkeit dafür, dass in einem Restaurant wenige Köche arbeiten und die Qualität des Essens schlecht ist?

b) Gibt es tatsächlich einen Zusammenhang zwischen der Anzahl der Köche und der Qualität des Essens? Lässt sich der in der Aussage »Viele Köche verderben den Brei« vermutete Zusammenhang statistisch untermauern (zweiseitig)? Prüfen Sie mit einem α-Fehler = 5 %!

1.22 Die multifunktionale Gemüsereibe (2)

Schwierigkeit: mittel   *Dauer: 50 min*

In ihrer Masterthesis beschäftigte sich Uschi W. aus C. mit der Wirkung von Dauerwerbesendungen auf die Kaufbereitschaft. Hierzu erhob sie von n = 120 Hausfrauen und Hausmännern die Einstellung zu einer Investition in eine multifunktionale Gemüsereibe vor und nach dem Konsum einer zweistündigen Dauerwerbesendung. Hierbei zeigten sich folgende Häufigkeiten (Tabelle 19).

Tabelle 19 Häufigkeiten Kaufbereitschaft vor und nach Konsum einer zweistündigen Dauerwerbesendung

| | | Kaufbereitschaft nachher | | |
		hoch	niedrig	gesamt
Kaufbereitschaft vorher	hoch	30	35	65
	niedrig	25	30	55
	gesamt	55	65	120

a) Hat sich die Kaufbereitschaft von vorher zu nachher statistisch bedeutsam verändert?

Uschi fragte sich weiterhin, ob es eventuelle Unterschiede zwischen Hausfrauen und Hausmännern bei der Kaufbereitschaft für die multifunktionale Gemüsereibe gibt. Daher betrachtete sie die Daten noch einmal für Frauen und Männer getrennt.
b) Hat sich die Kaufbereitschaft von Hausfrauen vor und nach Konsum einer zweistündigen Dauerwerbesendung verändert?

Tabelle 20 Häufigkeiten Kaufbereitschaft von n = 60 Hausfrauen

| | | Kaufbereitschaft nachher | | |
		hoch	niedrig	gesamt
Kaufbereitschaft vorher	hoch	15	25	40
	niedrig	5	15	20
	gesamt	20	40	60

c) Hat sich die Kaufbereitschaft von Hausmännern vor und nach Konsum einer zweistündigen Dauerwerbesendung verändert?

Tabelle 21 Häufigkeiten Kaufbereitschaft von n = 60 Hausmännern

| | | Kaufbereitschaft nachher | | |
		hoch	niedrig	gesamt
Kaufbereitschaft vorher	hoch	15	10	25
	niedrig	20	15	35
	gesamt	35	25	60

1.23 Neulich auf der Pferderennbahn (1)

Schwierigkeit: mittel   *Dauer: 45 min*

Zwei Ihrer Kollegen haben Ihnen jetzt schon mehrfach davon berichtet, wie schön es doch beim Pferderennen sei. Nun gut, es regnet nicht, Sie haben nichts Bestimmtes vor, also gehen Sie einmal hin. Heute treten hauptsächlich die Pferde zweier Gestüte gegeneinander an: Gestüt »Waringham« und Gestüt »Schickemühle«.

In einem ersten Rennen belegen die sechs Pferde des Gestüts »Waringham« die Plätze 1., 2., 4., 7., 8. und 9. Die fünf Pferde des Gestüts »Schickemühle« belegen die Plätze 3., 5., 6., 10. und 11.

a) Kann behauptet werden, dass sich die Gestüte hinsichtlich der Platzierung ihrer jeweiligen Pferde voneinander unterscheiden?

Obwohl Sie sich als Laie nicht besonders gut mit Pferden auskennen, bewerten Sie auf einer (normalverteilten) Skala von 1 »schlechter Wuchs« bis 6 »edler Wuchs« den Körperbau der Pferde.

Tabelle 22 Rohwerte zum Körperbau der Pferde aus den Gestüten »Waringham« und »Schickemühle«

Pferd Nr.	1	2	3	4	5	6
Waringham	6	5	6	4	2	4
Schickemühle	4	5	5	3	3	

b) Kann behauptet werden, dass sich die Werte zum Körperbau der Pferde zwischen den beiden Gestüten voneinander unterscheiden?

1.24 Im Silbersack

Schwierigkeit: mittel   *Dauer: 35 min*

Sie sitzen auf dem Hamburger Kiez im »Silbersack« am Tresen. Neben Ihnen sitzt Paule und erzählt Ihnen vom Leben im Allgemeinen und von seinem Leben im Speziellen. Davon scheint Paule ziemlich viel Ahnung zu haben:

Er meint, dass Matrosen – wie er – im Schnitt pro Abend 5 Telefonnummern von Mädchen bekommen (bei einer Standardabweichung von 1,4). Landratten, wie Sie es sind, würden es allerdings nur auf 3 Telefonnummern (bei einer Standardabweichung von 1,1) bringen. Basis seiner Aussage sind die Beobachtungen von $n = 63$ Landratten und $n = 51$ Matrosen.

a) Besteht überhaupt ein signifikanter Unterschied in der durchschnittlichen Anzahl an Telefonnummern zwischen Matrosen und Landratten?

Paule glaubt weiterhin, von der Anzahl seiner gespielten Lieblingslieder auf die Menge an Freibier (in Gläsern) schließen zu können.

Tabelle 23 Paules Lieblingslieder und Freibier

Anzahl der gespielten Lieblingslieder	3	7	6	1	9	7	4	2	3
Menge an Freibier (in Gläsern)	1	5	1,5	2	4	2,5	6	1	1

b) Was für ein Zusammenhang besteht zwischen den beiden Variablen? Ist der Zusammenhang signifikant? Gehen Sie davon aus, dass beide Variablen mindestens intervallskaliert sind.

1.25 Die Esel der Spartaner

Schwierigkeit: leicht   *Dauer: 20 min*

Irgendwann nach der Bronzezeit kam die Antike. Richtig interessant war es hauptsächlich in Griechenland. Wen gab es da nicht alles: Aristoteles, Plato, Pythagoras, Demosthenes, Sophokles und und und … Einer, den die Geschichtsschreibung zurecht völlig übersehen hat, war ein kleiner, eher dicklicher Statistiker und Philosoph namens Kaios, der – rein zufällig – ein Nachfahre des oben erwähnten Schamanen war, was sich unter anderem darin äußerte, dass er manchmal von wilden, kreischenden Amazonen träumte, die keulenschwingend hinter ihm herliefen. Als er eines Tages in seiner Toga über den Marktplatz von Athen schlenderte, stellte er sich folgende Frage:
In Sparta haben sie angeblich im Schnitt vier Esel (bei einer Standardabweichung von s = 1,5) pro Haushalt. Hier haben die Leute im Schnitt höchstens drei Esel (bei einer Standardabweichung von s = 1,2). Angeblich wurde die Befragung bei 50 Spartanern und bei 42 Athenern durchgeführt. Haben die Spartaner wirklich mehr Esel?

1.26 Palzenkekse

Schwierigkeit: leicht   *Dauer: 15 min*

Die international renommierte Keksfirma Palzen hat den national renommierten Psychologen Kabudis um Rat gefragt. Palzen verkauft in der BuReDeu drei verschiedene Kekssorten in je drei verschiedenen Geschmacksrichtungen. Die Prozentzahlen sind wie folgt:

Tabelle 24 Verkaufte Kekse in BuReDeu in Prozent

Kekse Geschmack	Form			gesamt
	rund	quadratisch	dreieckig	
Schoko	10%	15%	5%	30%
Kokos	25%	12%	3%	40%
Butter	5%	13%	12%	30%
gesamt	40%	40%	20%	100%

Im Statistiker-Testdorf Holtzhausen am Errl verkaufen sich die Kekssorten folgendermaßen:

Tabelle 25 Anzahl der verkauften Kekse in Holtzhausen am Errl

Kekse Geschmack	Form			gesamt
	rund	quadratisch	dreieckig	
Schoko	50	100	30	180
Kokos	80	30	10	120
Butter	70	20	110	200
gesamt	200	150	150	500

Tja, werden in Holtzhausen am Errl die verschiedenen Kekssorten nun entsprechend dem Verkauf in der BuReDeu gekauft oder nicht? (Achtung bei den Freiheitsgraden!)

1.27 Planet Stastik I (1)

Schwierigkeit: mittel   *Dauer: 60 min*

Irgendwo, in den unendlichen Weiten des Universums, liegt der Planet Stastik Eins. Wir schreiben das Jahr 2*Wurzel(Pi) a.u.c.
Auf Stastik Eins leben die Efftests und die Fiekors, gar wunderliche Wesen, im Schnitt circa 1,50 m groß; die Efftests mit einem eher orangefarbenen, die Fiekors mit einem eher grünlichen Fell, welches jedoch sorgsam bedeckt gehalten wird.

Der Sternenforscher und Ethno-, Physio-, Psycho- und Logologe Commander McKay, der vor zwanzig Jahren diesen Planeten besuchte, berichtet unter anderem von folgenden Daten:

Tabelle 26 Verteilung von Gumbatse bei Efftests und Fiekors

	Efftests	Fiekors	gesamt
Gumbatse	35	55	90
keine Gumbatse	40	20	60
gesamt	75	75	150

*Gumbatse sind kleine, weißlich-gelbe Wesen von rundlicher Gestalt und zäher Konsistenz, die beim Nationalsport Dänniz zum Einsatz kommen.

a) Würden Sie sagen, dass es bei der Verteilung der Gumbatse zwischen Efftests und Fiekors einen Unterschied gibt?
b) Wie hängen die Merkmale Efftests/Fiekors und Gumbatse/keine Gumbatse zusammen?

Commander McKay berichtet auch von einem zufälligen Besuch in einem öffentlichen Gebäude auf Stastik Eins. Er betrat 25-mal – ohne anzuklopfen – zufällig ein Zimmer: 13-mal traf er auf einen fiekorischen Beamten und 12-mal auf einen efftestischen. Mit seiner Super-senso-dynamo-Stoppuhr (made in Suitzaländ) maß er jedes Mal die Zeit, die der betreffende Beamte benötigte, um sein Essen wegzupacken und sich gerade hinzusetzen. Folgende Werte wurden von ihm übermittelt. Die Fiekors benötigten im Schnitt 32 Sekunden (mit einer Standardabweichung s = 4 sec); die Efftests 31 Sekunden (mit einer Standardabweichung s = 8 sec).
c) Tja, kann man behaupten, dass die Efftests die aufmerksameren Beamten waren?

Bei einem Besuch einer Revue-Gala zu seinen Ehren stellte McKay fest, dass die Menge unterschiedlich lange klatschte, je nachdem wie viel Fell der Tänzerinnen zu sehen war. McKay übermittelte folgende Werte:

Tabelle 27 Dauer des Klatschens und Menge des sichtbaren Fells bei n = 9 Tänzerinnen

Dauer des Klatschens (in Min)	4	6	1	2	4	3	1	5	4
Menge an sichtbarem Fell (in cm²)	20	25	12	13	23	18	4	20	19

Dauer des Klatschens wurde in normalverteilten Zeiteinheiten gemessen, Menge an sichtbarem Fell in ebenfalls normalverteilten Flächeneinheiten.

d) Was für ein Zusammenhang besteht denn nun zwischen den beiden Variablen?

e) Kann dieser Zusammenhang auch auf Populationsebene übertragen werden?

Eine Anekdote, die später über McKay erzählt wurde, als er schon lange seine Tätigkeit an der Universität auf Alpha Fehltauri aufgenommen hatte, besagt, dass die Wahrscheinlichkeit dafür, dass er an einem Tag mit zwei verschiedenen Socken an die Uni kam, $p = 0{,}5$ gewesen sein soll.

Die Wahrscheinlichkeit dafür, dass er den Hörsaal verwechselte, soll $p = 0{,}8$ gewesen sein und – zu guter Letzt – die Wahrscheinlichkeit dafür, dass er mitten im Satz den Faden verlor, $p = 0{,}5$.

f) Wie groß ist die Wahrscheinlichkeit dafür, dass er seine Socken verwechselte, den Hörsaal verpasste, aber nicht den Faden verlor?

g) Und wie groß ist die Wahrscheinlichkeit dafür, dass bei ihm mal alles klappte?

h) Und wie groß ist die Wahrscheinlichkeit dafür, dass an fünf hintereinander folgenden Tagen mindestens dreimal alles bei ihm schief ging?

1.28 Analphabetismus und Autofahrer

Schwierigkeit: mittel   *Dauer: 10 min*

Der Bund deutscher Fahrlehrer (BDF) hat Sie beauftragt, dem Auftreten von Analphabetismus im Straßenverkehr trotz schriftlicher Prüfung für den Führerschein nachzugehen. In einer winzig kleinen und keineswegs repräsentativen Studie wurden $n = 7$ Analphabeten und $n = 11$ Alphabetisierte hinsichtlich des Besitzes einer Fahrerlaubnis untersucht.

Hierbei zeigten sich folgende Werte:

Tabelle 28 Häufigkeiten von Analphabetismus und Besitz einer Fahrerlaubnis bei $n = 18$

	Fahrerlaubnis		
	nein	ja	gesamt
Analphabeten	2	5	7
Alphabetisierte	1	10	11
gesamt	3	15	18

Bitte gehen Sie mittels Fisher-Yates-Test der Frage nach, ob alphabetisierte Personen eher eine Fahrerlaubnis besitzen als Analphabeten!

1.29 Das finnische Möbelhaus

Schwierigkeit: mittel   *Dauer:10 min*

Das Institut für Sozial- und Marktforschung in Holtzhausen am Errl (ISMHE) ist bezüglich der Konzeption des neuen Claas-Hannason-Sofas eines eher unbekannten finnischen Möbelhauses beauftragt worden, eine Studie durchzuführen. Als Saisonfarben für Frühling 2013 sind weiß und blau angedacht. Da das Möbelhaus aufgrund begrenzter Mittel nur ein Sofa in die Massenproduktion geben kann, soll auf einer Messe eine Käuferstichprobe von 20 Personen Angaben zur Präferenz machen, ob sie eher ein weißes oder eher ein blaues Sofa kaufen würde.

Für die Auswertung wurden die Interessenten noch danach unterteilt, ob sie jünger oder älter als 30 Jahre sind. Hier sind die Daten:

Tabelle 29 Präferierte Sofafarbe und Alter bei n = 20 Messebesuchern

		Sofafarbe		
		weiß	blau	gesamt
Alter	**30 Jahre und älter**	6	5	11
	jünger als 30 Jahre	2	7	9
	gesamt	8	12	20

Bitte gehen Sie mittels Fisher-Yates-Test der Frage nach, ob jüngere Personen eher die Sofafarbe blau präferieren als ältere Personen!

1.30 »Schlafen, schlafen, vielleicht auch träumen ...«

Schwierigkeit: leicht   *Dauer: 25 min*

Als eingeschworene Radfahrerin sind Sie felsenfest davon überzeugt, dass Radfahrer um ein Vielfaches besser schlafen als der gemeine Autofahrer. Um das zu überprüfen, entwickeln Sie einen Fragebogen zur Schlafqualität und geben diesen Fragebogen an 20 Radfahrer und 20 Autofahrer. Bevor Sie jetzt auf Unterschiede testen können, muss leider zuerst auf Normalverteilung geprüft werden.

Von den Daten der insgesamt n = 40 Personen haben Sie den Mittelwert und die geschätzte Populationsstandardabweichung errechnet.
$\bar{x} = 32{,}3; \quad \hat{\sigma}_X = 11{,}835$
Dann haben Sie die Rohwerte in Kategorien einsortiert.

Tabelle 30 Kategoriehäufigkeiten zur Schlafqualität von n = 40 Personen

Kategorie	bis 15	bis 20	bis 25	bis 30	bis 35	bis 40	bis 45	bis 50	bis 55
Häufigkeit	3	4	5	6	7	5	3	4	3

a) Bitte prüfen Sie mittels des Kolmogorov-Smirnov-Tests auf Normalverteilung!
b) Bitte prüfen Sie mittels des χ^2-Tests auf Normalverteilung!

1.31 »Zwei mal drei macht vier ...«

Schwierigkeit: leicht   *Dauer: 25 min*

Als engagierte Statistik-Tutorin haben Sie den Eindruck, dass viele Erstsemester Angst vor mathematischen Formeln und Berechnungen haben. Um das zu überprüfen, stufen Sie n = 33 Studierende bezüglich Angst auf einer Skala von 0 »keine Angst« bis 10 »Panik« ein.
Hier sind die Daten:

Tabelle 31 Rohwerte zur Angst vor mathematischen Formeln und Berechnungen

Wert	1	2	3	4	5	6	7	8	9	10
Häufigkeit	1	1	2	4	7	6	5	3	2	2

a) Bitte prüfen Sie mittels des Kolmogorov-Smirnov-Tests auf Normalverteilung!
b) Bitte prüfen Sie mittels des χ^2-Tests auf Normalverteilung!

1.32 »Uni könnte so schön sein, wenn nur die ganzen Studis nicht wären«

Schwierigkeit: leicht   *Dauer: 25 min*

Immer wieder können Sie beobachten, dass junge Lehrkräfte doch ziemlich nervös zu sein scheinen. Um das zu überprüfen, stufen Sie n = 27 Lehrkräfte bezüglich Nervosität auf einer Skala von 1 »ganz ruhig« bis 8 »panisch« ein.
In Tabelle 32 sind die Daten dargestellt.

Tabelle 32 Rohwerte zu Nervosität von n = 27 Lehrkräften

Wert	1	2	3	4	5	6	7	8
Häufigkeit	2	3	3	5	6	4	3	1

a) Bitte prüfen Sie mittels des Kolmogorov-Smirnov-Tests auf Normalverteilung!
b) Bitte prüfen Sie mittels des χ^2-Tests auf Normalverteilung!

1.33 Intrinsische Motivation und Leistung

Schwierigkeit: knifflig   *Dauer: 75 min*

Es bestand Interesse an der Frage, ob sich intrinsische Motivation auf die Leistung im Beruf auswirkt. (Intrinsisch motiviert bedeutet, dass eine Person sich aus sich selbst heraus motivieren kann und nicht auf äußere Anreize – Geld etc. – angewiesen ist.) Dazu wurden in einem kleinen Experiment bei n = 12 Versuchspersonen folgende (normalverteilte) Variablen erhoben: Grad an intrinsischer Motivation (x) und Punktzahl in einer Leistungsbeurteilung (y). Des Weiteren wurde das Geschlecht erhoben. Tabelle 33 zeigt die Daten.

Tabelle 33 Grad an intrinsischer Motivation und erreichte Punktzahl bei einer Leistungsbeurteilung

Vpn	1	2	3	4	5	6	7	8	9	10	11	12
Grad i. M.	2	2	4	7	9	9	10	10	4	8	8	3
Punktzahl L. B.	2	5	7	17	15	13	13	17	6	8	12	4
Geschlecht	m	w	m	w	m	w	w	m	m	m	w	m

a) Besteht nun ein Zusammenhang zwischen »Grad an intrinsischer Motivation« und der »Punktzahl«? Wie viel Prozent an gemeinsamer Varianz gibt es?
b) Falls ein Zusammenhang besteht, ist dieser Zusammenhang bedeutsam?
c) Welche Punktzahl würden Sie für eine Person schätzen, deren Grad an intrinsischer Motivation 10 beträgt?
d) Berechnen Sie für Frauen und Männer getrennt jeweils Mittelwert und Standardabweichung für die Variable »Grad an intrinsischer Motivation«.
e) Geben Sie für die Variable »Punktzahl Leistungsbeurteilung« ein 95 %-Konfidenzintervall an, wenn der »Grad an intrinsischer Motivation« x = 10 beträgt.
f) Gehen Sie der Frage nach, ob sich Frauen und Männer hinsichtlich des »Grades an intrinsischer Motivation« im Mittel bedeutsam voneinander unterscheiden.

1.34 Die Bahnhofskneipe »Zur Pfütze«

Schwierigkeit: mittel   *Dauer: 45 min*

Alex B, ehemaliger Psychologiestudent und jetzt Wirt der Bahnhofskneipe »Zur Pfütze« in Holtzhausen am Errl, betrachtet seine Bierverkäufe der letzten paar Monate.

Dazu hat er pro Woche die verkauften Liter (in Hektolitern; 1 hl = 100 Liter) in Tabelle 34 aufgelistet.

Tabelle 34 Verkauftes Bier in der Bahnhofskneipe »Zur Pfütze«

Woche	1	2	3	4	5	6	7	8	9	10
Verkauftes Bier (hl)	3	4	4	5	4	6	5	7	6	8

a) Berechnen Sie eine Regressionsgerade von »Woche« (x) auf »Verkaufte Biere« (y)!
b) Mit wie viel verkauften Bieren sollte er für die 20. Woche rechnen? Berechnen Sie auch ein 95 %-Konfidenzintervall!
c) Berechnen Sie eine Regressionsgerade von »Verkaufte Biere« (x) auf »Woche« (y)!
d) Ab 40 Hektolitern bekommt Alex B von seinem Großhändler günstige Einkaufsoptionen. In welcher Woche kann er damit rechnen?

1.35 EDV-Fortbildungen und Umgang mit dem PC

Schwierigkeit: mittel   *Dauer: 45 min*

Als Mitarbeiter der Personalabteilung bekommen Sie den Auftrag zu überprüfen, ob es zwischen der Fähigkeit im Umgang mit einem PC und der Anzahl der in den letzten 12 Monaten besuchten EDV-Fortbildungen einen Zusammenhang gibt. Dazu erheben Sie bei n = 10 Mitarbeitern deren Fähigkeit im Umgang mit einem PC auf einer Skala von 0 bis 10, wobei »0« mangelnden Fähigkeiten entspricht, »10« sehr guten Fähigkeiten. Des Weiteren erfassen Sie bei diesen zehn Mitarbeitern die Anzahl besuchter EDV-Fortbildungen in den letzten zwölf Monaten.

Tabelle 35 zeigt die Daten.

Tabelle 35 Anzahl der besuchten Fortbildungen und Rohwerte der erworbenen Fähigkeiten; unterschieden nach Geschlecht

Mitarbeiter	1	2	3	4	5	6	7	8	9	10
Anzahl Fortbildungen	0	4	6	2	2	3	1	1	5	2
Fähigkeit	4	7	9	3	4	5	2	3	6	1
Geschlecht	w	w	m	m	m	w	m	m	w	w

a) Gibt es einen Zusammenhang zwischen »Fähigkeit im Umgang mit PC« und »Anzahl besuchter Fortbildungen«? Gehen Sie davon aus, dass beide Variablen intervallskaliert sind! Wie bewerten Sie den Zusammenhang? Wie viel Prozent erklärte/gemeinsame Varianz gibt es?
b) Ist der berechnete Zusammenhang statistisch von Bedeutung?
c) Berechnen Sie bitte für Männer und Frauen getrennt jeweils Mittelwert, Varianz und Standardabweichung für »Fähigkeit«.
d) Welchen Prozentrang erzielt ein Mann bezogen auf seine Gruppe mit einem Fähigkeitswert von 6?
e) Welchen Prozentrang erzielt eine Frau bezogen auf ihre Gruppe mit einem Fähigkeitswert von 6?
f) Vergleichen Sie die Varianzen von Frauen und Männern bezogen auf die Fähigkeitswerte.
g) Unterscheiden sich Frauen und Männer statistisch bedeutsam bezüglich der Fähigkeitswerte?

1.36 Pädagogischer Ansatz des Kindergartens und Schuleignung (1)

Schwierigkeit: leicht　　　　　　　　*Dauer: 15 min*

Der große Dienstleistungskonzern, in dem Sie arbeiten, möchte eine betriebseigene Kindertagesstätte/Kindergarten für die Mitarbeiter aufbauen. Als Pädagogische Konzepte werden der Montessori-Ansatz und der Situationsansatz diskutiert. Sie sollen nun eine kleine Studie durchführen, um herauszufinden, ob sich diese beiden Ansätze bezüglich der künftigen Schuleignung der Kinder unterscheiden.
Dazu führen Sie in einem Kindergarten mit Montessori-Ansatz bei n = 7 Fünfjährigen und in einem Kindergarten mit Situationsansatz bei n = 5 Fünfjährigen einen Schuleignungstest durch. Tabelle 36 zeigt die Daten.

Tabelle 36 Überblick der erreichten Punkte im Schuleignungstest und Erfassung des pädagogischen Ansatzes des Kindergartens

Punkte Schuleignungstest	17	13	14	9	6	5	12	16	15	11	8	10
Pädagogischer Ansatz des Kindergartens	M	M	M	M	M	M	M	S	S	S	S	S

M = M(ontessori), S = S(ituationsansatz)

Für den Schuleignungstest gilt: Je mehr Punkte, desto eher (schon) schulgeeignet.
Nach Angaben des Testmanuals für den Schuleignungstest kann nicht von einer Normalverteilung der Werte ausgegangen werden.
Unterscheiden sich die beiden pädagogischen Konzepte hinsichtlich der Schuleignung statistisch bedeutsam voneinander?

1.37 Neurotizismus bei Ehepartnern

Schwierigkeit: leicht   *Dauer: 15 min*

Der Scheidungsanwalt Marvin-Lennart S. aus Z. hat schon so manche Ehe geschieden. Da er im Nebenfach Psychologie belegt hatte, stellt er sich nun die Frage, ob sich die Neurotizismus-Werte von Ehepartnern in Scheidung voneinander unterscheiden. Bei n = 8 Ehepaaren erhebt er sowohl für die Frau als auch für den Mann jeweils den (intervallskalierten) Neurotizismus-Wert.

Tabelle 37 Neurotizismus-Werte von acht Ehepaaren

Ehefrau	15	7	11	14	16	9	10	12
Ehemann	16	8	10	12	5	13	9	14

Gibt es einen signifikanten Unterschied bezüglich der Neurotizismus-Werte von Ehepartnern?

1.38   Brille tragen und Geschlecht

Schwierigkeit: leicht   *Dauer: 10 min*

Irgendwann einmal machte sich jemand Gedanken darüber, ob mehr Frauen oder mehr Männer Brillenträger sind. Dieser jemand besah sich eine Stichprobe von n = 200 Personen und schaute nach folgenden zwei Merkmalen:
Merkmal 1: Geschlecht in den Ausprägungen weiblich bzw. männlich;
Merkmal 2: Brillenträger in den Ausprägungen ja bzw. nein.
Folgende Daten wurden gefunden: Es gab 40 Frauen mit Brille, es gab gleich viele Frauen wie Männer und es gab 30 Männer ohne Brille.
Aus diesen Daten könnte man nun eine kleine Tabelle aufbauen, die folgendermaßen gegliedert sein soll:

Tabelle 38 Verteilung von Brille tragenden Frauen und Männern

		Geschlecht		
		weiblich	männlich	gesamt
Brillen-	ja	a	b	
träger	nein	c	d	
	gesamt			N gesamt

a) Bitte füllen Sie die Tabelle aus!
b) Bitte berechnen Sie die Zellenhäufigkeiten (a-d), wenn die beiden Merkmale Geschlecht und Brillenträger stochastisch voneinander unabhängig sind.
c) Gesetzt den Fall, die beiden Merkmale Geschlecht und Brillenträger wären maximal voneinander abhängig, wie sähe die Tabelle unter Berücksichtigung der gegebenen Randsummen aus?

1.39   Was weißt denn du von Liebe?

Schwierigkeit: leicht   *Dauer: 20 min*

»Lass' die Finger von Emanuela« war 2005 ein Lied der Musik-Gruppe »Fettes Brot«. In diesem Lied wird ein Mann davor gewarnt, sein Herz an eine Frau namens »Emanuela« zu verlieren. Ausgehend von diesem Lied entwickelte sich die Fragestellung, ob es unter den Frauen mit dem Vornamen Emanuela deutlich mehr Singles gibt (als Indikator für gescheiterte Beziehungen) als unter den Frauen mit anderem Vornamen. Da es vergleichsweise wenig Frauen mit dem Vornamen »Emanuela« gibt, wurde beschlossen, statt des Namens auf die Silbenanzahl des Vornamens abzuheben.

Fünf Gruppen wurden anhand der Silbenanzahl des Vornamens gebildet:
- einsilbige Vornamen (Ann, Sue, Siv etc.)
- zweisilbige Vornamen (Mira, Sarah, Jutta etc.)
- dreisilbige Vornamen (Christine, Maria, Sabine etc.)
- viersilbige Vornamen (Dorothea, Elisabeth, Caroline etc.)
- fünfsilbige Vornamen (Alexandrina, Emanuela, Eleonore etc.)

Befragt wurden 1.000 Frauen im Alter zwischen 18 und 75 Jahren danach, ob sie in einer Partnerschaft lebten oder nicht sowie nach der Silbenanzahl ihres Vornamens. Hierbei zeigte sich folgendes Ergebnis:

Tabelle 39 Silbenanzahl des Vornamens und der Beziehungsstatus

| | | Silbenanzahl des Vornamens | | | | | |
		1	2	3	4	5	gesamt
Partner-schaft	ja	20	210	160	170	40	600
	nein	30	120	90	90	70	400
	gesamt	50	330	250	260	110	1000

Gibt es bei Frauen Unterschiede in Bezug auf den Beziehungsstatus in Abhängigkeit von der Silbenanzahl des Vornamens?

1.40 McKay auf der Akademie

Schwierigkeit: leicht   *Dauer: 20 min*

Captain McKay war natürlich nicht immer Captain. Damals, auf der Akademie, im letzten Halbjahr, musste er einen schriftlichen und einen praktischen Test ablegen. Außer ihm gab es noch acht weitere Teilnehmer. Ermittelt wurden die Rangplätze der insgesamt neun Personen. Tabelle 40 gibt die Ergebnisse für den schriftlichen und den praktischen Test wieder.
Die Frage ist nun: Bestand ein Zusammenhang zwischen den Ergebnissen im schriftlichen und im praktischen Test? Wie viel Prozent erklärbare Varianz gab es? War dieser Zusammenhang statistisch signifikant?

Tabelle 40 Kandidaten und Rangplätze für den schriftlichen und den praktischen Test

Kandidat Nr.	Name	Rangplatz schriftlich	Rangplatz praktisch
1	McKay	1.	8.
2	Piller	2.	3.
3	Dreu	3.	1.
4	Schoordie	4.	2.
5	Pickert	5.	5.
6	Spack	6.	6.
7	Nummerzwei	7.	4.
8	Duta	8.	9.
9	Kerk	9.	7.

1.41 Assessment-Center

Schwierigkeit: leicht   *Dauer: 20 min*

Bei einem Assessment-Center (AC) für einen weltweit agierenden Getränkehersteller muss man zu den 15 % Prozent der besten Kandidaten gehören, um für die zweite Runde eingeladen zu werden. Im Durchschnitt erreicht ein Kandidat bei der ersten Runde 87 von 140 Punkten. Die Standardabweichung liegt bei 9,2. Welche Kandidaten laden Sie in die zweite Runde ein?

Tabelle 41 Erreichte Rohpunktzahl im AC

Kandidat	1	2	3	4	5	6	7
Erreichte Punktzahl	66	120	84	93	89	96	99

1.42 Der Apfel fällt nicht weit vom Stamm

Schwierigkeit: leicht   *Dauer: 25 min*

Man sagt »Der Apfel fällt nicht weit vom Stamm«. Inwiefern hat dieses Sprichwort denn jetzt eine Berechtigung? Zur Untersuchung hat man von neun Müttern und ihren Töchtern jeweils den Intelligenzquotienten (IQ) erhoben. Die folgende Tabelle listet die Werte auf.

Tabelle 42 IQ-Werte von Müttern und Töchtern

Mutter	110	105	103	98	101	100	107	102	100
Tochter	112	104	102	100	103	98	108	105	102

a) Besteht ein Zusammenhang zwischen den IQ-Werten der Mütter und den IQ-Werten der Töchter? Wie viel Prozent erklärte Varianz gibt es? Falls ein Zusammenhang besteht: Ist der Zusammenhang statistisch signifikant?
b) Existiert ein statistisch signifikanter Unterschied zwischen den IQ-Werten von Müttern und Töchtern?

1.43 Matrixalgebra

Schwierigkeit: mittel   *Dauer: 30 min*

Gegeben ist eine Matrix X vom Typ (5x2).

$$X = \begin{bmatrix} 6 & 2 \\ 8 & 4 \\ 5 & 1 \\ 7 & 2 \\ 6 & 3 \end{bmatrix}$$

a) Bilden Sie die transponierte Matrix X'.
b) Berechnen Sie bitte eine Matrix Y als Produkt von X' und X: Y = X'X
c) Berechnen Sie bitte eine Matrix Z als Produkt von X und X': Z = XX'
d) Gegeben ist eine Matrix X vom Typ (2·2).

$$X = \begin{bmatrix} 4 & 1 \\ 3 & 2 \end{bmatrix}$$

Bitte berechnen Sie die Determinante Det(X)!
Bitte berechnen Sie die Inverse X^{-1}!

1.44 Zeig mir deine Plattensammlung – und ich sage dir, wer du bist!

Schwierigkeit: mittel   *Dauer:35 min*

Im Laufe eines Gesprächs kommt häufig die Frage nach dem Musikgeschmack. Aber warum? Erhofft man sich daraus Rückschlüsse auf die Persönlichkeit des Gegenübers?! Nach Costa und Mc Crae und ihrem Big 5-Ansatz impliziert das Merkmal »Verträglichkeit« in einer hohen Ausprägung beispielsweise folgende Attribute: freundlich, kooperativ, vertrauensvoll und warmherzig! Das sind Merkmale, die man sich selbst, aber auch seinem Partner bzw. seiner Partnerin gerne zuschreiben möchte. Hat der Musikgeschmack eventuell Auswirkungen auf die Verträglichkeitswerte? Das würde die Gesprächsführung ja enorm vereinfachen …

Sie befragen jeweils vier Personen nach ihrem Musikgeschmack (Heavy Metal, Elektro, Jazz und Pop) und erfassen ihre Werte bezüglich der Dimension »Verträglichkeit« anhand des NEO-PI-R. Gehen Sie davon aus, dass die Verträglichkeitswerte intervallskaliert sind!

Tabelle 43 Verträglichkeitswerte von n = 16 Personen in Abhängigkeit des präferierten Musikstils

	Musikstil			
	Heavy Metal	**Elektro**	**Jazz**	**Pop**
Verträglichkeit	5	4	1	3
	3	3	0	2
	5	3	2	5
	5	2	1	4

Ist das Persönlichkeitsmerkmal »Verträglichkeit« bei Anhängern unterschiedlicher Musikstile unterschiedlich ausgeprägt?

1.45 Zeig mir deinen Kühlschrank – und ich sage dir, wer du bist!

Schwierigkeit: mittel   *Dauer: 35 min*

Bei der Organisation eines Sommerfestes zur Feier der Abschaffung der Studiengebühren fallen Ihnen als führendem Organisator dieses Events die Sonderwünsche der Beteiligten auf. Als empirisch interessierter Student führen Sie kurzerhand eine kleine Untersuchung dahingehend durch, ob die Essgewohnheiten Auswirkungen auf die »Offenheit für neue Erfahrungen« haben. Sie verwenden die Items der Skala »Offenheit« des NEO-PI-R. Ein Intervallskalenniveau können Sie voraussetzen.

Unterschieden werden bezüglich des Essverhaltens vier Gruppen. Zu jeder Gruppe erheben Sie die Werte von vier Personen.

Tabelle 44 Offenheitswerte von n = 16 Personen in Abhängigkeit vom Essverhalten

	Essverhalten			
	Fleischesser	Vegetarier	Veganer	Frutarier
Offenheit	3	4	2	4
	4	3	3	4
	2	5	4	5
	1	2	3	5

Ist das Persönlichkeitsmerkmal »Offenheit« je nach primärem Essverhalten unterschiedlich stark ausgeprägt?

1.46 Lebensqualität von Patienten vor, während und nach der Therapie

Schwierigkeit: mittel   *Dauer: 25 min*

Am Universitätsklinikum in Ihrer Stadt wird eine neue Therapieform für Darmkrebs-Patienten untersucht. Sie haben die Aufgabe die Lebensqualität der Patienten mittels eines Fragebogens vor und während der sechswöchigen Therapien sowie nach Abschluss der Therapie zu untersuchen. Sie erheben dafür die Daten von n = 5 Patienten. Gehen Sie davon aus, dass die Daten ordinalskaliert sind.

Tabelle 45 Rohwerte zur Lebensqualität von n = 5 Patienten zu drei Messzeitpunkten

	Lebensqualität		
Vpn	vor Therapie	während Therapie	nach Therapie
1	70	80	85
2	80	90	70
3	60	65	50
4	85	80	75
5	90	95	80

Verändert sich die Lebensqualität im Verlauf der Messungen?

1.47 Karaoke-Bar

Schwierigkeit: mittel   *Dauer: 30 min*

Nach Abschluss Ihres Studiums haben Sie sich doch dazu entschlossen, lieber eine Karaoke-Bar zu eröffnen. Doch so ganz können Sie Ihre statistische Ausbildung nicht vergessen und interessieren sich dafür, ob die Anzahl der gesungenen Songs davon abhängt, welchem Geschlecht Ihre Gäste angehören und wie viel Prozent Alkohol das erste Getränk enthielt.

Tabelle 46 Alkoholgehalt des ersten Getränks und Geschlecht

	Alkoholgehalt		
	5%	15%	35%
männlich	6	8	9
	6	4	11
	9	6	7
weiblich	5	2	4
	3	8	5
	4	5	6

a) Gibt es einen globalen Effekt?
b) Gibt es einen Haupteffekt für Faktor A (Geschlecht)?
c) Gibt es einen Haupteffekt für Faktor B (Alkoholgehalt)?
d) Gibt es eine Wechselwirkung zwischen den Faktoren A und B?

1.48 Taschenrechner

Schwierigkeit: mittel   *Dauer: 45 min*

Statistik-Fan Kejbee interessierte sich eines Tages dafür, ob sich die Punktzahlen einer Methodenklausur danach unterschieden, ob die Leute den Taschenrechner STASTIK 5000, STASTIK 2000 oder STASTIK 0815 verwendeten (Faktor B) und ob es sich dabei um Jungspunde (bis 30 Jahre) oder um Greise (ab 30 Jahre) (Faktor A) handelte.

Und Kejbee erstellte eine Tabelle:

Tabelle 47 Punktwerte von n = 18 Personen in einer Methodenklausur

	Taschenrechnermodell		
	Stastik 5000	**Stastik 2000**	**Stastik 0815**
Greise	10	15	18
	12	18	20
	14	14	19
Jungspunde	16	17	23
	12	15	13
	10	13	20

Gemessen wurden die (intervallskalierten) Punkte in einer Methodenklausur.
a) Gibt es einen globalen Effekt?
b) Gibt es einen Haupteffekt für Faktor A (Alterskategorie)?
c) Gibt es einen Haupteffekt für Faktor B (Taschenrechnermodell)?
d) Gibt es eine Wechselwirkung zwischen den Faktoren A und B?

1.49 Museum alter Theorien

Schwierigkeit: mittel   *Dauer: 45 min*

Sehr geehrte Damen und Herren,
wir übertragen heute live die Abschlussfeierlichkeiten und Prämierungen aus dem
Museum alter Theorien. 18 Schiedsrichter durften je einmal eine Benotung abgeben.
Die alten Theorien stammten aus den Fachrichtungen (Faktor A) Psychologie und
Psychoanalyse und sie wurden eingeteilt nach dem Komplexitätsgrad (Faktor B):
leicht, mittel oder hoch (.
Zur Auswahl standen Theorien von Seligman (»gelernte Hilflosigkeit«), Freud (»Ich-
Es-ÜberIch«), James-Lange (»Ich bin traurig, weil ich weine«), Maslow (»Bedürf-
nishierarchie«), Budis (»Einstellung gegenüber Psychologen und die allgemeine
Lebenszufriedenheit«) und vielen anderen.
Die folgende Tabelle listet die (intervallskalierten) Einzelurteile auf.

Tabelle 48 Komplexitätsgrade psychologischer Theorien

	Komplexitätsgrad		
	leicht	mittel	hoch
Psychologie	40	10	10
	24	8	26
	26	12	24
Psychoanalyse	16	20	7
	14	22	6
	15	18	8

a) Gibt es einen globalen Effekt?
b) Gibt es einen Haupteffekt für Faktor A (Fachrichtung)?
c) Gibt es einen Haupteffekt für Faktor B (Komplexitätsgrad)?
d) Gibt es eine Wechselwirkung zwischen den Faktoren A und B?

1.50 Pädagogischer Ansatz des Kindergartens und Schuleignung (2)

Schwierigkeit: leicht   *Dauer: 25 min*

Ihr Chef war mit den Ergebnissen Ihrer ersten Untersuchung (Aufgabe 36) leider nicht so zufrieden … und – als Anhänger der Waldorf-Pädagogik – möchte er gerne, dass noch ein dritter Ansatz in die Untersuchung eingeschlossen wird. Naja, wenn er denn so will …

Dazu führen Sie in einem Kindergarten mit Montessori-Ansatz bei n = 6 Fünfjährigen, in einem Kindergarten mit Situationsansatz bei n = 6 Fünfjährigen und in einem Kindergarten mit Waldorf-Ansatz bei n = 6 Fünfjährigen einen Schuleignungstest durch. Für den Schuleignungstest gilt: Je mehr Punkte, desto eher (schon) schulgeeignet.

Nach Angaben des Testmanuals für den Schuleignungstest kann nicht von einem Intervallskalenniveau der Werte ausgegangen werden.

Hier sind die Daten:

Tabelle 49 Rohwerte in einem Schuleignungstest sortiert nach dem pädagogischen Ansatz des Kindergartens

Montessori	Situationsansatz	Waldorf
12	15	4
3	18	7
11	9	12
15	17	5
13	11	18
11	16	8

Unterscheiden sich die drei pädagogischen Konzepte hinsichtlich der Schuleignung statistisch bedeutsam voneinander?

1.51   Kundenzufriedenheit

Schwierigkeit: mittel   *Dauer: 20 min*

Im Rahmen einer Kundenzufriedenheitsstudie wurde die Kundenzufriedenheit einer varianzanalytischen Prüfung unterzogen. Geprüft wurde, ob die Kundenzufriedenheit variierte nach einem Faktor A »Haarfarbe Kundenbetreuer« mit den drei Stufen »blond«, »braun« und »schwarz« sowie einem Faktor B »Geschlecht Kundenbetreuer« mit den zwei Stufen »weiblich« und »männlich«. Die Ergebnisse der Varianzanalyse wurden in eine Tafel der Varianzanalyse übertragen. Unglücklicherweise gerieten Kaffeeflecken auf diese Tafel, so dass verschiedene Zahlen nicht mehr lesbar waren …

Bitte vervollständigen Sie die Tafel der Varianzanalyse, d.h. ersetzen Sie die Fragezeichen durch Zahlen bzw. durch die Kürzel »sig.« für Signifikanz oder »n.s.« für nicht signifikant in der Spalte »Signifikanz (sig.)«! Gehen Sie bei der Prüfung auf Signifikanz immer von einem α-Fehler = 5% aus!

Tabelle 50 Lückenhafte Tafel der Varianzanalyse »Kundenzufriedenheit«

Quelle der Variation	Quadratsumme	Freiheits-grade	F	sig.
Faktor A	48	?	?	n.s.
Faktor B	18	?	?	?
Wechselwirkung A*B	?	2	8,15	?
determinierte / Modell	210	?	?	?
Fehler	?	12		
Total	316	?		

1.52 Arbeitssicherheit

Schwierigkeit: leicht   *Dauer: 15 min*

Im Hoch- und Tiefbau ist es für Personen, die in großer Höhe arbeiten, Pflicht, während ihrer Tätigkeit Rettungsgurte zu tragen, die bei einem Absturz die Personen auffangen und schlimmere Verletzungen verhindern sollen. In einer Firma wurde nun der Tragekomfort verschiedener Modelle (UV 1 / Faktor A: Modell in den drei Stufen A1 »Modell immersicher«, A2 »Modell safetywear 2050 XXL« und A3 »Modell hängegut«) hinsichtlich des Tragekomforts überprüft. Da es jedes Rettungsgurtmodell noch in den Ausführungen »unmodisch« und »modisch« gab, wurde als zweiter Faktor noch die optische Aufmachung der Rettungsgurte (UV 2 / Faktor B: Farbgestaltung in den Stufen B1 »unmodisch« und B2 »modisch«) berücksichtigt.
Der Tragekomfort wurde auf einer Skala von 1 »kein Tragekomfort« bis 20 »sehr hoher Tragekomfort« gemessen.

Tabelle 51 Durchschnittlicher Tragekomfort pro Zelle des Versuchsplans

		Faktor A: Modell		
		»immersicher«	»safetywear 2050 XXL«	»hängegut«
Faktor B: Farbgestaltung	unmodisch	8	10	6
	modisch	11	9	13

a) Fertigen Sie eine Skizze/Abbildung/Graphik der Mittelwerte an! Bauen Sie die Skizze so auf, dass die Mittelwerte der modischen Rettungsgurte miteinander verbunden werden und dass die Mittelwerte der unmodischen Rettungsgurte miteinander verbunden werden.

b) Mit welchen Ergebnissen ist bei einer Varianzanalyse dieser Daten – basierend auf der Abbildung – vermutlich zu rechnen?
Ist mit einem Haupteffekt für Faktor A zu rechnen?
Ist mit einem Haupteffekt für Faktor B zu rechnen?

c) Leiten Sie aus den vermuteten Ergebnissen (b) der Studie Vorschläge ab, worauf bei der Anschaffung neuer Rettungsgurte zu achten ist!

1.53 Arbeitszufriedenheit: Honeymoon oder Hangover?

Schwierigkeit: mittel   *Dauer: 35 min*

Boswell, Shipp, Payne und Culbertson (2009) gehen in ihrer Studie davon aus, dass die Arbeitszufriedenheit von Job-Einsteigern nach einem kurvenförmigen Muster verläuft. Am Anfang ist man wahnsinnig zufrieden (Honeymoon), dann resigniert man und die Arbeitszufriedenheit bricht ein (Hangover). Doch letztendlich pendelt sich die Arbeitszufriedenheit wieder auf einem Mittelmaß ein (normalisierte Phase). Beeinflusst wird diese affektive Reaktion auf die zu verrichtende Arbeit beispielsweise durch die Organisationsstruktur und das Personalmanagement. Aufbauend auf diesen Erkenntnissen untersuchen Sie als engagierter Personaler einer mittelständischen GmbH die Arbeitszufriedenheit Ihrer fünf neu eingestellten High Potentials.

Tabelle 52 Rohwerte zur Leistungsmotivation von n = 5 High Potentials zu drei Messzeitpunkten

| Vpn | Leistungsmotivation | | |
	Anfang	nach 3 Monaten	nach 6 Monaten
1	9	4	5
2	9	4	8
3	9	7	14
4	10	9	5
5	8	1	3

a) Gehen Sie davon aus, dass die erhobenen Daten ordinalskaliert sind. Prüfen Sie, ob sich die Leistungsmotivation zu den drei Messzeitpunkten unterscheidet!

b) Gehen Sie davon aus, dass die erhobenen Daten intervallskaliert sind. Prüfen Sie, ob sich die Leistungsmotivation zu den drei Messzeitpunkten unterscheidet!

1.54 Glanz, glänzender, am glänzendsten

Schwierigkeit: mittel   *Dauer: 45 min*

Das neue Glanz-Shampoo (»tropical flash – limited edition«) Ihrer Firma soll die Haarpracht der Konsumentinnen bei konsequenter Anwendung mehr als nur zum Leuchten bringen. Sie haben eine Marktforschungsstudie durchgeführt. Dazu wurden drei Haartypen unterschieden: Sprödes Haar, leicht fettendes Haar und coloriertes/dauergewelltes Haar. Bewertet wurde der Glanz-Faktor des Haares nach der ersten, zehnten und dreißigsten Anwendung von jeweils n = 4 Frauen pro Haartyp. Für den Glanz-Faktor kann ein Intervallskalenniveau angenommen werden. Tabelle 53 zeigt die Daten.

Tabelle 53 Rohwerte Glanz-Faktor der Haare von 12 Frauen zu drei Messzeitpunkten unterteilt nach drei Haartypen

Haartyp	Nach 1. Anwendung	Nach 10. Anwendung	Nach 30. Anwendung	gesamt
sprödes Haar	3	4	5	12
	4	6	8	18
	2	2	5	9
	3	4	8	15
leicht fettendes Haar	4	3	5	12
	6	6	9	21
	3	5	7	15
	3	1	2	6
coloriertes/dauer-gewelltes Haar	2	2	5	9
	1	2	3	6
	2	3	5	10
	3	4	4	11
gesamt	36	42	66	144

a) Gibt es einen Haupteffekt für Faktor A (Haartyp)?
b) Gibt es einen Haupteffekt für Faktor B (Messzeitpunkte)?
c) Gibt es eine Wechselwirkung zwischen den Faktoren A und B?

1.55 Planet Stastik I (2)

Schwierigkeit: knifflig   *Dauer: 60 min*

Wir befinden uns im Jahr 2204. Aufgrund ihrer andauernden Quengeleien nach einem erweiterten Psychotherapeutengesetz sind alle Psychologen von der Mediziner-/Heilpraktikervereinigung auf den kleinen, düsteren Planeten Stastik I verbannt worden. Nur über einige wenige Spione können unsere wackeren Psychologen den Kontakt zur Erde aufrechterhalten.

»Wenn wir nur zeigen könnten, dass unsere Anwesenheit auf der Erde den Menschen Gutes bringt!«

»Ja, dann könnten wir sie vielleicht überzeugen, dass wir wieder zurück dürfen.«

»Sagt mal, da gab es doch diese eine Untersuchung von Prof. Dr. K. Budis, was ist eigentlich daraus geworden?«

»Ich glaube, diese Untersuchung wurde nie ausgewertet, aber die Daten müssten sich noch in meinem Computer befinden. Ich sehe nach.«

Und tatsächlich, die (intervallskalierten) Daten sind noch vorhanden: Untersucht wurde damals der Zusammenhang zwischen allgemeiner Lebenszufriedenheit (y) und Einstellung gegenüber Psychologen (x_1) sowie Medikamentenkonsum (x_2). Je höher die Werte, desto größer die allgemeine Lebenszufriedenheit, desto positiver die Einstellung gegenüber Psychologen und desto höher der Medikamentenkonsum.

Tabelle 54 Rohwerte von n = 10 Personen für »Allgemeine Lebenszufriedenheit«, »Einstellung gegenüber Psychologen« und »Medikamentenkonsum«

Allgemeine Lebens-zufriedenheit	Einstellung gegenüber Psychologen	Medikamentenkonsum
15	19	2
16	14	6
9	11	4
5	9	16
2	3	18
4	5	19
6	8	7
9	10	3
11	13	2
17	17	1

a) Kann man über »Einstellung gegenüber Psychologen« (EP) und »Medikamenten-konsum« (MK) (signifikant) auf »Allgemeine Lebenszufriedenheit« (ALZ) schätzen? Wie gut ist so ein Schätzmodell?

b) Eine Person hat folgende Werte: »Einstellung gegenüber Psychologen« EP = 12 und »Medikamentenkonsum« MK = 8. Was für ein Wert für die »Allgemeine Lebenszufriedenheit« (ALZ) kann geschätzt werden?

c) Wie gut kann alleine mit EP eine Vorhersage auf ALZ getroffen werden? Leistet der Prädiktor EP einen (signifikanten) Beitrag zur Vorhersage des Kriteriums ALZ?

d) Wie gut kann alleine mit MK eine Vorhersage auf ALZ getroffen werden? Leistet der Prädiktor MK einen (signifikanten) Beitrag zur Vorhersage des Kriteriums ALZ?

e) Erbringt die Hinzunahme von MK zusätzlich zu EP eine (signifikante) Verbesserung des Vorhersagemodells?

f) Erbringt die Hinzunahme von EP zusätzlich zu MK eine (signifikante) Verbesserung des Vorhersagemodells?

g) Berechnen Sie die Fehlerquadratsumme QS_e.

h) Berechnen Sie den Standardschätzfehler $\hat{\sigma}_e$.

i) Berechnen Sie für ALZ, EP und MK die geschätzten Populations-Standardabweichungen $\hat{\sigma}$.

j) Berechnen Sie die standardisierten Einflussgewichte β für EP und MK.

k) Erstellen Sie für den unter b) geschätzten Wert für ALZ ein 95 %-Konfidenzintervall!

1.56 Steinzeit ...

Schwierigkeit: mittel   *Dauer: 45 min*

Mammute und Säbelzahntiger bevölkern die weiten Steppen Eurasiens.

Die ersten menschenähnlichen Wesen tapsen durch die Gegend, immer auf der Suche nach Nahrung. Dort, dort hinten! Mitten in einer furchtbaren Einöde kann man einen kleinen Stamm Neandertaler sehen. Es ist der Stamm der Ugluk, wieder ohne Häuptling. Der letzte Häuptling wurde zu Geschnetzeltem verarbeitet, weil er den Stamm in diese furchtbare Einöde geführt hatte. Nun berät der Ältestenrat darüber, wie man endlich einmal einen Häuptling finden könnte, der etwas besser ist. Mit zu diesem Ältestenrat gehört der Zahlenmagier Gorkai, der Vorfahre einer ganzen Generation fähiger Statistiker (erinnert sei hier nur an: Kaibus, Kaios, Kabudis, McKay sowie Kai »Das ist alles ganz einfach« B.). Und Gorkai sprach: »Woran erkennt man einen guten Häuptling bzw. was könnte wichtig sein? Zum einen, wie schnell er Tierherden und damit Nahrung findet (Variable Schnelligkeit, in Tagen), zum anderen, wie weise er spricht (Variable Weisheit, in Weisheitspunkten). Ich weiß eine Magie, mit der ich – wenn ihr mir ein wenig helft – vorhersagen kann, wie

gut jemand als Häuptling sein wird. Sagt mir, wie war das bei unseren letzten Häuptlingen mit diesen Fähigkeiten?«
Und sie stellten eine Tabelle auf (Oh Tabellenmagie!).

Tabelle 55 Rohwerte von sechs Häuptlingen

Häuptling Nr.	1	2	3	4	5	6
Häuptlingsqualität (y)	1	2	4	2	8	3
Schnelligkeit (x_1)	14	14	10	8	4	12
Weisheit (x_2)	6	4	6	8	8	5

Tja, nun. Wunderbar, Gorkai, jetzt haben wir eine Tabelle erstellt. Jetzt zaubere! Wir wollen wissen:

a) Kann man über »Schnelligkeit« und »Weisheit« (signifikant) auf die »Häuptlingsqualität« schätzen? Wie gut ist so ein Schätzmodell?

b) Ein Kandidat auf die Häuptlingswürde schätzt für sich selbst Werte von Schnelligkeit = 4 und Weisheit = 9. Wie sieht es für ihn mit der »Häuptlingsqualität« aus?

c) Wie gut kann alleine mit »Schnelligkeit« eine Vorhersage auf die »Häuptlingsqualität« getroffen werden?

d) Wie gut kann alleine mit »Weisheit« eine Vorhersage auf die »Häuptlingsqualität« getroffen werden?

e) Erbringt die Hinzunahme von »Weisheit« zusätzlich zu »Schnelligkeit« eine (signifikante) Verbesserung des Vorhersagemodells?

f) Erbringt die Hinzunahme von »Schnelligkeit« zusätzlich zu »Weisheit« eine (signifikante) Verbesserung des Vorhersagemodells?

g) Berechnen Sie die Fehlerquadratsumme QS_e.

h) Berechnen Sie den Standardschätzfehler $\hat{\sigma}_e$.

i) Berechnen Sie für »Häuptlingsqualität« (HQ), »Schnelligkeit« (SC) und »Weisheit« (WE) die geschätzten Populations-Standardabweichungen $\hat{\sigma}$.

j) Berechnen Sie die standardisierten Einflussgewichte β für »Schnelligkeit« (SC) und »Weisheit« (WE).

k) Erstellen Sie für den unter b) geschätzten Wert für »Häuptlingsqualität« (HQ) ein 95 %-Konfidenzintervall!

1.57 Brown-Nosing

Schwierigkeit: knifflig   *Dauer: 60 min*

Der etwas verschrobene und oftmals zynische Sachbearbeiter Karl-Heinz W. aus H.a.E. machte sich Gedanken darüber, warum er bei Belobigungen und Ähnlichem wohl immer übergangen wird – im Gegensatz zu seinen fünf Kollegen. Beim Suchen im Internet entdeckte er eine US-amerikanische Studie, bei welcher »Brown-Nosing«, »Ground-Worshipping« und Belobigungen (ausgedrückt als Bonuspunkte) in Beziehung gesetzt worden waren. Daraufhin beurteilte er seine Kollegen hinsichtlich dieser Variablen.

Hier sind die Daten seiner fünf Kollegen:

Tabelle 56 Rohwerte von fünf Kollegen

Kollege Nr.	1	2	3	4	5
BP (y)	4	5	2	3	3
BNI (x_1)	3	4	1	1	2
GWS (x_2)	1	3	1	2	1

Legende: BP: Bonuspunkte (Wertebereich 0 bis 10)
BNI: Brown-Nosing-Index (Wertebereich -4 bis +4)
GWS: Ground-Worshipping-Scale (Wertebereich -3 bis +3)

Angeblich kann für jede der hier untersuchten Variablen von einer Normalverteilung ausgegangen werden.

Karl-Heinz W. stellte sich nun folgende Fragen:

a) Kann man über BNI und GWS (signifikant) auf BP schätzen? Wie gut ist so ein Schätzmodell?

b) Karl-Heinz W. schätzt für sich selbst Werte von BNI = -3 und GWS = -2. Wie sieht es für ihn mit Bonuspunkten aus?

c) Wie gut kann alleine mit BNI eine Vorhersage auf BP getroffen werden?

d) Wie gut kann alleine mit GWS eine Vorhersage auf BP getroffen werden?

e) Erbringt die Hinzunahme von GWS zusätzlich zu BNI eine (signifikante) Verbesserung des Vorhersagemodells?

f) Erbringt die Hinzunahme von BNI zusätzlich zu GWS eine (signifikante) Verbesserung des Vorhersagemodells?

g) Berechnen Sie die Fehlerquadratsumme QS_e.

h) Berechnen Sie den Standardschätzfehler $\hat{\sigma}_e$.

i) Berechnen Sie für BP, BNI und GWS die geschätzten Populations-Standardabweichungen $\hat{\sigma}$.

j) Berechnen Sie die standardisierten Einflussgewichte β für BNI und GWS.

k) Erstellen Sie für den unter b) geschätzten Wert für BP ein 95 %-Konfidenzintervall!

1.58 Erfolgsmission

Schwierigkeit: knifflig   *Dauer: 60 min*

Cap McKay (einige unter den geneigten Lesern werden sich noch an ihn erinnern) war auf der Suche: Er hatte von seinem Chef den Auftrag bekommen, eine erfolgreiche Mission zu starten. Und nun suchte er nach einer guten Mannschaft und einem guten Schiff. Und während er suchte, fragte er sich plötzlich, wie sehr Güte des Schiffes und Güte der Mannschaft eigentlich mit dem Erfolg einer Mission zusammenhängen. Er besorgte sich Daten über die letzten neun Missionen. Hier sind sie:

Tabelle 57 Rohwerte der letzten neun Missionen

Mission Nr.	1	2	3	4	5	6	7	8	9
Güte Mannschaft (GM)	3	3	6	5	8	9	8	9	11
Güte Schiff (GS)	4	6	3	8	5	8	6	6	9
Erfolg der Mission (EM)	0	1	3	4	5	6	7	9	10

Die Daten sind intervallskaliert; je höher der Wert, desto besser jeweils die Güte bzw. desto größer der Erfolg.
a) Kann man über GM und GS (signifikant) auf EM schätzen? Wie gut ist so ein Schätzmodell?
b) Cap McKay schätzt für seinen aktuellen Auftrag als GM = 10 und GS = 7. Wie sieht es für ihn mit dem Erfolg der Mission aus?
c) Wie gut kann alleine mit GM eine Vorhersage auf EM getroffen werden? Ist eine statistisch signifikante Vorhersage möglich?
d) Wie gut kann alleine mit GS eine Vorhersage auf EM getroffen werden? Ist eine statistisch signifikante Vorhersage möglich?
e) Erbringt die Hinzunahme von GS zusätzlich zu GM eine (signifikante) Verbesserung des Vorhersagemodells?
f) Erbringt die Hinzunahme von GM zusätzlich zu GS eine (signifikante) Verbesserung des Vorhersagemodells?
g) Berechnen Sie die Fehlerquadratsumme QS_e.
h) Berechnen Sie den Standardschätzfehler $\hat{\sigma}_e$.
i) Berechnen Sie für EM, GM und GS die geschätzten Populations-Standardabweichungen $\hat{\sigma}$.
j) Berechnen Sie die standardisierten Einflussgewichte β für GM und GS.
k) Bilden Sie für den unter b) geschätzten Erfolgswert ein 95 %-Konfidenzintervall!

1.59 Interviewereffekte

Schwierigkeit: leicht   *Dauer: 15 min*

Im Rahmen einer Bewerberauswahl haben drei verschiedene Interviewer per Zufall jeweils sechs Bewerber zugewiesen bekommen. Nach dem Interview haben die Interviewer für jeden Bewerber eine Punktzahl zwischen 1 = »gar nicht geeignet« bis 30 »absolut geeignet« vergeben. Für diese Punktevergabe kann kein Intervallskalenniveau angenommen werden.
Hier sind die Daten:

Tabelle 58 Rohwerte von drei Interviewern

Interviewer 1	Interviewer 2	Interviewer 3
24	10	22
12	16	21
19	17	26
20	18	23
24	15	11
29	9	25

Sie stellen sich nun die Frage, ob es vielleicht bei der Punktevergabe Interviewereffekte gibt.
Bitte stellen Sie Hypothesen auf (H_0, H_1)!
Bitte prüfen Sie mit einem geeigneten statistischen Verfahren die Hypothesen und formulieren Sie einen Antwortsatz!

1.60 Faktorenanalyse, allgemein

Schwierigkeit: leicht   *Dauer: 25 min*

Gegeben ist eine Faktorladungsmatrix A vom Typ (4*2).

$$
\begin{array}{c|cc}
 & Faktor\ I & Faktor\ II \\
\hline
Item\,1 & 0{,}8 & 0{,}4 \\
Item\,2 & 0{,}9 & 0{,}2 \\
Item\,3 & 0{,}2 & 0{,}9 \\
Item\,4 & 0{,}3 & 0{,}8
\end{array} = A
$$

a) Berechnen Sie bitte eine Matrix R als Produkt von A*A'.

b) Berechnen Sie bitte die Eigenwerte der beiden Faktoren I und II.

c) Eine Faktorenanalyse über einen Fragebogen mit 15 Items erbrachte folgenden Eigenwerte-Verlauf (Scree-Plot).

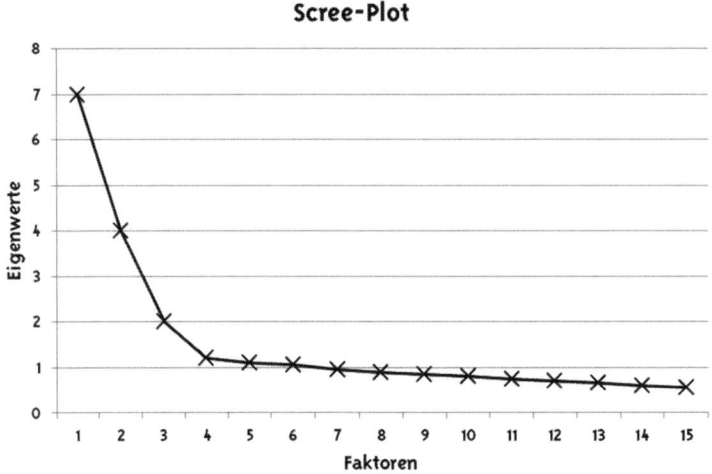

Abbildung 1 Scree Plot

Wie viele Faktoren wären nach dem Kaiser-Kriterium zu extrahieren?
Wie viele Faktoren wären nach dem Scree-Kriterium zu extrahieren?

1.61 Oh je, Mensa!

Schwierigkeit: knifflig   *Dauer: 45 min*

Sie sitzen mal wieder in der Mensa. Einige Plätze weiter unterhalten sich die Ingenieure über ihre zukünftigen Einstiegsgehälter (Klasse 1 = niedriges Einstiegsgehalt; Klasse 5 = sehr hohes Einstiegsgehalt). Ihnen fällt auf, dass diese Studentenspezies sehr häufig Karohemden (vorzugsweise aus Flanell) trägt. Auch scheinen nicht alle den Kontakt mit anderen Studenten gewöhnt zu sein.

Völlig in Gedanken überlegen Sie sich ein paar statistische Fragen ...

Tabelle 59 Einstiegsgehaltsklassen sowie Anzahl der Karohemden und der sozialen Kontakte

Einstiegsgehalt in Klassen	Anzahl der Karohemden	Anzahl der sozialen Kontakte
2	3	1
4	6	5
3	0	6
1	2	9
5	4	5
3	1	2
4	12	4
4	0	8

a) Kann man über »Anzahl Karohemden« (AK) und »Anzahl sozialer Kontakte« (ASK) (signifikant) auf »Einstiegsgehalt« (EG) schätzen? Wie gut ist so ein Schätzmodell?

b) Eine Person hat folgende Werte: »Anzahl der Karohemden« AK = 10 und »Anzahl der sozialen Kontakte« ASK = 2. Was für ein Wert für EG kann geschätzt werden?

c) Wie gut kann alleine mit AK eine Vorhersage auf EG getroffen werden? Leistet der Prädiktor AK einen (signifikanten) Beitrag zur Vorhersage des Kriteriums EG?

d) Wie gut kann alleine mit ASK eine Vorhersage auf EG getroffen werden? Leistet der Prädiktor ASK einen (signifikanten) Beitrag zur Vorhersage des Kriteriums EG?

e) Erbringt die Hinzunahme von ASK zusätzlich zu AK eine (signifikante) Verbesserung des Vorhersagemodells?

f) Erbringt die Hinzunahme von AK zusätzlich zu ASK eine (signifikante) Verbesserung des Vorhersagemodells?

g) Berechnen Sie die Fehlerquadratsumme QS_e.

h) Berechnen Sie den Standardschätzfehler $\hat{\sigma}_e$.

i) Berechnen Sie für EG, AK und ASK die geschätzten Populations-Standardabweichungen $\hat{\sigma}$.

j) Berechnen Sie die standardisierten Einflussgewichte β für AK und ASK.

k) Erstellen Sie für den unter b) geschätzten Wert für EG ein 95%-Konfidenzintervall!

1.62 Neulich auf der Pferderennbahn (2)

Schwierigkeit: mittel bis knifflig   *Dauer: 70 min*

Was für ein herrlicher Tag! Die Sonne scheint, und Sie haben in Ihrer Geldbörse einen zusammengefalteten 50 EURO-Schein gefunden, den Sie schon lange vergessen hatten ... Na dann, auf zur Pferderennbahn!

Im nächsten Rennen gehen neun Pferde an den Start. Sie schauen sich die Pferde und Jockeys an. Hmm ... Pferd Nr. 4 hat einen sehr schönen Wuchs ... Jockey Nr. 3 macht den selbstsichersten Eindruck ... Hmm ... Kann man über solche Sachen vielleicht die Geschwindigkeit der Pferde (und damit die Platzierung) abschätzen? Statt bei dem anstehenden Rennen schon eine Wette abzugeben, machen Sie eine Tabelle.

Den Wuchs der Pferde bewerten Sie auf einer Skala von 1 bis 10, wobei 1 für einen schlechten Wuchs steht und 10 für einen sehr edlen Wuchs des Pferdes.

Die Selbstsicherheit der Jockeys bewerten Sie auf einer Skala von 1 bis 5, wobei 1 für einen sehr unsicheren Eindruck steht und 5 für einen extrem selbstsicheren Eindruck.

Des Weiteren tragen Sie in Ihre Tabelle nach dem Rennen die Durchschnittsgeschwindigkeit der Pferde ein, allerdings nicht in km/h, sondern auf einer eigenen Geschwindigkeitsskala von 1 bis 20, wobei 1 für sehr langsam und 20 für sehr schnell steht. Zum Schluss erhalten Sie folgende Tabelle:

Tabelle 60 Rohwerte von neun Pferden zu Geschwindigkeit, Wuchs und Selbstsicherheit des Jockeys

Pferd Nr.	1	2	3	4	5	6	7	8	9
Geschwindigkeit Pferd GP (y)	15	20	15	19	16	17	18	17	16
Wuchs Pferd WP (x_1)	6	8	4	10	7	9	6	6	7
Selbstsicherheit Jockey SJ (x_2)	2	4	2	4	3	2	5	3	2

Tja, kann man mit Wuchs und Selbstsicherheit auf die Geschwindigkeit schätzen? Als anständige Sozialwissenschaftlerin haben Sie selbstverständlich Ihren Taschenrechner und eine kleine Taschenformelsammlung dabei und beginnen zu rechnen!

a) Kann man über WP und SJ (signifikant) auf GP schätzen? Wie gut ist so ein Schätzmodell?

b) Für das nächste Rennen wird ein Pferd vorgeführt, dessen Wuchs Sie mit 8 bewerten und dessen Jockey eine geringe Selbstsicherheit von 1 ausstrahlt. Bitte schätzen Sie die Geschwindigkeit y!

c) Wie gut kann alleine mit WP eine Vorhersage auf GP getroffen werden? Ist eine statistisch signifikante Vorhersage möglich?

d) Wie gut kann alleine mit SJ eine Vorhersage auf GP getroffen werden? Ist eine statistisch signifikante Vorhersage möglich?

e) Erbringt die Hinzunahme von SJ zusätzlich zu WP eine (signifikante) Verbesserung des Vorhersagemodells?

f) Erbringt die Hinzunahme von WP zusätzlich zu SJ eine (signifikante) Verbesserung des Vorhersagemodells?

g) Berechnen Sie die Fehlerquadratsumme QS_e und den Standardschätzfehler $\hat{\sigma}_e$.

h) Berechnen Sie für GP, WP und SJ die geschätzten Populations-Standardabweichungen $\hat{\sigma}$.

i) Berechnen Sie die standardisierten Einflussgewichte β für WP und SJ.

j) Bilden Sie für den unter b) geschätzten GP-Wert ein 95 %-Konfidenzintervall!

1.63 Qualitätssicherung: Lehrevaluation

Schwierigkeit: leicht   *Dauer: 10 min*

Immer mehr Universitäten und Fachhochschulen befragen ihre Studenten nach der Qualität der Vorlesungen. Diese Evaluationsergebnisse sollen Aufschluss darüber geben, wie es tatsächlich in deutschen Hörsälen zugeht und wie zufrieden die Studis mit ihren Veranstaltungen sind. Doch sind die Evaluationsergebnisse frei von Störvariablen?

Ihnen fällt auf, dass sich so manche Studentin und so mancher Student plötzlich in die Übung für »Finanzwirtschaft 3« oder »Literatur und Schrift des Frühmittelalters« setzt, da der Dozent oder die Dozentin hübsch anzusehen sind! Sie als Freund der Statistik befragen n = 83 Studentinnen und Studenten und ermitteln folgende Produkt-Moment-Korrelationen zwischen den Variablen »Evaluationsergebnis« (x_1), »Qualität der Unterlagen« (x_2) und »Attraktivität des Lehrkörpers« (x_3):

$$r_{X_1X_2} = 0{,}6; \quad r_{X_1X_3} = 0{,}7; \quad r_{X_2X_3} = 0{,}3$$

Wie ist die Korrelation zwischen »Evaluationsergebnis« (x_1) und »Qualität der Unterlagen« (x_2), wenn »Attraktivität des Lehrkörpers« (x_3) herauspartialisiert wird?

1.64 Metzger, Dreher und Frisöre

Schwierigkeit: knifflig   *Dauer: 70 min*

Die Gartenstadt-Berufsschule in Holtzhausen am Errl hat ein Problem: Individuelle Betreuung ist zwar schön, aber wenn in der Klasse statt 30 nur 3 Schüler sitzen, dann sollte man Ursachenforschung betreiben! Die engagierte Vertrauenslehrerin Sabine hat den Verdacht, dass die Motivation mit den Fehltagen zusammenhängt. Daher erhebt sie mittels Fragebogen die intervallskalierten Motivationswerte sowie die (ebenfalls intervallskalierten) Fehltage von 12 Schülern aus drei verschiedenen Berufsschulklassen (Metzger, Dreher und Frisöre). Hier sind die Daten:

Tabelle 61 Rohwerte zu Motivation und Fehltagen von n = 12 Schülern, getrennt nach Berufsschulklasse

Berufsschulklasse	Motivation (X)	Fehltage (Y)
Metzger (i = 1)	$x_{11} = 3$	$y_{11} = 2$
	$x_{21} = 2$	$y_{21} = 3$
	$x_{31} = 3$	$y_{31} = 1$
	$x_{41} = 2$	$y_{41} = 1$
Dreher (i = 2)	$x_{12} = 5$	$y_{12} = 4$
	$x_{22} = 4$	$y_{22} = 3$
	$x_{32} = 6$	$y_{32} = 3$
	$x_{42} = 4$	$y_{42} = 4$
Frisöre (i = 3)	$x_{13} = 7$	$y_{13} = 8$
	$x_{23} = 6$	$y_{23} = 7$
	$x_{33} = 8$	$y_{33} = 6$
	$x_{43} = 8$	$y_{43} = 7$

a) Besteht für die gesamte Stichprobe ein Zusammenhang zwischen »Motivation« und »Fehltagen«?
b) Ist dieser Zusammenhang signifikant?
c) Berechnen Sie eine Einfachregression von »Motivation« (x) auf »Fehltage« (y).
d) Berechnen Sie für jede Berufsschulklasse einzeln die Einfachregression!
e) Bitte erstellen Sie ein Streudiagramm mit den Achsen »Motivation« (x) und »Fehltage« (y) und zeichnen Sie die Regressionsgerade für die Gesamtstichprobe ein.
f) Zeichnen Sie die drei berechneten Regressionsgeraden in das Streudiagramm ein!
g) Berechnen Sie die geschätzte Populationsvarianz der Gruppenmittelwerte für die Variable »Fehltage«!
h) Berechnen Sie die geschätzte Level-1-Varianz!
i) Berechnen Sie die geschätzte Level-2-Varianz!
j) Berechnen Sie die erwartungstreu geschätzte Intraklassen-Korrelation!

1.65 Umzugsbereitschaft und Attraktivität des Praktikumsplatzes

Schwierigkeit: mittel   *Dauer: 65 min*

Die Studentenvertretung einer renommierten Universität der vermutlich schönsten Stadt der Welt, der Freien und Hansestadt Hamburg, wollte wissen, ob es einen Zusammenhang zwischen der Umzugsbereitschaft ihrer Studierenden und der Attraktivität des jeweiligen Praktikumsplatzes gibt. Dazu wurden n = 15 Studierende bezüglich »Umzugsbereitschaft« und »Attraktivität« des Praktikumsplatzes befragt. Des Weiteren wurde noch erhoben, ob der Praktikumsplatz in einer Metropole, einer mittelgroßen Stadt oder einer Kleinstadt lag. Umzugsbereitschaft und Attraktivität konnten intervallskaliert erhoben werden. Hier sind die Daten:

Tabelle 62 Umzugsbereitschaft und Attraktivität des Praktikumsplatzes von n = 15 Studierenden unterteilt nach Größe der Stadt des Praktikumsplatzes

Praktikumsplatz liegt in	Attraktivität Praktikumsplatz (x)	Umzugsbereitschaft (y)
Metropole (i = 1)	$x_{11} = 2$	$y_{11} = 9$
	$x_{21} = 4$	$y_{21} = 10$
	$x_{31} = 3$	$y_{31} = 8$
	$x_{41} = 2$	$y_{41} = 6$
	$x_{51} = 6$	$y_{51} = 10$
Mittelgroße Stadt (i = 2)	$x_{12} = 7$	$y_{12} = 7$
	$x_{22} = 5$	$y_{22} = 6$
	$x_{32} = 8$	$y_{32} = 6$
	$x_{42} = 4$	$y_{42} = 5$
	$x_{52} = 6$	$y_{52} = 5$
Kleinstadt (i = 3)	$x_{13} = 6$	$y_{13} = 1$
	$x_{23} = 8$	$y_{23} = 3$
	$x_{33} = 9$	$y_{33} = 3$
	$x_{43} = 9$	$y_{43} = 4$
	$x_{53} = 10$	$y_{53} = 6$

a) Besteht für die gesamte Stichprobe ein Zusammenhang zwischen »Umzugsbereitschaft« und »Attraktivität« des Praktikumsplatzes?

b) Ist dieser Zusammenhang signifikant?

c) Berechnen Sie eine Einfachregression von »Attraktivität« (x) auf »Umzugsbereitschaft« (y).

d) Berechnen Sie für jede Stadtgröße einzeln die Einfachregression!

e) Bitte erstellen Sie ein Streudiagramm mit den Achsen »Attraktivität« (x) und »Umzugsbereitschaft« (y) und zeichnen Sie die Regressionsgerade für die Gesamtstichprobe ein!

f) Zeichnen Sie die drei Regressionsgeraden je nach Stadtgröße in das Streudiagramm ein!

g) Berechnen Sie die geschätzte Populationsvarianz der Gruppenmittelwerte für die Variable »Umzugsbereitschaft«!

h) Berechnen Sie die geschätzte Level-1-Varianz!

i) Berechnen Sie die geschätzte Level-2-Varianz!

j) Berechnen Sie die erwartungstreu geschätzte Intraklassen-Korrelation!

1.66   Die Notwendigkeit, in den Urlaub fahren zu müssen

Schwierigkeit: mittel   *Dauer: 45 min*

Gabi H., Inhaberin eines Reisebüros, möchte abschätzen können, wann im Verlauf eines Semesters mit einem Ansturm reisewilliger Studierender zu rechnen ist. Dazu erhebt sie bei n = 12 Studierenden zu drei Messzeitpunkten die subjektive Notwendigkeit, in den Urlaub fahren zu müssen.

Als Messzeitpunkte werden »Beginn Semester«, »Mitte Semester« und »kurz vor der Prüfungszeit« gewählt.

Die Urlaubsnotwendigkeit kann mittels eines standardisierten Messinstruments intervallskaliert erhoben werden (Wert 1 = kein Urlaub nötig; 10 = dringendst urlaubsreif). Tabelle 63 zeigt die Daten.

Tabelle 63 Rohwerte Urlaubsnotwendigkeit von 12 Studierenden zu drei Messzeitpunkten unterteilt nach Dauer des Studiums

Studierende	Beginn Semester	Mitte Semester	kurz vor der Prüfungszeit
Studis 1. Semester	2	4	9
	1	6	10
	2	5	8
	1	4	8
Studis 4. Semester	5	5	7
	5	6	7
	6	7	8
	4	5	7
Studis 7. Semester	7	6	7
	6	7	7
	7	6	8
	8	7	8

a) Gibt es einen Haupteffekt für Faktor A (Dauer Studium)?
b) Gibt es einen Haupteffekt für Faktor B (Messzeitpunkte)?
c) Gibt es eine Wechselwirkung zwischen den Faktoren A und B?

2 Lösungen

2.1 Bälle in einer Trommel

a) 80 von 200 Bällen sind blau

Laplace-Wahrscheinlichkeit: $\dfrac{\textit{günstige Ereignisse}}{\textit{mögliche Ereignisse}} = p$

$$p(\text{blau}) = \frac{80}{200} = \frac{40}{100} = 0,4$$

b) 80 von 200 Bällen sind rot

Laplace-Wahrscheinlichkeit: $\dfrac{\textit{günstige Ereignisse}}{\textit{mögliche Ereignisse}} = p$

$$p(\text{rot}) = \frac{80}{200} = \frac{40}{100} = 0,4$$

40 von 200 Bällen sind grün

$$p(\text{grün}) = \frac{40}{200} = \frac{20}{100} = 0,2$$

Sind die günstigen Wahrscheinlichkeiten mit einem ODER verknüpft, werden die Einzelwahrscheinlichkeiten miteinander addiert (Additionstheorem).
p(rot oder grün)= 0,4 + 0,2 = 0,6

c) 30 von 200 Bällen sind grün und haben einen Stern

Laplace-Wahrscheinlichkeit: $\dfrac{\textit{günstige Ereignisse}}{\textit{mögliche Ereignisse}} = p$

$$p(\text{grün mit Stern}) = \frac{30}{200} = \frac{15}{100} = 0,15$$

d) p(grün) = 0,2   p(blau) = 0,4
p(grün und blau) = 0,2 · 0,4 · 2 = 0,16
Warum wurde hier mit 2 multipliziert? Ganz einfach: Es gibt zwei Möglichkeiten, wie man ziehen kann. Entweder zuerst grün und dann blau oder zuerst blau und dann grün. Deswegen muss mit 2 multipliziert werden.

e) p(zuerst grün und dann blau) = 0,2 · 0,4 = 0,08

Auch hier wird das Multiplikationstheorem angewendet. Nur ist hier die Reihenfolge schon angegeben, daher multipliziert man ›nur‹ die Wahrscheinlichkeiten miteinander.

f) p(grün ohne Stern) = $\dfrac{10}{200}$ = 0,05 $\qquad$ p(blau mit Stern) = $\dfrac{40}{200}$ = 0,2

Sind die günstigen Wahrscheinlichkeiten mit einem ODER verknüpft, werden die Einzelwahrscheinlichkeiten miteinander addiert (Additionstheorem).
p(grün ohne Stern oder blau mit Stern) = 0,2 + 0,05 = 0,25

g) p(rot) = 0,4 $\quad$ p(mit Stern) = $\dfrac{130}{200}$ = 0,65

p(rot oder mit Stern) = 0,4 + 0,65 – 0,3 = 0,75
Sind die günstigen Wahrscheinlichkeiten mit einem ODER verknüpft, werden die Einzelwahrscheinlichkeiten miteinander addiert (Additionstheorem).
Warum wurde hier 0,3 abgezogen? Weil man sonst die sechzig roten Bälle mit Stern doppelt gezählt hätte, einmal zu den 80 roten Bällen und einmal zu den 130 Bällen mit Stern. Also mussten die sechzig Bälle einmal abgezogen werden. 60 Bälle entsprechen einem Wert von 0,3.

h) 80 blaue Bälle gibt es insgesamt, 40 davon haben einen Stern

Laplace-Wahrscheinlichkeit: $\dfrac{günstige\ Ereignisse}{mögliche\ Ereignisse}$ = p

p(Stern bei blau) = $\dfrac{40}{80}$ = 0,5

i) 70 Bälle ohne Stern gibt es insgesamt, 20 davon sind rot

Laplace-Wahrscheinlichkeit: $\dfrac{günstige\ Ereignisse}{mögliche\ Ereignisse}$ = p

p(rot bei ohne Stern) = $\dfrac{20}{70}$ = 0,286

2.2 Statistik verstehen

p(verstehen) = 0,8 $\quad$ p(nicht verstehen) = q = 0,2; n = 25

a) alle ⟶ k = 25, Binomialformel:

$$p = \binom{n}{k} \cdot p^k \cdot q^{n-k} = \frac{n!}{k! \cdot (n-k)!} \cdot p^k \cdot q^{n-k}$$

$$p(k = 25) = \frac{25!}{25! \cdot (25-25)!} \cdot 0,8^{25} \cdot 0,2^{25-25}$$

$$p(k = 25) = \frac{25 \cdot 24 \cdot 23 \cdot \ldots \cdot 1}{25 \cdot 24 \cdot 23 \cdot \ldots \cdot 1 \cdot 0!} \cdot 0,0038 \cdot 1$$

$$p(k = 25) = 0,0038$$

(Achtung: 0! = 1)

Die Wahrscheinlichkeit dafür, dass alle 25 Personen den Unterricht verstehen, beträgt 0,38 %.

b) keine $\longrightarrow$ k = 0; Binomialformel:

$$p = \binom{n}{k} \cdot p^k \cdot q^{n-k} = \frac{n!}{k! \cdot (n-k)!} \cdot p^k \cdot q^{n-k}$$

$$p(k = 0) = \frac{25!}{0! \cdot (25-0)!} \cdot 0,8^0 \cdot 0,2^{25-0}$$

$$p(k = 0) = \frac{25 \cdot 24 \cdot 23 \cdot \ldots \cdot 1}{1 \cdot 25 \cdot 24 \cdot 23 \cdot \ldots \cdot 1} \cdot 1 \cdot 0,00000000000000000033554432$$

$$p(k = 0) = 0,00000000000000000033554432$$

Die Wahrscheinlichkeit dafür, dass keine der 25 Personen den Unterricht versteht, ist verschwindend gering (nahe Null).

2.3   Zur falschen Zeit am falschen Ort?

$$p(\text{richtiger Ort}) = 0,3 \quad p(\text{falscher Ort}) = 0,7$$
$$p(\text{richtige Zeit}) = 0,5 \quad p(\text{falsche Zeit}) = 0,5$$

a) $p(\text{richtige Zeit UND falscher Ort}) = 0,5 \cdot 0,7 = 0,35$

Hier wird das Multiplikationstheorem angewendet: Sind günstige Ereignisse durch ein UND verknüpft, werden die Einzelwahrscheinlichkeiten miteinander multipliziert!

b) *p(falsche Zeit UND richtiger Ort)* $= 0,5 \cdot 0,3 = 0,15$

Auch hier wird das Multiplikationstheorem angewendet: Sind günstige Ereignisse durch ein UND verknüpft, werden die Einzelwahrscheinlichkeiten miteinander multipliziert!

c) $n = 5$; $k = 3, 4, 5$; *p(richtige Zeit UND richtiger Ort)* $= 0,5 \cdot 0,3 = 0,15$

Binomialformel jeweils für jedes k ausrechnen, zum Schluss die einzelnen Werte addieren.

$$p = \binom{n}{k} \cdot p^k \cdot q^{n-k} = \frac{n!}{k! \cdot (n-k)!} \cdot p^k \cdot q^{n-k}$$

$$p(k = 3) = \binom{5}{3} \cdot 0,15^3 \cdot 0,85^2 = \frac{5!}{3! \cdot 2!} \cdot 0,003375 \cdot 0,7225 = 0,0244$$

$$p(k = 4) = \binom{5}{4} \cdot 0,15^4 \cdot 0,85^1 = \frac{5!}{4! \cdot 1!} \cdot 0,00050625 \cdot 0,85 = 0,0022$$

$$p(k = 5) = \binom{5}{5} \cdot 0,15^5 \cdot 0,85^0 = \frac{5!}{5! \cdot 0!} \cdot 0,00007594 \cdot 1 = 0,000076$$

$$p(k = 3, 4, 5) = 0,0244 + 0,0022 + 0,000076 = 0,026676$$

Die Wahrscheinlichkeit dafür, dass sich per Zufall von $n = 5$ Personen mindestens 3 zur richtigen Zeit am richtigen Ort befinden, beträgt 2,67 %.

2.4 Sich unersetzlich fühlen und austauschbar sein

p(sich unersetzlich fühlen) $= 0,8$ *p(sich ersetzlich fühlen)* $= 0,2$

p(austauschbar sein) $= 0,625$ *p(nicht austauschbar sein)* $= 0,375$

a) *p(sich unersetzlich fühlen UND austauschbar sein)* $= 0,8 \cdot 0,625 = 0,5$

Hier wird das Multiplikationstheorem angewendet: Sind günstige Ereignisse durch ein UND verknüpft, werden die Einzelwahrscheinlichkeiten miteinander multipliziert!

b) *p(sich ersetzlich fühlen UND nicht austauschbar sein)* $= 0,2 \cdot 0,375 = 0,075$

Wieder wird das Multiplikationstheorem angewendet: Sind günstige Ereignisse durch ein UND verknüpft, werden die Einzelwahrscheinlichkeiten miteinander multipliziert!

c) n = 10; k = 8, 9, 10;

$p(\text{sich unersetzlich fühlen UND nicht austauschbar sein}) = 0,8 \cdot 0,375 = 0,3$

Um die gefragte Einzelwahrscheinlichkeit auszurechnen wird wieder das Multiplikationstheorem angewendet: Sind günstige Ereignisse durch ein UND verknüpft, werden die Einzelwahrscheinlichkeiten miteinander multipliziert!

Im Anschluss daran wendet man dann die Binomialformel an:

$$p = \binom{n}{k} \cdot p^k \cdot q^{n-k} = \frac{n!}{k! \cdot (n-k)!} \cdot p^k \cdot q^{n-k}$$

Binomialformel jeweils für jedes k ausrechnen, zum Schluss die einzelnen Werte addieren.

$$p(k=8) = \binom{10}{8} \cdot 0,3^8 \cdot 0,7^2 = \frac{10!}{8! \cdot 2!} \cdot 0,00006561 \cdot 0,49 = 0,0014$$

$$p(k=9) = \binom{10}{9} \cdot 0,3^9 \cdot 0,7^1 = \frac{10!}{9! \cdot 1!} \cdot 0,00001968 \cdot 0,7 = 0,0001$$

$$p(k=10) = \binom{10}{10} \cdot 0,3^{10} \cdot 0,7^0 = \frac{10!}{10! \cdot 0!} \cdot 0,0000059 \cdot 1 = 0,0000059$$

$$p(k=8,9,10) = 0,0014 + 0,0001 + 0,0000059 = 0,0015059$$

Die Wahrscheinlichkeit dafür, dass sich per Zufall von n = 10 Personen mindestens 8 für unersetzlich halten und auch nur schwer austauschbar sind, beträgt 0,15 %.

2.5 Multiple-Choice (1)

a) $p(\text{richtig}) = \dfrac{1}{5} = 0,2$

Eine Antwort von den insgesamt fünf Antworten ist das günstige Ereignis.

Laplace-Wahrscheinlichkeit: $\dfrac{\text{günstige Ereignisse}}{\text{mögliche Ereignisse}} = p$

b) $p(\text{falsch}) = \dfrac{4}{5} = 0,8$

Hier wird nach der Gegenwahrscheinlichkeit gefragt! Vier Antworten von den insgesamt fünf Antworten sind günstig – in diesem Fall also falsch.

Laplace-Wahrscheinlichkeit: $\dfrac{\text{günstige Ereignisse}}{\text{mögliche Ereignisse}} = p$

c)

p(1. richtig UND 2. richtig UND 3. falsch UND 4. falsch) $= 0{,}2 \cdot 0{,}2 \cdot 0{,}8 \cdot 0{,}8 = 0{,}0256$

Hier wird das Multiplikationstheorem angewendet: Sind günstige Ereignisse durch ein UND verknüpft, werden die Einzelwahrscheinlichkeiten miteinander multipliziert!

d)

p(1. richtig UND 2. falsch UND 3. richtig UND 4. falsch) $= 0{,}2 \cdot 0{,}8 \cdot 0{,}2 \cdot 0{,}8 = 0{,}0256$

Auch hier wird das Multiplikationstheorem angewendet: Sind günstige Ereignisse durch ein UND verknüpft, werden die Einzelwahrscheinlichkeiten miteinander multipliziert!

e) $n = 4$; $k = 2$; *p(richtig)* $= 0{,}2$ *p(falsch)* $= 0{,}8$

Da hier die Reihenfolge der richtigen bzw. falschen Lösungen keine Rolle spielt, arbeitet man nun mit der Binomialformel.

$$p = \binom{n}{k} \cdot p^k \cdot q^{n-k} = \frac{n!}{k! \cdot (n-k)!} \cdot p^k \cdot q^{n-k}$$

$$p(k = 2) = \binom{4}{2} \cdot 0{,}2^2 \cdot 0{,}8^2 = \frac{4!}{2! \cdot 2!} \cdot 0{,}04 \cdot 0{,}64 = 0{,}1536$$

2.6 Multiple-Choice (2)

p(richtig) $= 0{,}05$ *p(falsch)* $= 0{,}95$; $n = 5$ Fragen

Die komplette Aufgabe berechnet man mit der Binomialformel, da die Reihenfolge des Auftretens der günstigen Ereignisse keine Rolle spielt.

$$p = \binom{n}{k} \cdot p^k \cdot q^{n-k} = \frac{n!}{k! \cdot (n-k)!} \cdot p^k \cdot q^{n-k}$$

a) $k = 2$

$$p(k = 2) = \binom{5}{2} \cdot 0{,}05^2 \cdot 0{,}95^3 = \frac{5!}{2! \cdot 3!} \cdot 0{,}0025 \cdot 0{,}8574 = 0{,}0214$$

b) $k = 0, 1, 2$

$$p(k = 0) = \binom{5}{0} \cdot 0{,}05^0 \cdot 0{,}95^5 = \frac{5!}{0! \cdot 5!} \cdot 1 \cdot 0{,}7738 = 0{,}7738$$

$$p(k=1)=\binom{5}{1}\cdot 0,05^1\cdot 0,95^4=\frac{5!}{1!\cdot 4!}\cdot 0,05\cdot 0,8145=0,2036$$

$$p(k=2)=\binom{5}{2}\cdot 0,05^2\cdot 0,95^3=\frac{5!}{2!\cdot 3!}\cdot 0,0025\cdot 0,8574=0,0214$$

$$p(k=0,1,2)=0,7738+0,2036+0,0214=0,9988$$

2.7 Mensa und Essen

Generell gilt: $\dfrac{\textit{günstige Ereignisse}}{\textit{mögliche Ereignisse}}=p$

Wie wahrscheinlich ist es, dass …

a) die Nudeln nicht verkocht sind und somit gut schmecken?

$$p=\frac{45}{350}=0,1286=12,86\%$$

b) Sie etwas Undefinierbares auf dem Teller haben?

$$p=\frac{70}{350}=0,2=20\%$$

c) es entweder Schnitzel oder Nudeln gibt?

ODER bedeutet Additionstheorem, deswegen: $p=\dfrac{180}{350}+\dfrac{100}{350}=0,8=80\%$

d) Sie 5 Tage lang hintereinander lecker essen?

$$p=\frac{180}{350}\cdot\frac{180}{350}\cdot\frac{180}{350}\cdot\frac{180}{350}\cdot\frac{180}{350}=0,0360=3,6\%$$

e) es sich bei einem leckeren Essen um Schnitzel handelt?

$$p=\frac{100}{180}=0,5555=55,55\%$$

2.8 »Manchmal, aber nur manchmal …«

$p(\text{Haue mögen}) = 0,02; \quad p(\text{Haue nicht mögen}) = 0,98; \text{n} = 10$

a) Diese Aufgabe sollte man »anders herum« rechnen. »Wenigstens eine Frau« hieße
k = 1, 2, 3, 4, 5, 6, 7, 8, 9, 10; also eigentlich alles außer k = 0.
Wenn man jetzt die Wahrscheinlichkeit für k = 0 ausrechnet und diesen Wert dann
von 1 abzieht, hat man die Lösung für diese Aufgabe.

Variante 1

$$p(k=1) = \binom{10}{1} \cdot 0,02^1 \cdot 0,98^{10-1} = 0,1667$$

$$p(k=2) = \binom{10}{2} \cdot 0,02^2 \cdot 0,98^{10-2} = 0,0153$$

$$p(k=3) = \binom{10}{3} \cdot 0,02^3 \cdot 0,98^{10-3} = 0,00083$$

$$p(k=4) = \binom{10}{4} \cdot 0,02^4 \cdot 0,98^{10-4} = 0,000029$$

$$p(k=5) = \binom{10}{5} \cdot 0,02^5 \cdot 0,98^{10-5} = 0,00000073$$

$$p(k=6) = \binom{10}{6} \cdot 0,02^6 \cdot 0,98^{10-6} = 0,000000012; \text{ spätestens ab hier werden}$$

die Zahlen so klein, dass es sinnlos ist, weiter zu rechnen …

$$p(k=7) = \binom{10}{7} \cdot 0,02^7 \cdot 0,98^{10-7} = 0,00000000014$$

$$p(k=8) = \binom{10}{8} \cdot 0,02^8 \cdot 0,98^{10-8} = 0,000000000011$$

$$p(k=9) = \binom{10}{9} \cdot 0,02^9 \cdot 0,98^{10-9} = 0,000000000000005$$

$$p(k=10) = \binom{10}{10} \cdot 0,02^{10} \cdot 0,98^{10-10} = 0,000000000000000001$$

$p(k = 1 \text{ bis } 10) = 0,1667 + 0,0153 + 0,00083 + 0,000029 + 0,00000073 +$

$0,000000012 + (\dots) = 0,1829 = 18,29 \%$

Variante 2

$$p(k=1 \ bis \ 10) = 1 - p(k=0) = 1 - \binom{10}{0} \cdot 0{,}02^0 \cdot 0{,}98^{10-0}$$

$$p(k=1 \ bis \ 10) = 1 - 0{,}8171 = 0{,}1829 = 18{,}29\%$$

b) k = 0

$$p(k) = \binom{10}{0} \cdot 0{,}02^0 \cdot 0{,}98^{10-0} = 0{,}8171 = 81{,}71\%$$

c) Die Wahrscheinlichkeit dafür, dass der »Typ was auf die Fresse verdient«, ist dem Liedtext (»immer, ja wirklich immer …«) nach 100 % bzw. p = 1.

2.9   Jägermeister

Als dritter Jägermeister zu sterben, bedeutet, beim ersten Mal nicht ausgewählt worden zu sein (p = 9/10), beim zweiten Mal ebenfalls nicht ausgewählt worden zu sein (p = 8/9), aber beim dritten Mal genommen zu werden (p = 1/8). Insgesamt ergibt sich daher folgende Wahrscheinlichkeit:

$$p = \frac{9}{10} \cdot \frac{8}{9} \cdot \frac{1}{8} = 0{,}1 = 10\%$$

2.10   Hochschule Holtzhausen am Errl (HHE)

a) $p = \dfrac{1000}{2000} = 0{,}5 = 50\%$

b) $p = \dfrac{330}{2000} = 0{,}165 = 16{,}5\%$

c) $p = \dfrac{198}{2000} = 0{,}099 = 9{,}9\%$

Tabelle 64 Studentenverteilung der Hochschule Holtzhausen am Errl

	weiblich	männlich	gesamt
Anzahl Studierender HHE gesamt	50 % = 1000	50 % = 1000	2000
Anzahl Studierender Sozial- und Verhaltenswissenschaften	330	170	500
Sozial- und Verhaltenswissenschaften, gute statistische Kenntnisse	40 % von 330 = 132	35 % von 170 = 59,5 = 60	192
Sozial- und Verhaltenswissenschaften, geringe statistische Kenntnisse	60 % von 330 = 198	65 % von 170 = 110	308

2.11 Psychische Beanspruchung

Mittels der Formel für z-Werte können die jeweiligen z-Werte berechnet werden.

$$z = \frac{x_i - \overline{x}}{S}$$

$$A : z = \frac{53 - 63}{5} = -2 \qquad B : z = \frac{75 - 63}{5} = 2,4 \qquad C : z = \frac{66 - 63}{5} = 0,6$$

$$D : z = \frac{68 - 63}{5} = 1 \qquad E : z = \frac{49 - 63}{5} = -2,8 \qquad F : z = \frac{59 - 63}{5} = -0,8$$

$$G : z = \frac{71 - 63}{5} = 1,6$$

Mit den z-Werten geht man nun in die Tabelle C.1 und liest die Fläche für den jeweiligen Mitarbeiter ab. Anschließend multipliziert man jede Fläche mit 100, um Prozentzahlen miteinander vergleichen zu können.

Tabelle 65 z-Werte, Prozentrang und Interpretation des Tests über psychische Beanspruchung

Mitarbeiter	A	B	C	D	E	F	G
Punktzahl	53	75	66	68	49	59	71
z-Wert	-2	2,4	0,6	1	-2,8	-0,8	1,6
Fläche	0,0228	0,9918	0,7257	0,8413	0,0026	0,2119	0,9452
Prozentrang	2,28	99,18	72,57	84,13	0,26	21,19	94,52
Training?	nein	ja	nein	ja	nein	nein	ja

Demnach sollten drei der untersuchten Personen ein Stressbewältigungsseminar und Zeitmanagement-Training absolvieren.

2.12 Penthes und Sileas

a)

Vergleich von Rangplätzen ⟶ ordinalskaliert ⟶ zwei unabhängige Stichproben ⟶ Mann-Whitney-U-Test
Ungerichtete Fragestellung, daher auch ungerichtete (zweiseitige) Hypothesen.

Hypothesen:
H_0: Die Rangplätze sind gleich verteilt.
H_1: Die Rangplätze sind nicht gleich verteilt.
H_0: $\eta_1 = \eta_2$
H_1: $\eta_1 \neq \eta_2$
In die Berechnung der u-Werte fließen die Rangplatzsummen (rs) ein.

$$u_1 = n_1 \cdot n_2 + \frac{n_1 \cdot (n_1 + 1)}{2} - rs_1 \quad bzw. \quad u_2 = n_1 \cdot n_2 + \frac{n_2 \cdot (n_2 + 1)}{2} - rs_2$$

$n_{Penthes} = 5 \qquad rs_{Penthes} = 32$
$n_{Sileas} = 5 \qquad rs_{Sileas} = 23$

$$u_1 = n_1 \cdot n_2 + \frac{n_1 \cdot (n_1 + 1)}{2} - rs_1 \qquad u_2 = n_1 \cdot n_2 + \frac{n_2 \cdot (n_2 + 1)}{2} - rs_2$$

$$u_1 = 5 \cdot 5 + \frac{5 \cdot (5 + 1)}{2} - 32 \qquad u_2 = 5 \cdot 5 + \frac{5 \cdot (5 + 1)}{2} - 23$$

$$u_1 = 25 + 15 - 32 = 8 \qquad u_2 = 25 + 15 - 23 = 17$$

Mit dem kleineren der beiden u-Werte geht man nun in Tabelle C.7 und schlägt dort unter den jeweiligen n_1 und n_2 die Überschreitungswahrscheinlichkeit des kleineren u-Wertes nach. Ist die Überschreitungswahrscheinlichkeit kleiner als p = 0,05, dann hat man ein signifikantes Ergebnis, die Rangplätze sind nicht gleich verteilt.
Hier ist der kleinere u-Wert u = 8 bei n_1 = 5 und n_2 = 5.
Als Überschreitungswahrscheinlichkeit findet man p(u=8) = 0,210. Da die dort angegebenen Überschreitungswahrscheinlichkeiten einseitig angegeben sind, hier aber zweiseitige (ungerichtete) Hypothesen vorliegen, muss die Überschreitungswahrscheinlichkeit noch verdoppelt werden. Dieser Wert ist größer als 0,05, daher liegt hier kein signifikantes Ergebnis vor. Die Rangplätze sind nicht überzufällig unterschiedlich verteilt, oder anders gesagt, die unterschiedliche Verteilung der Rangplätze ist wohl eher aus Zufall geschehen und unterliegt keiner systematischen Ursache.

b) Ein geradezu klassischer Vierfelder-χ^2-Test.

H_0: Die beobachteten Werte sind gleich (entsprechen) den erwarteten.

H_1: Die beobachteten Werte sind ungleich (unterscheiden sich von) den erwarteten.

$$H_0 : \pi_{ij} = \pi_i \cdot \pi_j$$

$$H_1 : \pi_{ij} \neq \pi_i \cdot \pi_j$$

Erwartete Werte: $e_{ij} = n \cdot \dfrac{n_{i\bullet}}{n} \cdot \dfrac{n_{\bullet j}}{n} = \dfrac{n_{i\bullet} \cdot n_{\bullet j}}{n}$

$$\chi^2 = \sum_{i=1}^{2}\sum_{j=1}^{2} \frac{\left(n_{ij} - e_{ij}\right)^2}{e_{ij}}$$

Werden in einer Vierfeldertafel die erwarteten Häufigkeiten über die Randsummen berechnet, muss lediglich ein Wert berechnet werden. Die übrigen ergeben sich dann.

Erwarteter Wert für Treffer/Penthes:

$$e_{11} = \frac{21 \cdot 20}{40} = 10,5$$

Tabelle 66 Erwartete Werte

	Penthes	Sileas	gesamt
Treffer	$e_{11}=10,5$	$e_{12}=10,5$	21
kein Treffer	$e_{21}=9,5$	$e_{22}=9,5$	19
gesamt	20	20	40

$$\chi^2 = \sum_{i=1}^{2}\sum_{j=1}^{2} \frac{\left(n_{ij} - e_{ij}\right)^2}{e_{ij}} = \frac{\left(12-10,5\right)^2}{10,5} + \frac{\left(9-10,5\right)^2}{10,5} + \frac{\left(8-9,5\right)^2}{9,5} + \frac{\left(11-9,5\right)^2}{9,5}$$

$$\chi^2 = 0,214 + 0,214 + 0,237 + 0,237 = 0,902$$

Werden – wie hier – die Randsummen berücksichtigt, hat man nur einen Freiheitsgrad df = 1. Als kritischen χ^2-Wert findet man $\chi^2_{(0,95;1)} = 3,841$. Der empirisch ermittelte χ^2-Wert liegt darunter, man behält die Nullhypothese bei.

Die beobachteten Werte unterscheiden sich nicht von den erwarteten, auch bei diesem Wettkampf gibt es keinen signifikanten Unterschied zwischen den Penthes und den Sileas.

Für eine Vierfelder-Tafel existiert noch eine spezielle Formel:

$$\chi^2 = \frac{n \cdot (b \cdot c - a \cdot d)^2}{(a+b) \cdot (c+d) \cdot (a+c) \cdot (b+d)} = \frac{40 \cdot (8 \cdot 9 - 12 \cdot 11)^2}{21 \cdot 19 \cdot 20 \cdot 20}$$

$$\chi^2 = \frac{40 \cdot (-60)^2}{159600} = \frac{40 \cdot 3600}{159600} = \frac{144000}{159600} = 0{,}902$$

Hierbei kennzeichnen a, b, c und d die einzelnen Felder der Tafel.

c) Die Penthes hatten als Mittelwert 4 Männer, die Sileas als Mittelwert 2,5 Männer. Um Mittelwerte zu vergleichen, wird der t-Test verwendet. Hierbei handelt es sich um unabhängige Stichproben (schließlich kann man nicht von einer Penthe auf eine bestimmte Silea schließen).
Zuerst sollte man aufschreiben, was einem alles gegeben wurde:

$n_{Sileas} = 30$ $n_{Penthes} = 30$

$\overline{x}_{Sileas} = 2{,}5$ $\overline{x}_{Penthes} = 4$

$s_{Sileas} = 0{,}5$ $s_{Penthes} = 0{,}75$

$s^2_{Sileas} = 0{,}25$ $s^2_{Penthes} = 0{,}5625$

Der t-Test für unabhängige Stichproben existiert in zwei Varianten: a) für homogene (gleiche) Varianzen und b) für heterogene (ungleiche) Varianzen. Um zu ermitteln, welche der beiden t-Test-Varianten die angemessene ist, muss zuerst ein F-Test durchgeführt werden. Einzige Ausnahme: Wenn ausdrücklich etwas über die Varianzen-homogenität bzw. -heterogenität in der Aufgabe ausgesagt wurde!

F-Test (Varianzenvergleich)

H_0: Die Varianzen sind gleich H_0: $\sigma_1^2 = \sigma_2^2$
H_1: Die Varianzen sind unterschiedlich H_1: $\sigma_1^2 \neq \sigma_2^2$
Die Formeln:

$$F = \frac{\hat{\sigma}_1^2}{\hat{\sigma}_2^2} \quad \hat{\sigma}^2 = s^2 \cdot \frac{n}{n-1}$$

$$\hat{\sigma}^2_{Penthes} = 0{,}5625 \cdot \frac{30}{29} = 0{,}582 \quad \hat{\sigma}^2_{Sileas} = 0{,}25 \cdot \frac{30}{29} = 0{,}259$$

Beim F-Test wird immer die größere Varianz auf den Bruchstrich (in den Zähler) gesetzt, die kleinere Varianz unter den Bruchstrich (in den Nenner).

$$F = \frac{0{,}582}{0{,}259} = 2{,}247$$

Diesen empirischen F-Wert muss man nun mit dem kritischen F-Wert vergleichen. Dazu benötigt man Zähler- und Nenner-Freiheitsgrade. Im Zähler steht die Varianz der Penthes mit n = 30 $\longrightarrow$ $df_{Zähler} = 29$; im Nenner steht die Varianz der Sileas mit n = 30 $\longrightarrow$ df_{Nenner} = 29. Mit diesen beiden Freiheitsgraden geht man nun in Tabelle C.6 und schlägt dort für α = 0,05 den kritischen F-Wert nach:

$$F_{(0,95;df_1=29,df_2=29)} = 1,85$$

Da der empirische F-Wert größer als der kritische F-Wert ist, handelt es sich um ein signifikantes Ergebnis, man entscheidet sich also für H$_1$, d.h. die Varianzen sind nicht gleich (homogen), sondern unterschiedlich (heterogen).

Da die Varianzen heterogen sind, muss der t-Test für heterogene Varianzen herangezogen werden:

t-Test für heterogene Varianzen (Mittelwertevergleich)

Die Frage war, ob die Penthes tatsächlich **mehr** Männer haben als die Sileas. Es handelt sich hierbei also um eine einseitige Hypothese (es wird nur nach einer Richtung gefragt, nämlich nach mehr).

H$_0$: Die Penthes haben nicht mehr Männer als die Sileas
H$_1$: Die Penthes haben mehr Männer als die Sileas

H$_0$: $\mu_{Penthes} \leq \mu_{Sileas}$
H$_1$: $\mu_{Penthes} > \mu_{Sileas}$

$$t = \frac{\overline{x}_1 - \overline{x}_2}{\sqrt{\dfrac{\hat{\sigma}_1^2}{n_1} + \dfrac{\hat{\sigma}_2^2}{n_2}}} \;,\; df_{korr} = \frac{\left(\dfrac{\hat{\sigma}_1^2}{n_1} + \dfrac{\hat{\sigma}_2^2}{n_2}\right)^2}{\dfrac{\left(\dfrac{\hat{\sigma}_1^2}{n_1}\right)^2}{n_1-1} + \dfrac{\left(\dfrac{\hat{\sigma}_2^2}{n_2}\right)^2}{n_2-1}} = \frac{\left(\dfrac{\hat{\sigma}_1^2}{n_1} + \dfrac{\hat{\sigma}_2^2}{n_2}\right)^2}{\dfrac{\hat{\sigma}_1^4}{n_1^2 \cdot (n_1-1)} + \dfrac{\hat{\sigma}_2^4}{n_2^2 \cdot (n_2-1)}}$$

$$t = \frac{4-2,5}{\sqrt{\dfrac{0,582}{30} + \dfrac{0,259}{30}}} = \frac{1,5}{\sqrt{0,0194+0,0086}} = \frac{1,5}{\sqrt{0,028}} = \frac{1,5}{0,167} = 8,982$$

Dieser empirische t-Wert muss nun mit einem kritischen t-Wert verglichen werden. Um den kritischen t-Wert aus Tabelle C.2 ablesen zu können, benötigt man die Freiheitsgrade:

$$df_{korr} = \frac{\left(\dfrac{\hat{\sigma}_1^2}{n_1} + \dfrac{\hat{\sigma}_2^2}{n_2}\right)^2}{\dfrac{\left(\dfrac{\hat{\sigma}_1^2}{n_1}\right)^2}{n_1-1} + \dfrac{\left(\dfrac{\hat{\sigma}_2^2}{n_2}\right)^2}{n_2-1}} = \frac{\left(\dfrac{0,582}{30} + \dfrac{0,259}{30}\right)^2}{\dfrac{\left(\dfrac{0,582}{30}\right)^2}{30-1} + \dfrac{\left(\dfrac{0,259}{30}\right)^2}{30-1}} = \frac{0,028^2}{\dfrac{0,0194^2}{29} + \dfrac{0,0086^2}{29}} = 50,49$$

Als kritischen t-Wert liest man bei $\alpha = 0,05$, einseitig, folgenden Wert ab:

$$t_{(0,95;50,49)} \approx 1,697$$

Da der empirische t-Wert größer als der kritische t-Wert ist, handelt es sich um ein signifikantes Ergebnis, man entscheidet sich für H_1.
Die Penthes haben – hochgerechnet (bezogen) auf die Population – überzufällig mehr Männer als die Sileas.

d) Hier ist nach einem Zusammenhang gefragt, nämlich ob das eine mit dem anderen in Beziehung stehe. Also: Korrelation. Da beide Merkmale normalverteilt sind, kann für beide Variablen Intervallskalenniveau angenommen werden. Daraus folgt, dass hier eine Produkt-Moment-Korrelation gerechnet werden soll.
Dazu berechnet man am besten erst einmal den Mittelwert pro Variable und erstellt dann eine Tabelle.

Tabelle 67 Hilfreiche Tabelle für die Korrelationsrechnung »Penthes und Sileas«

Vpn	x	$x-\bar{x}$	$(x-\bar{x})^2$	y	$y-\bar{y}$	$(y-\bar{y})^2$	$(x-\bar{x})\cdot(y-\bar{y})$
1	10	0,75	0,5625	27	4,5	20,25	3,375
2	7	-2,25	5,0625	18	-4,5	20,25	10,125
3	8	-1,25	1,5625	23	0,5	0,25	-0,625
4	10	0,75	0,5625	22	-0,5	0,25	-0,375
5	6	-3,25	10,5625	14	-6,5	42,25	21,125
6	13	3,75	14,0625	28	5,5	30,25	20,625
7	11	1,75	3,0625	26	3,5	12,25	6,125
8	9	-0,25	0,0625	22	-0,5	0,25	0,125
			$\Sigma = 35,5$			$\Sigma = 126$	$\Sigma = 60,5$

$$\bar{x} = \frac{\sum_{m=1}^{n} x_m}{n} = \frac{10+7+8+10+6+13+11+9}{8} = \frac{74}{8} = 9,25$$

$$\bar{y} = \frac{\sum_{m=1}^{n} y_m}{n} = \frac{27+18+23+22+14+28+26+22}{8} = \frac{180}{8} = 22,5$$

$$s_X^2 = \frac{\sum\limits_{m=1}^{n}\left(x_m - \bar{x}\right)^2}{n} = \frac{35,5}{8} = 4,4375 \qquad s_Y^2 = \frac{\sum\limits_{m=1}^{n}\left(y_m - \bar{y}\right)^2}{n} = \frac{126}{8} = 15,75$$

$$s_X = 2,107 \qquad\qquad\qquad\qquad\qquad s_Y = 3,969$$

$$s_{XY} = \frac{\sum\limits_{m=1}^{n}\left(x_m - \bar{x}\right)\cdot\left(y_m - \bar{y}\right)}{n} = \frac{60,5}{8} = 7,5625$$

$$r_{XY} = \frac{s_{XY}}{s_X \cdot s_Y} = \frac{7,5625}{2,107 \cdot 3,969} = \frac{7,5625}{8,363} = 0,904$$

$$r_{XY}^2 = r \cdot r = 0,904 \cdot 0,904 = 0,817 \qquad r_{XY}^2 \cdot 100\% = 81,7\% \text{ erklärte Variation/Varianz}$$

Es besteht ein hoher (deutlicher) positiver Zusammenhang von r = 0,904 zwischen der Variable »Nasengröße« und der Variablen »Glücklich sein«.

Für die Produkt-Moment-Korrelation existiert noch eine andere Formel, deren Verwendung hier ebenfalls dargestellt werden soll.

$$r_{XY} = \frac{n \cdot \sum\limits_{m=1}^{n} x_m \cdot y_m - \sum\limits_{m=1}^{n} x_m \cdot \sum\limits_{m=1}^{n} y_m}{\sqrt{\left[n \cdot \sum\limits_{m=1}^{n} x_m^2 - \left(\sum\limits_{m=1}^{n} x_m\right)^2\right] \cdot \left[n \cdot \sum\limits_{m=1}^{n} y_m^2 - \left(\sum\limits_{m=1}^{n} y_m\right)^2\right]}}$$

Auch für diese Formel empfiehlt es sich, zuerst eine Tabelle anzulegen.

Tabelle 68 Hilfreiche Tabelle für die Korrelationsrechnung »Penthes und Sileas«

Vpn	x	x²	y	y²	x·y
1	10	100	27	729	270
2	7	49	18	324	126
3	8	64	23	529	184
4	10	100	22	484	220
5	6	36	14	196	84
6	13	169	28	784	364
7	11	121	26	676	286
8	9	81	22	484	198
	Σ = 74	Σ = 720	Σ = 180	Σ = 4206	Σ = 1732

$$r_{XY} = \frac{8 \cdot 1732 - 74 \cdot 180}{\sqrt{\left[8 \cdot 720 - (74)^2\right] \cdot \left[8 \cdot 4206 - (180)^2\right]}} = \frac{13856 - 13320}{\sqrt{\left[5760 - 5476\right] \cdot \left[33648 - 32400\right]}}$$

$$r_{XY} = \frac{536}{\sqrt{284 \cdot 1248}} = \frac{536}{595,34} = 0,900$$

Das ist – bis auf Rundungsungenauigkeiten – das gleiche Ergebnis.

Ob dieser Zusammenhang so hoch ist, dass man nicht mehr von Zufall reden kann, er also signifikant wäre, kann mit dem t-Test für Korrelationen überprüft werden. Die Formeln hierzu lauten:

$$t = \frac{r \cdot \sqrt{n-2}}{\sqrt{1-r^2}} \qquad df = n-2$$

Zuerst wieder Hypothesen:

H_0: $\rho = 0$ Es besteht kein Zusammenhang (der Zusammenhang ist gleich 0)
H_1: $\rho \neq 0$ Es besteht ein Zusammenhang (der Zusammenhang ist nicht 0)
Hier angewendet würde man errechnen:

$$t = \frac{0,904 \cdot \sqrt{8-2}}{\sqrt{1-0,817}} = \frac{0,904 \cdot \sqrt{6}}{\sqrt{0,183}} = \frac{0,904 \cdot 2,449}{0,428} = 5,173$$

Als Freiheitsgrade errechnet man: df = n - 2 = 8 - 2 = 6
Als kritischen t-Wert liest man aus Tabelle C.2 für df = 6 und $\alpha = 0,05$ zweiseitig (0,025 einseitig) den Wert:

$$t_{(0,975;6)} = 2,447$$

Da der empirische t-Wert extremer als der kritische t-Wert ist, hat man ein signifikantes Ergebnis, die Korrelation ist überzufällig von Null verschieden.

2.13 Karriereplanung

Abhängige Stichprobe; nominalskalierte Werte in Form einer Vierfelder-Tafel: McNemar-Test

Ungerichtete Fragestellung ⟶ Ungerichtete Hypothesen

Hypothesen:

$$H_0 : \pi_{12} = \pi_{21}$$
$$H_1 : \pi_{12} \neq \pi_{21}$$

$$\chi^2 = \frac{\left(n_{12} - n_{21}\right)^2}{n_{12} + n_{21}} = \frac{\left(7 - 1\right)^2}{7 + 1} = \frac{36}{8} = 4,5$$

Als kritischen Wert liest man aus Tabelle C.4 bei df = 1 folgenden Wert ab:

$$\chi^2_{(0,95;1)} = 3,84$$

Der empirische Wert ist extremer als der kritische, also signifikant. Mit einer Irrtumswahrscheinlichkeit von 5 % kann behauptet werden, dass sich der Prominentenstatus nach Besuch des australischen Outbacks verändert hat.

2.14 Studieren oder surfen in Australien?

Abhängige Stichprobe; nominalskalierte Werte in Form einer Vierfelder-Tafel: McNemar-Test

Ungerichtete Fragestellung ⟶ Ungerichtete Hypothesen

Hypothesen:

$$H_0 : \pi_{12} = \pi_{21}$$
$$H_1 : \pi_{12} \neq \pi_{21}$$

$$\chi^2 = \frac{\left(n_{12} - n_{21}\right)^2}{n_{12} + n_{21}} = \frac{\left(9 - 25\right)^2}{9 + 25} = \frac{256}{34} = 7,53$$

Als kritischen Wert liest man aus Tabelle C.4 bei df = 1 folgenden Wert ab:

$$\chi^2_{(0,95;1)} = 3,84$$

Der empirische Wert ist extremer als der kritische, also signifikant. Mit einer Irrtumswahrscheinlichkeit von 5 % kann behauptet werden, dass sich die Studierbereitschaft nach einem Jahr »Work & Travel« verändert hat.

2.15 Fussball-WM, Frauen und Männer

a) Punkte beim WM-Tipp

Vergleich von Rangplätzen ⟶ ordinalskaliert ⟶ zwei unabhängige Stichproben ⟶ Mann-Whitney-U-Test

Ungerichtete Fragestellung, daher auch ungerichtete (zweiseitige) Hypothesen

Hypothesen:

H₀: Die Rangplätze sind gleich verteilt.

H₁: Die Rangplätze sind nicht gleich verteilt.

$H_0: \eta_1 = \eta_2$

$H_1: \eta_1 \neq \eta_2$

Tabelle 69 Rangverteilung in der WG 1. Durchgang

Mitbewohner	Punktzahl	Rang
Steffen	94	1.
Anne	86	2.
Christin	64	3.
Max	38	6.
Nadine	41	5.
Matthias	52	4.

In die Berechnung der u-Werte fließen die Rangplatzsummen (rs) ein.

$$u_1 = n_1 \cdot n_2 + \frac{n_1 \cdot (n_1 + 1)}{2} - rs_1 \quad bzw. \quad u_2 = n_1 \cdot n_2 + \frac{n_2 \cdot (n_2 + 1)}{2} - rs_2$$

$n_{\text{Männer}} = 3 \qquad rs_{\text{Männer}} = 11$

$n_{\text{Frauen}} = 3 \qquad rs_{\text{Frauen}} = 10$

$$u_1 = n_1 \cdot n_2 + \frac{n_1 \cdot (n_1 + 1)}{2} - rs_1 \qquad u_2 = n_1 \cdot n_2 + \frac{n_2 \cdot (n_2 + 1)}{2} - rs_2$$

$$u_1 = 3 \cdot 3 + \frac{3 \cdot (3 + 1)}{2} - 11 \qquad u_2 = 3 \cdot 3 + \frac{3 \cdot (3 + 1)}{2} - 10$$

$$u_1 = 9 + 6 - 11 = 4 \qquad u_2 = 9 + 6 - 10 = 5$$

Mit dem kleineren Wert geht man nun in Tabelle C.7, da der kleinste Wert der geringste Unterschied ist. Man testet also, ob der kleinste Unterschied signifikant ist!

In Tabelle C.7 kann als Überschreitungswahrscheinlichkeit abgelesen werden: $p(U = 4) = 0{,}500$. Da die dort angegebenen Überschreitungswahrscheinlichkeiten einseitig angegeben sind, hier aber zweiseitige (ungerichtete) Hypothesen vorliegen, muss die Überschreitungswahrscheinlichkeit noch verdoppelt werden.

Von Signifikanz kann gesprochen werden, wenn die Überschreitungswahrscheinlichkeit kleiner als 0,05 (kleiner als 5%) ist. Das ist hier nicht der Fall, also nicht signifikant, also H₀. Die Rangplätze der Männer und Frauen unterscheiden sich nicht.

b) Richtig getippte Ergebnisse

Vergleich von Rangplätzen ⟶ ordinalskaliert ⟶ zwei unabhängige Stichproben ⟶ Mann-Whitney-U-Test

Ungerichtete Fragestellung, daher auch ungerichtete (zweiseitige) Hypothesen.

Hypothesen:
H_1: Die Rangplätze sind nicht gleich verteilt.
H_0: Die Rangplätze sind gleich verteilt.
H_1: $\eta_1 \neq \eta_2$
H_0: $\eta_1 = \eta_2$

Tabelle 70 Rangverteilung in der WG, 2. Durchgang

Mitbewohner	Punktzahl	Rang
Steffen	38	2.
Anne	43	1.
Christin	25	3.
Max	8	6.
Nadine	15	4.
Matthias	14	5.

In die Berechnung der u-Werte fließen die Rangplatzsummen (rs) ein.

$$u_1 = n_1 \cdot n_2 + \frac{n_1 \cdot (n_1 + 1)}{2} - rs_1 \quad bzw. \quad u_2 = n_1 \cdot n_2 + \frac{n_2 \cdot (n_2 + 1)}{2} - rs_2$$

$n_{\text{Männer}} = 3 \qquad rs_{\text{Männer}} = 13$
$n_{\text{Frauen}} = 3 \qquad rs_{\text{Frauen}} = 8$

$$u_1 = n_1 \cdot n_2 + \frac{n_1 \cdot (n_1 + 1)}{2} - rs_1 \qquad u_2 = n_1 \cdot n_2 + \frac{n_2 \cdot (n_2 + 1)}{2} - rs_2$$

$$u_1 = 3 \cdot 3 + \frac{3 \cdot (3+1)}{2} - 13 \qquad u_2 = 3 \cdot 3 + \frac{3 \cdot (3+1)}{2} - 8$$

$$u_1 = 9 + 6 - 13 = 2 \qquad u_2 = 9 + 6 - 8 = 7$$

Mit dem kleineren Wert geht man nun in Tabelle C.7! In Tabelle C.7 kann als Überschreitungswahrscheinlichkeit abgelesen werden: $p(U = 2) = 0{,}200$. Da die dort angegebenen Überschreitungswahrscheinlichkeiten einseitig angegeben sind, hier aber zweiseitige (ungerichtete) Hypothesen vorliegen, muss die Überschreitungswahrscheinlichkeit noch verdoppelt werden.

Von Signifikanz kann gesprochen werden, wenn die Überschreitungswahrscheinlichkeit kleiner als 0,05 (kleiner als 5%) ist. Das ist hier nicht der Fall, also nicht signifikant, also H_0. Die Rangplätze der Männer und Frauen unterscheiden sich auch hier nicht. Es kann nicht geklärt werden, welche Geschlechtergruppe besser getippt hat. Der Putzdienst verläuft nach Plan!

2.16 Nordlichter und Lederhosen

a) Disziplin »Spätzle futtern«

Vergleich von Rangplätzen $\longrightarrow$ ordinalskaliert $\longrightarrow$ zwei unabhängige Stichproben $\longrightarrow$ Mann-Whitney-U-Test

Ungerichtete Fragestellung, daher auch ungerichtete (zweiseitige) Hypothesen.

Hypothesen:
H_0: Die Rangplätze sind gleich verteilt.
H_1: Die Rangplätze sind nicht gleich verteilt.
H_0: $\eta_1 = \eta_2$
H_1: $\eta_1 \neq \eta_2$
In die Berechnung der u-Werte fließen die Rangplatzsummen (rs) ein.

$$u_1 = n_1 \cdot n_2 + \frac{n_1 \cdot (n_1 + 1)}{2} - rs_1 \quad bzw. \quad u_2 = n_1 \cdot n_2 + \frac{n_2 \cdot (n_2 + 1)}{2} - rs_2$$

$n_{\text{Nordlichter}} = 7 \qquad rs_{\text{Nordlichter}} = 59$
$n_{\text{Lederhosen}} = 8 \qquad rs_{\text{Lederhosen}} = 61$

$$u_1 = n_1 \cdot n_2 + \frac{n_1 \cdot (n_1 + 1)}{2} - rs_1 \qquad u_2 = n_1 \cdot n_2 + \frac{n_2 \cdot (n_2 + 1)}{2} - rs_2$$

$$u_1 = 7 \cdot 8 + \frac{7 \cdot (7 + 1)}{2} - 59 \qquad u_2 = 7 \cdot 8 + \frac{8 \cdot (8 + 1)}{2} - 61$$

$$u_1 = 56 + 28 - 59 = 25 \qquad u_2 = 56 + 36 - 61 = 31$$

Mit dem kleineren Wert geht man nun in Tabelle C.7! In Tabelle C.7 kann als Überschreitungswahrscheinlichkeit abgelesen werden: $p(U = 25) = 0,389$. Da die dort angegebenen Überschreitungswahrscheinlichkeiten einseitig angegeben sind, hier aber zweiseitige (ungerichtete) Hypothesen vorliegen, muss die Überschreitungswahrscheinlichkeit noch verdoppelt werden.

Von Signifikanz kann gesprochen werden, wenn die Überschreitungswahrscheinlichkeit kleiner als 0,05 (kleiner als 5%) ist. Das ist hier nicht der Fall, also nicht signifikant, also H$_0$. Die Rangplätze der Nordlichter und Lederhosen unterscheiden sich bezogen auf die Disziplin »Spätzle futtern« nicht.

Die Disziplin »Spätzle futtern« konnte keine Hinweise liefern, wo die cooleren Studenten leben!

b) Disziplin »im Regen stehen«

Vergleich von Rangplätzen $\longrightarrow$ ordinalskaliert $\longrightarrow$ zwei unabhängige Stichproben $\longrightarrow$ Mann-Whitney-U-Test

Ungerichtete Fragestellung, daher auch ungerichtete (zweiseitige) Hypothesen.

Hypothesen:

H$_0$: Die Rangplätze sind gleich verteilt.

H$_1$: Die Rangplätze sind nicht gleich verteilt.

H$_0$: $\eta_1 = \eta_2$

H$_1$: $\eta_1 \neq \eta_2$

In die Berechnung der u-Werte fließen die Rangplatzsummen (rs) ein.

$$u_1 = n_1 \cdot n_2 + \frac{n_1 \cdot (n_1 + 1)}{2} - rs_1 \quad bzw. \quad u_2 = n_1 \cdot n_2 + \frac{n_2 \cdot (n_2 + 1)}{2} - rs_2$$

$n_{\text{Nordlichter}} = 7 \qquad rs_{\text{Nordlichter}} = 41$

$n_{\text{Lederhosen}} = 8 \qquad rs_{\text{Lederhosen}} = 79$

$$u_1 = n_1 \cdot n_2 + \frac{n_1 \cdot (n_1 + 1)}{2} - rs_1 \qquad u_2 = n_1 \cdot n_2 + \frac{n_2 \cdot (n_2 + 1)}{2} - rs_2$$

$$u_1 = 7 \cdot 8 + \frac{7 \cdot (7 + 1)}{2} - 41 \qquad u_2 = 7 \cdot 8 + \frac{8 \cdot (8 + 1)}{2} - 79$$

$$u_1 = 56 + 28 - 41 = 43 \qquad u_2 = 56 + 36 - 79 = 13$$

Mit dem kleineren Wert geht man nun in Tabelle C.7! In Tabelle C.7 kann als Überschreitungswahrscheinlichkeit abgelesen werden: $p(U = 13) = 0{,}047$. Da die dort angegebenen Überschreitungswahrscheinlichkeiten einseitig angegeben sind, hier aber zweiseitige (ungerichtete) Hypothesen vorliegen, muss die Überschreitungswahrscheinlichkeit noch verdoppelt werden.

Von Signifikanz kann gesprochen werden, wenn die Überschreitungswahrscheinlichkeit kleiner als 0,05 (kleiner als 5%) ist. Das ist hier nicht der Fall, also nicht signifikant, also H$_0$. Die Rangplätze von Nordlichtern und Lederhosen unterscheiden sich auch dieses Mal nicht. Die Disziplin »im Regen stehen« konnte auch nicht klären, wo die cooleren Studenten leben!

c) Disziplin »Durchhaltevermögen auf der Semesteranfangsparty«

Hypothesen:

H_0: Die Rangplätze sind gleich verteilt.

H_1: Die Rangplätze sind nicht gleich verteilt.

H_0: $\eta_1 = \eta_2$

H_1: $\eta_1 \neq \eta_2$

In die Berechnung der u-Werte fließen die Rangplatzsummen (rs) ein.

$$u_1 = n_1 \cdot n_2 + \frac{n_1 \cdot (n_1 + 1)}{2} - rs_1 \quad bzw. \quad u_2 = n_1 \cdot n_2 + \frac{n_2 \cdot (n_2 + 1)}{2} - rs_2$$

$n_{\text{Nordlichter}} = 6$ $rs_{\text{Nordlichter}} = 35$

$n_{\text{Lederhosen}} = 4$ $rs_{\text{Lederhosen}} = 20$

$$u_1 = n_1 \cdot n_2 + \frac{n_1 \cdot (n_1 + 1)}{2} - rs_1 \qquad u_2 = n_1 \cdot n_2 + \frac{n_2 \cdot (n_2 + 1)}{2} - rs_2$$

$$u_1 = 6 \cdot 4 + \frac{6 \cdot (6+1)}{2} - 35 \qquad u_2 = 6 \cdot 4 + \frac{4 \cdot (4+1)}{2} - 20$$

$$u_1 = 24 + 21 - 35 = 10 \qquad u_2 = 24 + 10 - 20 = 14$$

Mit dem kleineren Wert geht man nun in Tabelle C.7! In Tabelle C.7 kann als Überschreitungswahrscheinlichkeit abgelesen werden: $p(U = 10) = 0{,}381$. Da die dort angegebenen Überschreitungswahrscheinlichkeiten einseitig angegeben sind, hier aber zweiseitige (ungerichtete) Hypothesen vorliegen, muss die Überschreitungswahrscheinlichkeit noch verdoppelt werden.

Von Signifikanz kann gesprochen werden, wenn die Überschreitungswahrscheinlichkeit kleiner als 0,05 (kleiner als 5%) ist. Das ist hier nicht der Fall, also nicht signifikant, also H_0. Gute Güte! Es muss doch mal signifikant werden!

d) Disziplin »Bleistiftnotizen aus Büchern radieren«

Hypothesen:

H_0: Die Rangplätze sind gleich verteilt.

H_1: Die Rangplätze sind nicht gleich verteilt.

H_0: $\eta_1 = \eta_2$

H_1: $\eta_1 \neq \eta_2$

In die Berechnung der u-Werte fließen die Rangplatzsummen (rs) ein.

$$u_1 = n_1 \cdot n_2 + \frac{n_1 \cdot (n_1 + 1)}{2} - rs_1 \quad bzw. \quad u_2 = n_1 \cdot n_2 + \frac{n_2 \cdot (n_2 + 1)}{2} - rs_2$$

$n_{\text{Nordlichter}} = 6$ $\quad$ $rs_{\text{Nordlichter}} = 40$

$n_{\text{Lederhosen}} = 4$ $\quad$ $rs_{\text{Lederhosen}} = 15$

$$u_1 = n_1 \cdot n_2 + \frac{n_1 \cdot (n_1 + 1)}{2} - rs_1 \qquad u_2 = n_1 \cdot n_2 + \frac{n_2 \cdot (n_2 + 1)}{2} - rs_2$$

$$u_1 = 6 \cdot 4 + \frac{6 \cdot (6+1)}{2} - 40 \qquad u_2 = 6 \cdot 4 + \frac{4 \cdot (4+1)}{2} - 15$$

$$u_1 = 24 + 21 - 40 = 5 \qquad u_2 = 24 + 10 - 15 = 19$$

Mit dem kleineren Wert geht man nun in Tabelle C.7! In Tabelle C.7 kann als Überschreitungswahrscheinlichkeit abgelesen werden: $p(U = 5) = 0{,}086$. Da die dort angegebenen Überschreitungswahrscheinlichkeiten einseitig angegeben sind, hier aber zweiseitige (ungerichtete) Hypothesen vorliegen, muss die Überschreitungswahrscheinlichkeit noch verdoppelt werden.

Von Signifikanz kann gesprochen werden, wenn die Überschreitungswahrscheinlichkeit kleiner als 0,05 (kleiner als 5%) ist. Das ist hier nicht der Fall, also nicht signifikant, also H_0. Sapperlot! Schiet! Anscheinend gibt es keine Unterschiede zwischen Nordlichtern und Lederhosen!

2.17 Die multifunktionale Gemüsereibe (1)

a) Bitte berechnen Sie folgende deskriptive Kennwerte: Mittelwert, Standardabweichung, Schiefe, Exzess und Varianz für SAP vorher und SAP nachher.

$$\bar{x} = \frac{\sum_{m=1}^{n} x_m}{n} \qquad s_X^2 = \frac{\sum_{m=1}^{n}(x_m - \bar{x})^2}{n} = \frac{\sum_{m=1}^{n} x_m^2 - \frac{\left(\sum_{m=1}^{n} x_m\right)^2}{n}}{n} \qquad s_X = \sqrt{s_X^2}$$

$$Sch = \frac{\sum_{m=1}^{n}(x_m - \bar{x})^3}{n \cdot s_X^3} \qquad Ex = \frac{\sum_{m=1}^{n}(x_m - \bar{x})^4}{n \cdot s_X^4}$$

Tabelle 71 Hilfreiche Tabelle für die multifunktionale Gemüsereibe (1)

Vpn	x	$(x-\bar{x})^2$	$(x-\bar{x})^3$	$(x-\bar{x})^4$	y	$(y-\bar{y})^2$	$(y-\bar{y})^3$	$(y-\bar{y})^4$
1	2	4	-8	16	10	9	27	81
2	5	1	1	1	10	9	27	81
3	2	4	-8	16	8	1	1	1
4	7	9	27	81	6	1	-1	1
5	5	1	1	1	4	9	-27	81
6	6	4	8	16	9	4	8	16
7	1	9	-27	81	4	9	-27	81
8	3	1	-1	1	7	0	0	0
9	7	9	27	81	7	0	0	0
10	2	4	-8	16	5	4	-8	16
Summe	40	46	12	310	70	46	0	358

SAP vorher:

$$\bar{x}=\frac{\sum_{m=1}^{n}x_m}{n}=\frac{40}{10}=4 \quad s_X^2=\frac{\sum_{m=1}^{n}(x_m-\bar{x})^2}{n}=\frac{46}{10}=4,6 \quad s_X=\sqrt{s_X^2}=\sqrt{4,6}=2,14$$

$$Sch=\frac{\sum_{m=1}^{n}(x_m-\bar{x})^3}{n\cdot s_X^3}=\frac{12}{10\cdot 2,14^3}=\frac{12}{10\cdot 9,87}=0,12$$

$$Ex=\frac{\sum_{m=1}^{n}(x_m-\bar{x})^4}{n\cdot s_X^4}=\frac{310}{10\cdot 2,14^4}=\frac{310}{10\cdot 21,16}=1,47$$

SAP nachher:

$$\bar{y}=\frac{\sum_{m=1}^{n}y_m}{n}=\frac{70}{10}=7 \quad s_Y^2=\frac{\sum_{m=1}^{n}(y_m-\bar{y})^2}{n}=\frac{46}{10}=4,6 \quad s_Y=\sqrt{s_Y^2}=\sqrt{4,6}=2,14$$

$$Sch=\frac{\sum_{m=1}^{n}(y_m-\bar{y})^3}{n\cdot s_Y^3}=\frac{0}{10\cdot 2,14^3}=\frac{0}{10\cdot 9,87}=0$$

$$Ex = \frac{\sum_{m=1}^{n}(y_m - \bar{y})^4}{n \cdot s_Y^4} = \frac{358}{10 \cdot 2,14^4} = \frac{358}{10 \cdot 21,16} = 1,69$$

b) Ordinalskalierte Daten, abhängige Stichproben (vorher-nachher):
Zwei verschiedene Testverfahren bieten sich an, die hier beide dargestellt werden:
Vorzeichentest und Wilcoxon-Vorzeichen-Rangtest

Tabelle 72 Tabelle zum Berechnen der Tests

Vpn	x	y	$(x-y)$	Vorzeichen	$\lvert(x-y)\rvert$	Rang
1	2	10	-8	-	8	9
2	5	10	-5	-	5	7
3	2	8	-6	-	6	8
4	7	6	1	+	1	1,5
5	5	4	1	+	1	1,5
6	6	9	-3	-	3	4
7	1	4	-3	-	3	4
8	3	7	-4	-	4	6
9	7	7	0		0	
10	2	5	-3	-	3	4
Summe	40	70				

H_0: Es besteht kein Unterschied im »Subjektiven Aggressionspotential« vor und nach dem Konsum einer zweistündigen Dauerwerbesendung.
H_1: Es besteht ein Unterschied im »Subjektiven Aggressionspotential« vor und nach dem Konsum einer zweistündigen Dauerwerbesendung.

Vorzeichentest

Für n = 9 Personen finden sich Unterschiede; bei x = 2 kommt es zu einem Absinken; bei y = 7 zu einem Ansteigen des »Subjektiven Aggressionspotentials«.
Über die Binomialverteilung kann nun errechnet werden, wie groß die Überschreitungswahrscheinlichkeit ist. Hierbei wird von einem p = 0,5 ausgegangen.
Prüfung durch Binomialverteilung für k = 0, 1, 2

$$p = \binom{n}{k} \cdot p^k \cdot q^{n-k} = \frac{n!}{k! \cdot (n-k)!} \cdot p^k \cdot q^{n-k}$$

$$p(k=2) = \frac{9!}{2! \cdot 7!} \cdot 0,5^2 \cdot 0,5^7 = \frac{362880}{2 \cdot 5040} \cdot 0,25 \cdot 0,0078125 = 36 \cdot 0,25 \cdot 0,0078125$$

$$p(k=2) = 0,0703125$$

$$p(k=1) = \frac{9!}{1! \cdot 8!} \cdot 0,5^1 \cdot 0,5^8 = \frac{362880}{40320} \cdot 0,5 \cdot 0,00390625 = 0,017578125$$

$$p(k=0) = \frac{9!}{0! \cdot 9!} \cdot 0,5^0 \cdot 0,5^9 = \frac{362880}{362880} \cdot 1 \cdot 0,001953125 = 0,001953125$$

$$p(k=0,\ 1,\ 2) = 0,0703125 + 0,017578125 + 0,001953125 = 0,08984375$$

Da die Wahrscheinlichkeit größer als 5 % ist, wird die H_1 verworfen und die H_0 beibehalten.

Wilcoxon-Vorzeichen-Rangtest

Summe der Rangplätze mit dem selteneren Vorzeichen $w^+ = 1,5 + 1,5 = 3$.

Für N = 9 kann aus Tabelle C.3 als kritischer Wert abgelesen werden: $w_{krit}^+ = 6$.

Da $w^+ = 3 < w_{krit}^+ = 6$ wird die H_0 verworfen und die H_1 vorläufig angenommen.

Man hat hier den – durchaus häufiger vorkommenden – Fall, dass zwei unterschiedliche Testverfahren auch zu unterschiedlichen Ergebnissen kommen. Im Zweifel empfiehlt es sich, konservativ vorzugehen und eher ein nicht-signifikantes Ergebnis zu wählen.

2.18 Anpassung der Toleranzschwelle gegenüber unhygienischen Zuständen in Küche und Bad

a) Bitte berechnen Sie die deskriptiven Kennwerte Mittelwert, Standardabweichung, Schiefe, Exzess und Varianz.

$$\overline{x} = \frac{\sum\limits_{m=1}^{n} x_m}{n} \qquad s_X^2 = \frac{\sum\limits_{m=1}^{n}(x_m - \overline{x})^2}{n} = \frac{\sum\limits_{m=1}^{n} x_m^2 - \dfrac{\left(\sum\limits_{m=1}^{n} x_m\right)^2}{n}}{n} \qquad s_X = \sqrt{s_X^2}$$

$$Sch = \frac{\sum\limits_{m=1}^{n}(x_m - \overline{x})^3}{n \cdot s_X^3} \qquad Ex = \frac{\sum\limits_{m=1}^{n}(x_m - \overline{x})^4}{n \cdot s_X^4}$$

Tabelle 73 Hilfreiche Übersicht zum Berechnen von TUZ vorher und TUZ nachher

Vpn	x	$(x-\overline{x})^2$	$(x-\overline{x})^3$	$(x-\overline{x})^4$	y	$(y-\overline{y})^2$	$(y-\overline{y})^3$	$(y-\overline{y})^4$
1	6	1	1	1	5	1	-1	1
2	4	1	-1	1	4	4	-8	16
3	7	4	8	16	9	9	27	81
4	3	4	-8	16	3	9	-27	81
5	3	4	-8	16	5	1	-1	1
6	5	0	0	0	6	0	0	0
7	4	1	-1	1	7	1	1	1
8	8	9	27	81	9	9	27	81
Summe	40	24	18	132	48	34	18	262

TUZ vorher:

$$\overline{x} = \frac{\sum\limits_{m=1}^{n} x_m}{n} = \frac{40}{8} = 5 \qquad s_X^2 = \frac{\sum\limits_{m=1}^{n}(x_m - \overline{x})^2}{n} = \frac{24}{8} = 3 \qquad s_X = \sqrt{s_X^2} = \sqrt{3} = 1,73$$

$$Sch = \frac{\sum\limits_{m=1}^{n}(x_m - \overline{x})^3}{n \cdot s_X^3} = \frac{18}{8 \cdot 1,73^3} = \frac{18}{8 \cdot 5,20} = 0,43$$

$$Ex = \frac{\sum\limits_{m=1}^{n}(x_m - \overline{x})^4}{n \cdot s_X^4} = \frac{132}{8 \cdot 1,73^4} = \frac{132}{8 \cdot 9} = 1,83$$

TUZ nachher:

$$\overline{y} = \frac{\sum\limits_{m=1}^{n} y_m}{n} = \frac{48}{8} = 6 \qquad s_Y^2 = \frac{\sum\limits_{m=1}^{n}(y_m - \overline{y})^2}{n} = \frac{34}{8} = 4,25 \qquad s_Y = \sqrt{s_Y^2} = \sqrt{4,25} = 2,06$$

$$Sch = \frac{\sum\limits_{m=1}^{n}(y_m - \overline{y})^3}{n \cdot s_Y^3} = \frac{18}{8 \cdot 2,06^3} = \frac{18}{8 \cdot 8,76} = 0,26$$

$$Ex = \frac{\sum_{m=1}^{n}(y_m - \bar{y})^4}{n \cdot s_Y^4} = \frac{262}{8 \cdot 2,06^4} = \frac{262}{8 \cdot 18,06} = 1,81$$

b) Ordinalskalierte Daten, abhängige Stichproben (vorher-nachher):
Zwei verschiedene Testverfahren bieten sich an, die hier beide dargestellt werden:
Vorzeichentest und Wilcoxon-Vorzeichen-Rangtest

Tabelle 74 Übersicht zum Berechnen der Tests

Vpn	x	y	$(x-y)$	Vorzeichen	$|(x-y)|$	Rang
1	6	5	1	+	1	2
2	4	4	0		0	
3	7	9	-2	-	2	4,5
4	3	3	0		0	
5	3	5	-2	-	2	4,5
6	5	6	-1	-	1	2
7	4	7	-3	-	3	6
8	8	9	-1	-	1	2
Summe	40	48				

H_0: Es besteht kein Unterschied in der Toleranzschwelle gegenüber unhygienischen Zuständen (TUZ) zwischen vor dem Einzug und nach dreijährigem Bewohnen eines Studentenwohnheims.

H_1: Es besteht ein Unterschied in der Toleranzschwelle gegenüber unhygienischen Zuständen (TUZ) zwischen vor dem Einzug und nach dreijährigem Bewohnen eines Studentenwohnheims.

Vorzeichentest
Für N = 6 Personen finden sich Unterschiede; bei x = 1 kommt es zu einem Absinken; bei y = 5 zu einem Ansteigen der Toleranzschwelle.
Über die Binomialverteilung kann nun errechnet werden, wie groß die Überschreitungswahrscheinlichkeit ist. Hierbei wird von einem p = 0,5 ausgegangen.
Prüfung durch Binomialverteilung für k = 0, 1

$$p = \binom{n}{k} \cdot p^k \cdot q^{n-k} = \frac{n!}{k! \cdot (n-k)!} \cdot p^k \cdot q^{n-k}$$

$$p(k=1) = \frac{6!}{1! \cdot 5!} \cdot 0{,}5^1 \cdot 0{,}5^5 = \frac{720}{120} \cdot 0{,}5 \cdot 0{,}03125 = 0{,}09375$$

$$p(k=0) = \frac{6!}{0! \cdot 6!} \cdot 0{,}5^0 \cdot 0{,}5^6 = \frac{720}{720} \cdot 1 \cdot 0{,}015625 = 0{,}015625$$

$$p(k=0,\ 1) = 0{,}09375 + 0{,}015625 = 0{,}109375$$

Da die Wahrscheinlichkeit größer als 5 % ist, wird die H_1 verworfen und die H_0 beibehalten.

Wilcoxon-Vorzeichen-Rangtest

Summe der Rangplätze mit dem selteneren Vorzeichen $w^+ = 2$.

Für N = 6 kann aus Tabelle C.3 als kritischer Wert abgelesen werden: $w^+_{krit} = 1$.

Da $w^+ = 2 > w^+_{krit} = 1$ wird die H_0 beibehalten und die H_1 verworfen.

2.19 Broken Home

Tabelle 75 Kinder mit/ohne AD(H)S sowie Ehestatus der Eltern

		Ehestatus		
		verheiratet	geschieden	gesamt
AD(H)S	ja	4	8	12
	nein	24	14	38
	gesamt	28	22	50

a) Gibt es einen Zusammenhang zwischen dem Eheverhältnis der Eltern und dem Auftreten einer AD(H)S-Störung?

Es handelt sich um nominale Daten in Form einer Vierfeldertafel und es wird nach einem Zusammenhang gefragt. Es existieren mehrere Korrelationsverfahren, von denen zwei hier dargestellt werden sollen: Phi-Korrelation und Yules Q.

Phi-Korrelation

$$\hat{\phi} = \frac{n_{11} \cdot n_{22} - n_{12} \cdot n_{21}}{\sqrt{\left(n_{11} + n_{21}\right) \cdot \left(n_{12} + n_{22}\right) \cdot \left(n_{11} + n_{12}\right) \cdot \left(n_{21} + n_{22}\right)}}$$

$$\hat{\phi} = \frac{4 \cdot 14 - 8 \cdot 24}{\sqrt{\left(4 + 24\right) \cdot \left(8 + 14\right) \cdot \left(4 + 8\right) \cdot \left(24 + 14\right)}}$$

$$\hat{\phi} = \frac{56 - 192}{\sqrt{28 \cdot 22 \cdot 12 \cdot 38}} = \frac{-136}{\sqrt{280896}} = \frac{-136}{530} = -0{,}257$$

Zusätzlich muss bei der Phi-Korrelation noch ein maximaler Phi-Wert (Phi$_{max}$) berechnet werden. Dazu werden die Zahlen innerhalb der Tabelle so umgestellt, dass ein maximaler Zusammenhang resultiert.

In welcher Zeile (gesamt) steht die höhere Zahl? Zeile AD(H)S nein.
In welcher Spalte (gesamt) steht die höhere Zahl? Spalte Ehestatus verheiratet.
Am Schnittpunkt (AD(H)S nein/Ehestatus verheiratet) wird nun die maximale Zahl eingetragen (hier: 28).
Der Rest der Zahlen in der Tabelle ergibt sich.

Tabelle 76 Umgestellte Rohwerte zur Berechnung des maximalen Phi-Wertes Phi$_{max}$

	Phi$_{max}$	Ehestatus		
		verheiratet	geschieden	gesamt
AD(H)S	ja	0	12	12
	nein	28	10	38
	gesamt	28	22	50

$$\hat{\phi} = \frac{n_{11} \cdot n_{22} - n_{12} \cdot n_{21}}{\sqrt{\left(n_{11} + n_{21}\right) \cdot \left(n_{12} + n_{22}\right) \cdot \left(n_{11} + n_{12}\right) \cdot \left(n_{21} + n_{22}\right)}}$$

$$\hat{\phi}_{max} = \frac{0 \cdot 10 - 12 \cdot 28}{\sqrt{28 \cdot 22 \cdot 12 \cdot 38}} = \frac{-336}{\sqrt{280896}} = \frac{-336}{530} = -0{,}634$$

Aus Phi und Phi$_{max}$ wird dann der korrigierte Phi-Wert Phi$_{korr}$ errechnet.

$$\hat{\phi}_{korr} = \frac{\hat{\phi}}{\hat{\phi}_{max}} = \frac{-0{,}257}{-0{,}634} = 0{,}405$$

Es besteht ein mittlerer Zusammenhang zwischen den Variablen Ehestatus und AD(H)S.

Yules Q

$$Q = \frac{n_{11} \cdot n_{22} - n_{12} \cdot n_{21}}{n_{11} \cdot n_{22} + n_{12} \cdot n_{21}}$$

$$Q = \frac{4 \cdot 14 - 8 \cdot 24}{4 \cdot 14 + 8 \cdot 24} = \frac{56 - 192}{56 + 192} = \frac{-136}{248} = -0,548$$

Es besteht ein mittlerer negativer Zusammenhang zwischen dem Ehestatus und dem Auftreten einer AD(H)S. Bezogen auf die Vierfeldertafel kann gesagt werden, dass eine »heile« Familienstruktur anscheinend protektiven Charakter bezüglich des Auftretens von AD(H)S hat.

b) Ist der Zusammenhang statistisch signifikant?
Ob der Zusammenhang statistisch bedeutsam ist, berechnet man mit einem Chi²-Test (χ^2-Test).
H_0: Die beobachteten Werte sind gleich (entsprechen) den erwarteten.
H_1: Die beobachteten Werte sind ungleich (unterscheiden sich von) den erwarteten.

$$H_0 : \pi_{ij} = \pi_i \cdot \pi_j$$

$$H_1 : \pi_{ij} \neq \pi_i \cdot \pi_j$$

Erwartete Werte: $e_{ij} = n \cdot \dfrac{n_{i\bullet}}{n} \cdot \dfrac{n_{\bullet j}}{n} = \dfrac{n_{i\bullet} \cdot n_{\bullet j}}{n}$

$$\chi^2 = \sum_{i=1}^{2} \sum_{j=1}^{2} \frac{\left(n_{ij} - e_{ij}\right)^2}{e_{ij}}$$

Werden in einer Vierfeldertafel die erwarteten Häufigkeiten über die Randsummen berechnet, muss lediglich ein Wert berechnet werden. Die übrigen ergeben sich. Erwarteter Wert für AD(H)S ja / Ehestatus verheiratet:

$$e_{11} = \frac{28 \cdot 12}{50} = 6,72$$

Tabelle 77 Erwartete Werte

		Ehestatus		
		verheiratet	geschieden	gesamt
AD(H)S	ja	6,72	5,28	12
	nein	21,28	16,72	38
	gesamt	28	22	50

$$\chi^2 = \sum_{i=1}^{2}\sum_{j=1}^{2}\frac{\left(n_{ij}-e_{ij}\right)^2}{e_{ij}} = \frac{\left(4-6,72\right)^2}{6,72} + \frac{\left(8-5,28\right)^2}{5,28} + \frac{\left(24-21,28\right)^2}{21,28} + \frac{\left(14-16,72\right)^2}{16,72}$$

$$\chi^2 = 1,101 + 1,401 + 0,348 + 0,442 = 3,292$$

Werden – wie hier – die Randsummen berücksichtigt, hat man nur einen Freiheitsgrad df = 1. Als kritischen χ^2-Wert findet man in Tabelle C.4 $\chi^2_{(0,95;1)} = 3,841$. Der empirisch ermittelte χ^2-Wert liegt darunter, man behält die Nullhypothese bei.

Der beobachtete Zusammenhang zwischen dem Ehestatus und dem Auftreten einer AD(H)S ist nicht signifikant.

Für eine Vierfelder-Tafel existiert noch eine spezielle Formel:

$$\chi^2 = \frac{n\cdot\left(b\cdot c-a\cdot d\right)^2}{\left(a+b\right)\cdot\left(c+d\right)\cdot\left(a+c\right)\cdot\left(b+d\right)} = \frac{50\cdot\left(8\cdot24-4\cdot14\right)^2}{12\cdot38\cdot28\cdot22}$$

$$\chi^2 = \frac{50\cdot\left(136\right)^2}{280896} = \frac{50\cdot18496}{280896} = \frac{924800}{280896} = 3,292$$

Hierbei kennzeichnen a, b, c und d die einzelnen Felder der Tafel.

2.20 Schwimmabzeichen und Wohnsituation

a) Bei Zusammenhängen zwischen ordinalskalierten Variablen stehen mehrere Korrelationstechniken zur Verfügung. Hier wird lediglich die Spearman-Rangkorrelation dargestellt und durchgerechnet, da die anderen Korrelationstechniken schon bei kleinen Stichproben sehr rechenintensiv werden.

Für die Spearman-Rangkorrelation existiert eine eigene Formel. Statt dieser Formel sei darauf verwiesen, dass die Formel für die Produkt-Moment-Korrelation verwendet werden kann.

$$\overline{x} = \frac{\sum_{m=1}^{n}x_m}{n} = \frac{55}{10} = 5,5 \qquad\qquad \overline{y} = \frac{\sum_{m=1}^{n}y_m}{n} = \frac{55}{10} = 5,5$$

$$s_X^2 = \frac{\sum_{m=1}^{n}\left(x_m-\overline{x}\right)^2}{n} = \frac{79}{10} = 7,9 \qquad\qquad s_Y^2 = \frac{\sum_{m=1}^{n}\left(y_m-\overline{y}\right)^2}{n} = \frac{77,5}{10} = 7,75$$

Tabelle 78 Berechnung der Formelelemente »Schwimmabzeichen« und »Wohnsituation«

Ränge Schwimm-abzeichen (x)	Ränge Wohn-situation (y)	$(x-\bar{x})^2$	$(y-\bar{y})^2$	$(x-\bar{x})\cdot(y-\bar{y})$	x^2	y^2	$(x\cdot y)$
9,5	1,5	16	16	-16	90,25	2,25	14,25
1	9	20,25	12,25	-15,75	1	81	9
4,5	1,5	1	16	4	20,25	2,25	6,75
4,5	6,5	1	1	-1	20,25	42,25	29,25
2,5	9	9	12,25	-10,5	6,25	81	22,5
7	4	2,25	2,25	-2,25	49	16	28
2,5	9	9	12,25	-10,5	6,25	81	22,5
9,5	4	16	2,25	-6	90,25	16	38
7	6,5	2,25	1	1,5	49	42,25	45,5
7	4	2,25	2,25	-2,25	49	16	28
$\Sigma = 55$	55	79	77,5	-58,75	381,5	380	243,75

$$s_X = \sqrt{s_X^2} = \sqrt{7,9} = 2,81 \qquad s_Y = \sqrt{s_Y^2} = \sqrt{7,75} = 2,78$$

$$s_{XY} = \frac{\sum_{m=1}^{n}\left(x_m - \bar{x}\right)\cdot\left(y_m - \bar{y}\right)}{n} = \frac{-58,75}{10} = -5,875$$

Achtung: Die Rangplatzsummen der beiden Variablen müssen immer gleich sein!

$$r_{XY} = \frac{s_{XY}}{s_X \cdot s_Y} = \frac{-5,875}{2,81 \cdot 2,78} = -0,752$$

Für die Produkt-Moment-Korrelation existiert noch eine weitere Formel, die hier ebenfalls dargestellt werden soll.

$$r_{XY} = \frac{n\cdot\sum_{m=1}^{n}x_m\cdot y_m - \sum_{m=1}^{n}x_m\cdot\sum_{m=1}^{n}y_m}{\sqrt{\left[n\cdot\sum_{m=1}^{n}x_m^2 - \left(\sum_{m=1}^{n}x_m\right)^2\right]\cdot\left[n\cdot\sum_{m=1}^{n}y_m^2 - \left(\sum_{m=1}^{n}y_m\right)^2\right]}}$$

$$r_{XY} = \frac{10 \cdot 243,75 - 55 \cdot 55}{\sqrt{\left[10 \cdot 381,5 - 55^2\right] \cdot \left[10 \cdot 380 - 55^2\right]}}$$

$$r_{XY} = \frac{2437,5 - 3025}{\sqrt{\left[3815 - 3025\right] \cdot \left[3800 - 3025\right]}} = \frac{-587,5}{\sqrt{790 \cdot 775}} = \frac{-587,5}{\sqrt{612250}}$$

$$r_{XY} = \frac{-587,5}{782,464} = -0,751$$

Das ist – bis auf Rundungsungenauigkeiten – das gleiche Ergebnis.

$r^2 = 0,5655 = 56,55\ \%$ erklärbare gemeinsame Varianz

Es besteht ein mittlerer negativer Zusammenhang zwischen dem erworbenen Schwimmabzeichen und der Wohnsituation.

b) Zur Überprüfung, ob die berechnete Korrelation signifikant ist, verwendet man den t-Test für Korrelationen. Doch zuvor muss man Hypothesen aufstellen!

H_0: Zwischen Schwimmabzeichen und Wohnsituation besteht kein Zusammenhang.

H_1: Zwischen Schwimmabzeichen und Wohnsituation besteht ein Zusammenhang.

$$t = \frac{r \cdot \sqrt{n-2}}{\sqrt{1-r^2}}$$

df = n - 2

$$t = \frac{-0,752 \cdot \sqrt{10-2}}{\sqrt{1-(-0,752)^2}} = \frac{-2,127}{\sqrt{0,4345}} = \frac{-2,127}{0,659} = -3,23$$

df = 10 - 2 = 8

Tabelle C2 ist einseitig ausgerichtet, doch die Hypothesen sind zweiseitig. So schaut man in der Tabelle bei einer Fläche von 0,975 und 8 Freiheitsgraden nach dem kritischen t-Wert.

$$t_{(0,975;8)} = 2,306 \quad bzw. \quad t_{(0,025;8)} = -2,306$$

Der empirisch ermittelte t-Wert ist extremer als der kritische, also signifikant. Man entscheidet sich für die H_1. Zwischen Schwimmabzeichen und Wohnsituation besteht eine signifikante negative Korrelation.

2.21 Viele Köche verderben den Brei

Der Übersichtlichkeit halber wird zuerst eine Vierfelder-Tafel aufgebaut:

Tabelle 79 Vierfeldertafel »Viele Köche verderben den Brei«

		Anzahl Köche		
		wenige	viele	gesamt
Qualität des Essens	gut	3	2	5
	schlecht	2	4	6
	gesamt	5	6	11

Aus Tabelle 79 folgt:

$$p(\textit{wenige Köche}) = \frac{5}{11} \qquad p(\textit{viele Köche}) = \frac{6}{11}$$

$$p(\textit{schlechtes Essen}) = \frac{6}{11} \qquad p(\textit{gutes Essen}) = \frac{5}{11}$$

a) Wie groß ist – bei Annahme stochastischer Unabhängigkeit – die Wahrscheinlichkeit dafür, dass in einem Restaurant wenige Köche arbeiten und die Qualität des Essens schlecht ist?

Stochastisch unabhängig bedeutet, dass auf Basis der Einzelwahrscheinlichkeiten die Gesamtwahrscheinlichkeit berechnet werden soll, also:

$$p(\textit{wenige Köche UND schlechtes Essen}) =$$

$$p(\textit{wenige Köche}) \cdot p(\textit{schlechtes Essen}) = \frac{5}{11} \cdot \frac{6}{11} = \frac{30}{121} = 0,248$$

b) Gibt es tatsächlich einen Zusammenhang zwischen der Anzahl der Köche und der Qualität des Essens? Lässt sich der in der Aussage »Viele Köche verderben den Brei« vermutete Zusammenhang statistisch untermauern (zweiseitig)? Prüfen Sie mit einem $\alpha = 5\,\%$!

Die beiden Merkmale »Anzahl Köche« und »Qualität Essen« sind hier nominalskaliert. Von den möglichen Zusammenhangsmaßen für eine Vierfeldertafel werden hier zwei berechnet: Phi-Korrelation und Yules Q.

Phi-Korrelation

$$\hat{\phi} = \frac{n_{11} \cdot n_{22} - n_{12} \cdot n_{21}}{\sqrt{(n_{11} + n_{21}) \cdot (n_{12} + n_{22}) \cdot (n_{11} + n_{12}) \cdot (n_{21} + n_{22})}}$$

$$\hat{\phi} = \frac{3 \cdot 4 - 2 \cdot 2}{\sqrt{(3+2) \cdot (2+4) \cdot (3+2) \cdot (2+4)}}$$

$$\hat{\phi} = \frac{12-4}{\sqrt{5 \cdot 6 \cdot 5 \cdot 6}} = \frac{8}{\sqrt{900}} = \frac{8}{30} = 0,267$$

Zusätzlich muss bei der Phi-Korrelation noch ein maximaler Phi-Wert (Phi$_{max}$) berechnet werden. Dazu werden die Zahlen innerhalb der Tabelle so umgestellt, dass ein maximaler Zusammenhang resultiert.
In welcher Zeile (gesamt) steht die höhere Zahl? Zeile Essen schlecht.
In welcher Spalte (gesamt) steht die höhere Zahl? Spalte Köche viele.
Am Schnittpunkt (Essen schlecht / Köche viele) wird nun die maximale Zahl eingetragen (hier: 6).
Der Rest der Zahlen in der Tabelle ergibt sich.

Tabelle 80 Umgestellte Rohwerte zur Berechnung des maximalen Phi-Wertes Phi$_{max}$

		Anzahl Köche		
		wenige	viele	gesamt
Qualität des Essens	gut	5	0	5
	schlecht	0	6	6
	gesamt	5	6	11

$$\hat{\phi} = \frac{n_{11} \cdot n_{22} - n_{12} \cdot n_{21}}{\sqrt{(n_{11}+n_{21}) \cdot (n_{12}+n_{22}) \cdot (n_{11}+n_{12}) \cdot (n_{21}+n_{22})}}$$

$$\hat{\phi}_{max} = \frac{5 \cdot 6 - 0 \cdot 0}{\sqrt{900}} = \frac{30}{30} = 1$$

Aus Phi und Phi$_{max}$ wird dann der korrigierte Phi-Wert Phi$_{korr}$ errechnet.

$$\hat{\phi}_{korr} = \frac{\hat{\phi}}{\hat{\phi}_{max}} = \frac{0,267}{1} = 0,267$$

Es besteht ein schwacher bis mittlerer Zusammenhang zwischen den Variablen »Qualität des Essens« und »Anzahl Köche«.

Yules Q

$$Q = \frac{n_{11} \cdot n_{22} - n_{12} \cdot n_{21}}{n_{11} \cdot n_{22} + n_{12} \cdot n_{21}}$$

$$Q = \frac{3 \cdot 4 - 2 \cdot 2}{3 \cdot 4 + 2 \cdot 2} = \frac{12 - 4}{12 + 4} = \frac{8}{16} = 0,5$$

Es besteht ein mittlerer positiver Zusammenhang zwischen der Qualität des Essens und der Anzahl der Köche. Bezogen auf die Vierfeldertafel kann tendenziell gesagt werden, dass sich das Sprichwort zu bestätigten scheint.

Chi^2-Test

Ob der Zusammenhang statistisch bedeutsam ist, berechnet man mit einem Chi^2-Test (χ^2-Test).

H_0: Die beobachteten Werte sind gleich (entsprechen) den erwarteten.

H_1: Die beobachteten Werte sind ungleich (unterscheiden sich von) den erwarteten.

$$H_0 : \pi_{ij} = \pi_i \cdot \pi_j$$

$$H_1 : \pi_{ij} \neq \pi_i \cdot \pi_j$$

Erwartete Werte: $e_{ij} = n \cdot \dfrac{n_{i\bullet}}{n} \cdot \dfrac{n_{\bullet j}}{n} = \dfrac{n_{i\bullet} \cdot n_{\bullet j}}{n}$

$$\chi^2 = \sum_{i=1}^{2} \sum_{j=1}^{2} \frac{\left(n_{ij} - e_{ij}\right)^2}{e_{ij}}$$

Werden in einer Vierfeldertafel die erwarteten Häufigkeiten über die Randsummen berechnet, muss lediglich ein Wert berechnet werden. Die übrigen ergeben sich dann.

Erwarteter Wert für Essen schlecht / Köche wenige:

$$e_{11} = \frac{5 \cdot 5}{11} = 2,27$$

Tabelle 81 Erwartete Werte

		Anzahl Köche		
		wenige	viele	gesamt
Qualität des Essens	gut	2,27	2,73	5
	schlecht	2,73	3,27	6
	gesamt	5	6	11

$$\chi^2 = \sum_{i=1}^{2}\sum_{j=1}^{2}\frac{\left(n_{ij}-e_{ij}\right)^2}{e_{ij}} = \frac{\left(3-2,27\right)^2}{2,27} + \frac{\left(2-2,73\right)^2}{2,73} + \frac{\left(2-2,73\right)^2}{2,73} + \frac{\left(4-3,27\right)^2}{3,27}$$

$$\chi^2 = 0,235 + 0,195 + 0,195 + 0,163 = 0,788$$

Werden – wie hier – die Randsummen berücksichtigt, hat man nur einen Freiheitsgrad df = 1. Als kritischen χ^2-Wert findet man in Tabelle C.4 $\chi^2_{(0,95;1)} = 3,841$. Der empirisch ermittelte χ^2-Wert liegt darunter, man behält die Nullhypothese bei.

Der beobachtete Zusammenhang zwischen der Qualität des Essens und der Anzahl der Köche ist nicht signifikant. Es kann nicht behauptet werden, dass es einen Zusammenhang zwischen der Qualität des Essens und der Anzahl der Köche gibt.

Für eine Vierfelder-Tafel existiert noch eine spezielle Formel:

$$\chi^2 = \frac{n\cdot\left(b\cdot c - a\cdot d\right)^2}{\left(a+b\right)\cdot\left(c+d\right)\cdot\left(a+c\right)\cdot\left(b+d\right)} = \frac{11\cdot\left(2\cdot 2 - 3\cdot 4\right)^2}{5\cdot 6\cdot 5\cdot 6}$$

$$\chi^2 = \frac{11\cdot\left(-8\right)^2}{900} = \frac{11\cdot 64}{900} = \frac{704}{900} = 0,782$$

Hierbei kennzeichnen a, b, c und d die einzelnen Felder der Tafel.

Bis auf Rundungsungenauigkeiten ist dies das gleiche Ergebnis.

2.22 Die multifunktionale Gemüsereibe (2)

a) Hat sich die Kaufbereitschaft von vorher zu nachher statistisch bedeutsam verändert?

Abhängige Stichprobe; nominalskalierte Werte in Form einer Vierfelder-Tafel:

$\longrightarrow$ McNemar-Test

Ungerichtete Fragestellung $\longrightarrow$ Ungerichtete Hypothesen

Hypothesen:

$$H_0 : \pi_{12} = \pi_{21}$$
$$H_1 : \pi_{12} \neq \pi_{21}$$

$$\chi^2 = \frac{\left(n_{12}-n_{21}\right)^2}{n_{12}+n_{21}} = \frac{\left(35-25\right)^2}{35+25} = \frac{100}{60} = 1,67$$

$$\chi^2_{(0,95;1)} = 3,84$$

Der empirische χ^2-Wert ist nicht extremer als der kritische, daher erfolgt eine Entscheidung für die H_1. Es kann nicht behauptet werden, dass sich die Kaufbereitschaft nach zweistündigem Konsum einer Dauerwerbesendung verändert hat.

b) Hat sich die Kaufbereitschaft von Hausfrauen vor und nach Konsum einer zweistündigen Dauerwerbesendung verändert?

Abhängige Stichprobe; nominalskalierte Werte in Form einer Vierfelder-Tafel:

⟶ McNemar-Test

Ungerichtete Fragestellung ⟶ Ungerichtete Hypothesen

Hypothesen:

$$H_0 : \pi_{12} = \pi_{21}$$
$$H_1 : \pi_{12} \neq \pi_{21}$$

$$\chi^2 = \frac{\left(n_{12} - n_{21}\right)^2}{n_{12} + n_{21}} = \frac{\left(25 - 5\right)^2}{25 + 5} = \frac{400}{30} = 13{,}33$$

$$\chi^2_{(0,95;1)} = 3{,}84$$

Der empirische χ^2-Wert ist extremer als der kritische. Es folgt eine Entscheidung zu Gunsten der H_1. Mit einer Irrtumswahrscheinlichkeit von 5 % kann behauptet werden, dass sich die Kaufbereitschaft von Hausfrauen nach zweistündigem Konsum einer Dauerwerbesendung verändert hat.

c) Hat sich die Kaufbereitschaft von Hausmännern vor und nach Konsum einer zweistündigen Dauerwerbesendung verändert?

Abhängige Stichprobe; nominalskalierte Werte in Form einer Vierfelder-Tafel

⟶ McNemar-Test

Ungerichtete Fragestellung ⟶ Ungerichtete Hypothesen

Hypothesen:

$$H_0 : \pi_{12} = \pi_{21}$$
$$H_1 : \pi_{12} \neq \pi_{21}$$

$$\chi^2 = \frac{\left(n_{12} - n_{21}\right)^2}{n_{12} + n_{21}} = \frac{\left(10 - 20\right)^2}{10 + 20} = \frac{100}{30} = 3{,}33$$

$$\chi^2_{(0,95;1)} = 3,84$$

Der empirische χ^2-Wert ist nicht extremer als der kritische. Es folgt eine Entscheidung zugunsten der H_0. Es kann nicht behauptet werden, dass sich die Kaufbereitschaft von Hausmännern nach zweistündigem Konsum einer Dauerwerbesendung verändert hat.

2.23 Neulich auf der Pferderennbahn (1)

a) Kann behauptet werden, dass sich die Gestüte hinsichtlich der Platzierung ihrer jeweiligen Pferde voneinander unterscheiden?

Vergleich von Rangplätzen ⟶ ordinalskaliert ⟶ zwei unabhängige Stichproben ⟶ Mann-Whitney-U-Test

Ungerichtete Fragestellung, daher auch ungerichtete (zweiseitige) Hypothesen.

Hypothesen:
H_0: Die Rangplatzverteilungen der beiden Gestüte unterscheiden sich nicht.
H_1: Die Rangplatzverteilungen der beiden Gestüte unterscheiden sich.
H_0: $\eta_1 = \eta_2$
H_1: $\eta_1 \neq \eta_2$
In die Berechnung der u-Werte fließen die Rangplatzsummen (rs) ein.

$$u_1 = n_1 \cdot n_2 + \frac{n_1 \cdot (n_1 + 1)}{2} - rs_1 \quad bzw. \quad u_2 = n_1 \cdot n_2 + \frac{n_2 \cdot (n_2 + 1)}{2} - rs_2$$

$n_{Waringham} = 6$ $\quad$ $rs_{Waringham} = 31$
$n_{Schickemühle} = 5$ $\quad$ $rs_{Schickemühle} = 35$

$$u_1 = n_1 \cdot n_2 + \frac{n_1 \cdot (n_1 + 1)}{2} - rs_1 \qquad u_2 = n_1 \cdot n_2 + \frac{n_2 \cdot (n_2 + 1)}{2} - rs_2$$

$$u_1 = 6 \cdot 5 + \frac{6 \cdot (6+1)}{2} - 31 \qquad u_2 = 6 \cdot 5 + \frac{5 \cdot (5+1)}{2} - 35$$

$$u_1 = 30 + 21 - 31 = 20 \qquad u_2 = 30 + 15 - 35 = 10$$

Mit dem kleineren der beiden u-Werte geht man nun in Tabelle C.7 und schlägt dort unter den jeweiligen n_1 und n_2 die Überschreitungswahrscheinlichkeit des kleineren u-Wertes nach. Ist die Überschreitungswahrscheinlichkeit kleiner als p = 0,05, dann hat man ein signifikantes Ergebnis, die Rangplätze sind nicht gleich verteilt.
Hier ist der kleinere u-Wert u = 10 bei $n_1 = 6$ und $n_2 = 5$.
Als Überschreitungswahrscheinlichkeit findet man p(u=10) = 0,214. Da die dort angegebenen Überschreitungswahrscheinlichkeiten einseitig angegeben sind, hier

aber zweiseitige (ungerichtete) Hypothesen vorliegen, muss die Überschreitungs-wahrscheinlichkeit noch verdoppelt werden. Dieser Wert ist größer als 0,05, daher liegt hier kein signifikantes Ergebnis vor. Die Rangplätze sind nicht überzufällig unterschiedlich verteilt, oder anders gesagt, die unterschiedliche Verteilung der Rangplätze ist wohl eher aus Zufall geschehen und unterliegt keiner systematischen Ursache. Es kann nicht behauptet werden, dass sich die Rangplatzverteilungen der beiden Gestüte voneinander unterscheiden.

b) Kann behauptet werden, dass sich die Werte zum Körperbau der Pferde zwischen den beiden Gestüten voneinander unterscheiden?

Tabelle 82 Rohwerte zum Körperbau der Pferde aus den Gestüten »Waringham« und »Schickemühle«

	Waringham			Schickemühle		
x	$(x-\bar{x})^2$	x^2		x	$(x-\bar{x})^2$	x^2
6	2,25	36		4	0	16
5	0,25	25		5	1	25
6	2,25	36		5	1	25
4	0,25	16		3	1	9
2	6,25	4		3	1	9
4	0,25	16				
$\Sigma = 27$	$\Sigma = 11,5$	$\Sigma = 133$		$\Sigma = 20$	$\Sigma = 4$	$\Sigma = 84$

$$\bar{x}_1 = \frac{\sum_{m=1}^{n} x_m}{n} = \frac{27}{6} = 4,5 \qquad \bar{x}_2 = \frac{\sum_{m=1}^{n} x_m}{n} = \frac{20}{5} = 4$$

$$s_1^2 = \frac{\sum_{m=1}^{n} (x_m - \bar{x})^2}{n} = \frac{11,5}{6} = 1,92 \qquad s_2^2 = \frac{\sum_{m=1}^{n} (x_m - \bar{x})^2}{n} = \frac{4}{5} = 0,8$$

$$s_1 = \sqrt{s_1^2} = \sqrt{1,92} = 1,386 \qquad s_2 = \sqrt{s_2^2} = \sqrt{0,8} = 0,894$$

$$\hat{\sigma}_1^2 = s_1^2 \cdot \frac{n_1}{n_1 - 1} = 1,92 \cdot \frac{6}{5} = 2,304 \qquad \hat{\sigma}_2^2 = s_2^2 \cdot \frac{n_2}{n_2 - 1} = 0,8 \cdot \frac{5}{4} = 1$$

Die Werte zum Körperbau sollen normalverteilt sein, mithin kann von Intervallskalenniveau ausgegangen werden. Es geht um Unterschiede zwischen zwei Gruppen (Gestüt Waringham, Gestüt Schickemühle). Das dafür zuständige Testverfahren ist der t-Test für Unterschiede. Des Weiteren handelt es sich um unabhängige Stichproben. Zuerst muss wieder ein F-Test durchgeführt werden.

F-Test

H_0: Die Varianzen zur Variable Körperbau der beiden Gestüte unterscheiden sich nicht voneinander

H_1: Die Varianzen zur Variable Körperbau der beiden Gestüte unterscheiden sich voneinander

H_0: $\hat{\sigma}^2_{Waringham} = \hat{\sigma}^2_{Schickemühle}$

H_1: $\hat{\sigma}^2_{Waringham} \neq \hat{\sigma}^2_{Schickemühle}$

Beim F-Test wird immer die größere Varianz auf den Bruchstrich (in den Zähler) gesetzt, die kleinere Varianz unter den Bruchstrich (in den Nenner).

$$F = \frac{\hat{\sigma}^2_1}{\hat{\sigma}^2_2} = \frac{2,304}{1,00} = 2,304$$

Als kritischen F-Wert kann man in Tabelle C.6 ablesen:

$$F_{(0,90;5;4)} = 6,26$$

Der empirische F-Wert ist nicht extremer als der kritische, also nicht signifikant, also H_0.

Es kann nicht behauptet werden, dass sich die Varianzen der beiden Gestüte voneinander unterscheiden, sie sind homogen.

Auf Basis des F-Test-Ergebnisses ist der t-Test für homogene Varianzen zu verwenden.

t-Test für unabhängige Stichproben und homogene Varianzen

Hypothesen:

H_0: Die Gestüte Waringham und Schickemühle unterscheiden sich hinsichtlich des durchschnittlichen Körperbaus ihrer Pferde nicht voneinander

H_1: Die Gestüte Waringham und Schickemühle unterscheiden sich hinsichtlich des durchschnittlichen Körperbaus ihrer Pferde voneinander

H_0: $\mu_{Körperbau\,Waringham} = \mu_{Körperbau\,Schickemühle}$

H_1: $\mu_{Körperbau\,Waringham} \neq \mu_{Körperbau\,Schickemühle}$

$$t = \frac{\overline{x}_1 - \overline{x}_2}{\hat{\sigma}_{\overline{x}_1 - \overline{x}_2}} \quad \hat{\sigma}_{\overline{x}_1 - \overline{x}_2} = \sqrt{\frac{\hat{\sigma}^2_1 \cdot (n_1 - 1) + \hat{\sigma}^2_2 \cdot (n_2 - 1)}{(n_1 - 1) + (n_2 - 1)} \cdot \left(\frac{1}{n_1} + \frac{1}{n_2}\right)} \quad df = n_1 + n_2 - 2$$

$$\hat{\sigma}_{\bar{X}_1 - \bar{X}_2} = \sqrt{\frac{2,304 \cdot 5 + 1 \cdot 4}{(6-1)+(5-1)} \cdot \left(\frac{1}{6} + \frac{1}{5}\right)} = \sqrt{\frac{11,52+4}{9} \cdot \frac{11}{30}} = \sqrt{\frac{15,52}{9} \cdot \frac{11}{30}} = \sqrt{0,632}$$

$$\hat{\sigma}_{\bar{X}_1 - \bar{X}_2} = 0,795$$

$$t = \frac{4,5-4}{0,795} = \frac{0,5}{0,795} = 0,629$$

df = 9

Als kritischen t-Wert kann man in Tabelle C.2 ablesen:

$$t_{(0,95;9)} = 2,262$$

Der empirische t-Wert ist nicht extremer als der kritische, also nicht signifikant, also H_0. Es kann nicht behauptet werden, dass sich die Gestüte Waringham und Schickemühle hinsichtlich des durchschnittlichen Körperbaus ihrer Pferde voneinander unterscheiden.

2.24 Im Silbersack

a) Besteht überhaupt ein signifikanter Unterschied in der durchschnittlichen Anzahl an Telefonnummern zwischen Matrosen und Landratten?

Klingt nach einer Überprüfung von Mittelwerten bei zwei Gruppen (Matrosen vs. Landratten). Das dafür zuständige Testverfahren ist der t-Test. Da es sich um unabhängige Stichproben handelt, muss zuerst ein F-Test für die Prüfung auf Varianzhomogenität bzw. -heterogenität durchgeführt werden.

F-Test
H_0: Die Varianzen sind gleich.
H_1: Die Varianzen sind unterschiedlich.
H_0: $\hat{\sigma}^2_{Telefonnr.(Matrosen)} = \hat{\sigma}^2_{Telefonnr.(Landratten)}$
H_1: $\hat{\sigma}^2_{Telefonnr.(Matrosen)} \neq \hat{\sigma}^2_{Telefonnr.(Landratten)}$

Die Formeln:

$$F = \frac{\hat{\sigma}^2_1}{\hat{\sigma}^2_2} \qquad \hat{\sigma}^2 = s^2 \cdot \frac{n}{n-1}$$

$$\hat{\sigma}^2_{Telefonnr.(Matrosen)} = 1,4 \cdot 1,4 \cdot \frac{51}{50} = 2,00 \qquad \hat{\sigma}^2_{Telefonnr.(Landratten)} = 1,1 \cdot 1,1 \cdot \frac{63}{62} = 1,23$$

Beim F-Test wird immer die größere Varianz auf den Bruchstrich (in den Zähler) gesetzt, die kleinere Varianz unter den Bruchstrich (in den Nenner).

$$F = \frac{2,00}{1,23} = 1,63$$

Diesen empirischen F-Wert muss man nun mit dem kritischen F-Wert vergleichen. Dazu benötigt man Zähler- und Nenner-Freiheitsgrade. Im Zähler steht die Varianz der Matrosen mit n = 51, daraus folgt: $df_{Zähler} = 50$; im Nenner steht die Varianz der Landratten mit n = 63, daraus folgt $df_{Nenner} = 62$. Mit diesen beiden Freiheitsgraden geht man nun in Tabelle C.6 und schlägt dort für $\alpha = 0,10$ (zweiseitig) den kritischen F-Wert nach:

$$F_{(0,95;50;62)} = 1,56$$

Da der empirische F-Wert größer als der kritische F-Wert ist, handelt es sich um ein signifikantes Ergebnis, man entscheidet sich also für H_1, d.h. die Varianzen sind nicht gleich (homogen), sondern unterschiedlich (heterogen).

Da die Varianzen heterogen sind, muss der t-Test für heterogene Varianzen herangezogen werden:

t-Test für heterogene Varianzen

H_0: Matrosen und Landratten bekommen im Durchschnitt gleich viele Telefonnummern

H_1: Matrosen und Landratten bekommen im Durchschnitt unterschiedlich viele Telefonnummern

H_0: $\mu_{Telefonnr.(Matrosen)} = \mu_{Telefonnr.(Landratten)}$

H_1: $\mu_{Telefonnr.(Matrosen)} \neq \mu_{Telefonnr.(Landratten)}$

$$t = \frac{\overline{x}_1 - \overline{x}_2}{\sqrt{\frac{\hat{\sigma}_1^2}{n_1} + \frac{\hat{\sigma}_2^2}{n_2}}}, \; df_{korr} = \frac{\left(\frac{\hat{\sigma}_1^2}{n_1} + \frac{\hat{\sigma}_2^2}{n_2}\right)^2}{\frac{\left(\frac{\hat{\sigma}_1^2}{n_1}\right)^2}{n_1 - 1} + \frac{\left(\frac{\hat{\sigma}_2^2}{n_2}\right)^2}{n_2 - 1}} = \frac{\left(\frac{\hat{\sigma}_1^2}{n_1} + \frac{\hat{\sigma}_2^2}{n_2}\right)^2}{\frac{\hat{\sigma}_1^4}{n_1^2 \cdot (n_1 - 1)} + \frac{\hat{\sigma}_2^4}{n_2^2 \cdot (n_2 - 1)}}$$

$$t = \frac{5 - 3}{\sqrt{\frac{2,00}{51} + \frac{1,23}{63}}} = \frac{2}{\sqrt{0,039 + 0,020}} = \frac{2}{\sqrt{0,059}} = \frac{2}{0,243} = 8,23$$

Dieser empirische t-Wert muss nun mit einem kritischen t-Wert verglichen werden. Um den kritischen t-Wert aus Tabelle C.2 ablesen zu können, benötigt man die Freiheitsgrade:

$$df_{korr} = \frac{\left(\dfrac{\hat{\sigma}_1^2}{n_1} + \dfrac{\hat{\sigma}_2^2}{n_2}\right)^2}{\dfrac{\left(\dfrac{\hat{\sigma}_1^2}{n_1}\right)^2}{n_1-1} + \dfrac{\left(\dfrac{\hat{\sigma}_2^2}{n_2}\right)^2}{n_2-1}} = \frac{\left(\dfrac{2,00}{51} + \dfrac{1,23}{63}\right)^2}{\dfrac{\left(\dfrac{2,00}{51}\right)^2}{51-1} + \dfrac{\left(\dfrac{1,23}{63}\right)^2}{63-1}} = \frac{0,059^2}{\dfrac{0,039^2}{50} + \dfrac{0,020^2}{62}} = 94,59$$

Als kritischen t-Wert liest man bei $\alpha = 0,05$, zweiseitig, folgenden Wert ab:

$t_{(0,95;94,59)} \approx 1,96$

Da der empirische t-Wert größer als der kritische t-Wert ist, handelt es sich um ein signifikantes Ergebnis, man entscheidet sich für H_1.

Mit einer Irrtumswahrscheinlichkeit von 5 % kann behauptet werden, dass sich Matrosen und Landratten in der durchschnittlichen Anzahl ihnen gegebener Telefonnummern unterscheiden. Dem Anschein nach haben Matrosen größeren Erfolg ...☺

b) Paule glaubt weiterhin, an der Anzahl seiner gespielten Lieblingslieder auf die Menge an Freibier (in Gläsern) schließen zu können.

Tabelle 83 Paules Lieblingslieder und Freibier

Anzahl der gespielten Lieblingslieder	3	7	6	1	9	7	4	2	3
Menge an Freibier (in Gläsern)	1	5	1,5	2	4	2,5	6	1	1

Was für ein Zusammenhang besteht zwischen den beiden Variablen? Ist der Zusammenhang signifikant? Gehen Sie davon aus, dass beide Variablen mindestens intervallskaliert sind.

Zusammenhang meint Korrelation; bei intervallskalierten Variablen hieße das (Pearson-) Produkt-Moment-Korrelation.

Formel:

$$r_{XY} = \frac{s_{XY}}{s_X \cdot s_Y} = \frac{n \cdot \sum\limits_{m=1}^{n} x_m \cdot y_m - \sum\limits_{m=1}^{n} x_m \cdot \sum\limits_{m=1}^{n} y_m}{\sqrt{\left[n \cdot \sum\limits_{m=1}^{n} x_m^2 - \left(\sum\limits_{m=1}^{n} x_m\right)^2\right] \cdot \left[n \cdot \sum\limits_{m=1}^{n} y_m^2 - \left(\sum\limits_{m=1}^{n} y_m\right)^2\right]}}$$

Um die Formel anwenden zu können, benötigen wir einige Summen:

Tabelle 84 Berechnung der Formelelemente der Produkt-Moment-Korrelation »Im Silbersack«

Anzahl Lieder (x)	Freibiere (y)	$(x-\bar{x})^2$	$(y-\bar{y})^2$	$(x-\bar{x})\cdot(y-\bar{y})$	x^2	y^2	$(x\cdot y)$
3	1	2,789	2,789	2,789	9	1	3
7	5	5,429	5,429	5,429	49	25	35
6	1,5	1,769	1,369	-1,556	36	2,25	9
1	2	13,469	0,449	2,459	1	4	2
9	4	18,749	1,769	5,759	81	16	36
7	2,5	5,429	0,029	-0,396	49	6,25	17,5
4	6	0,449	11,089	-2,231	16	36	24
2	1	7,129	2,789	4,459	4	1	2
3	1	2,789	2,789	2,789	9	1	3
$\Sigma = 42$	24	58,0	28,50	19,50	254	92,5	131,5

n = 9
Na dann:

$$s_X^2 = \frac{\sum_{m=1}^{n}(x_m - \bar{x})^2}{n} = \frac{58,0}{9} = 6,44 \qquad s_X = 2,54$$

$$s_Y^2 = \frac{\sum_{m=1}^{n}(y_m - \bar{y})^2}{n} = \frac{28,5}{9} = 3,17 \qquad s_Y = 1,78$$

$$s_{XY} = \frac{\sum_{m=1}^{n}(x_m - \bar{x})\cdot(y_m - \bar{y})}{n} = \frac{19,5}{9} = 2,17$$

$$r_{XY} = \frac{s_{XY}}{s_X \cdot s_Y} = \frac{2,17}{2,54 \cdot 1,78} = \frac{2,17}{4,52} = 0,48$$

$$r_{XY}^2 = r \cdot r = 0,48 \cdot 0,48 = 0,23$$

$$r_{XY}^2 \cdot 100\% = 23\% \text{ erklärte Variation/Varianz}$$

$$r_{XY} = \frac{9 \cdot 131,5 - 42 \cdot 24}{\sqrt{\left[9 \cdot 254 - 42^2\right] \cdot \left[9 \cdot 92,5 - 24^2\right]}} = \frac{1183,5 - 1008}{\sqrt{\left[2286 - 1764\right] \cdot \left[832,5 - 576\right]}}$$

$$r_{XY} = \frac{175,5}{\sqrt{522 \cdot 256,5}} = \frac{175,5}{365,91} = 0,48$$

Es besteht ein mittlerer positiver Zusammenhang zwischen der Anzahl an gespielten Lieblingsliedern und der Anzahl an Freibieren.

Zur Prüfung auf Signifikanz wird der t-Test für Korrelationen durchgeführt.

Hypothesen:

H_0: Es besteht kein statistisch bedeutsamer Zusammenhang zwischen der Anzahl an Lieblingsliedern und der Anzahl an Freibieren.

H_1: Es besteht ein statistisch bedeutsamer Zusammenhang zwischen der Anzahl an Lieblingsliedern und der Anzahl an Freibieren.

H_0: $\hat{\rho} = 0$

H_1: $\hat{\rho} \neq 0$

$$t = \frac{r \cdot \sqrt{n-2}}{\sqrt{1-r^2}}$$

df = n - 2

$$t = \frac{0,48 \cdot \sqrt{9-2}}{\sqrt{1-0,23}} = \frac{0,48 \cdot \sqrt{7}}{\sqrt{0,77}} = \frac{1,270}{0,877} = 1,448$$

df = 9 - 2 = 7

In Tabelle C.2 kann der kritische t-Wert nachgeschlagen werden:

$$t_{(0,95;7)} = 2,365$$

Der empirische t-Wert ist nicht extremer als der kritische, also nicht signifikant, also H_0. Es kann nicht behauptet werden, dass es einen statistisch bedeutsamen Zusammenhang zwischen der Anzahl an gespielten Lieblingsliedern und der Anzahl an Freibieren gibt.

2.25 Die Esel der Spartaner

Hier sollen Mittelwerte von zwei Gruppen verglichen werden. Das dafür zuständige Testverfahren ist der t-Test. Vor einem t-Test muss jedoch immer ein F-Test gerechnet werden.

Für den F-Test benötigt man die Varianzen, die man aus den Standardabweichungen errechnen kann:

$$s^2_{Sparta} = s_{Sparta} \cdot s_{Sparta} = 1,5 \cdot 1,5 = 2,25$$

$$s^2_{Athen} = s_{Athen} \cdot s_{Athen} = 1,2 \cdot 1,2 = 1,44$$

F-Test

H_0: Die Varianzen sind gleich $\qquad\qquad$ H_0: $\hat{\sigma}^2_1 = \hat{\sigma}^2_2$

H_1: Die Varianzen sind unterschiedlich $\qquad$ H_1: $\hat{\sigma}^2_1 \neq \hat{\sigma}^2_2$

Die Formeln:

$$F = \frac{\hat{\sigma}^2_1}{\hat{\sigma}^2_2} \qquad \hat{\sigma}^2 = s^2 \cdot \frac{n}{n-1}$$

$$\hat{\sigma}^2_{Sparta} = 2,25 \cdot \frac{50}{49} = 2,296$$

$$\hat{\sigma}^2_{Athen} = 1,44 \cdot \frac{42}{41} = 1,475$$

Beim F-Test wird immer die größere Varianz auf den Bruchstrich (in den Zähler) gesetzt, die kleinere Varianz unter den Bruchstrich (in den Nenner).

$$F = \frac{2,296}{1,475} = 1,557$$

Diesen empirischen F-Wert muss man nun mit dem kritischen F-Wert vergleichen. Dazu benötigt man Zähler- und Nenner-Freiheitsgrade. Im Zähler steht die Varianz der Spartaner mit n = 50; daraus folgt: $df_{Zähler}$ = 49; im Nenner steht die Varianz der Athener mit n = 42; daraus folgt: df_{Nenner} = 41. Mit diesen beiden Freiheitsgraden geht man nun in Tabelle C.6 und schlägt dort für α = 0,05 den kritischen F-Wert nach:

$$F_{(0,95;49;41)} = 1,66$$

Da der kritische F-Wert größer als der empirische F-Wert ist, handelt es sich um ein nicht signifikantes Ergebnis, man entscheidet sich also für H_0, d.h. die Varianzen sind gleich (homogen) und nicht unterschiedlich (heterogen).

Da die Varianzen homogen sind, muss der t-Test für homogene Varianzen herangezogen werden:

t-Test für homogene Varianzen
Die Frage war, ob die Spartaner tatsächlich **mehr** Esel haben als die Athener. Es handelt sich hierbei also um eine einseitige Hypothese (es wird nur nach einer Richtung gefragt, nämlich nach mehr).
H_0: Die Spartaner haben nicht mehr Esel als die Athener
H_1: Die Spartaner haben mehr Esel als die Athener
H_0: $\mu_{Sparta} \leq \mu_{Athen}$

H_1: $\mu_{Sparta} > \mu_{Athen}$

$$t = \frac{\bar{x}_1 - \bar{x}_2}{\hat{\sigma}_{\bar{X}_1 - \bar{X}_2}} \qquad \hat{\sigma}_{\bar{X}_1 - \bar{X}_2} = \sqrt{\frac{\hat{\sigma}_1^2 \cdot (n_1 - 1) + \hat{\sigma}_2^2 \cdot (n_2 - 1)}{(n_1 - 1) + (n_2 - 1)} \cdot \left(\frac{1}{n_1} + \frac{1}{n_2}\right)} \qquad df = n_1 + n_2 - 2$$

$$\hat{\sigma}_{\bar{X}_1 - \bar{X}_2} = \sqrt{\frac{2,296 \cdot 49 + 1,475 \cdot 41}{(50 - 1) + (42 - 1)} \cdot \left(\frac{1}{50} + \frac{1}{42}\right)} = \sqrt{\frac{112,504 + 60,475}{90} \cdot 0,044}$$

$$\hat{\sigma}_{\bar{X}_1 - \bar{X}_2} = \sqrt{\frac{172,979}{90} \cdot 0,044} = \sqrt{0,0846} = 0,291$$

$$t = \frac{4 - 3}{0,291} = \frac{1}{0,291} = 3,44$$

$df = 90$

Als kritischen t-Wert kann man in Tabelle C.1 ablesen (ab einem n = 30 geht die t-Verteilung in die Standardnormalverteilung über):

$$t_{(0,95;90)} = 1,65$$

Da der empirische t-Wert größer als der kritische t-Wert ist, handelt es sich um ein signifikantes Ergebnis, man entscheidet sich für H_1.
Die Spartaner haben – hochgerechnet (bezogen) auf die Population – überzufällig mehr Esel als die Athener.

2.26 Palzenkekse

Hier sollen beobachtete Werte (tatsächlicher Verkauf in Holtzhausen a. E.) mit erwarteten/theoretischen Werten (Was hätte in Holtzhausen verkauft werden sollen) verglichen werden. Das hierfür zuständige Testverfahren ist der χ^2-Test.

H_0: Der Verkauf in Holtzhausen a.E. entspricht dem Verkauf in der BuReDeu
H_1: Der Verkauf in Holtzhausen a.E. entspricht dem Verkauf in der BuReDeu nicht
Die Formel für den χ^2-Test lautet:

$$\chi^2 = \sum_{i=1}^{p} \sum_{j=1}^{k} \frac{\left(n_{ij} - e_{ij}\right)^2}{e_{ij}}$$

Die Schwierigkeit liegt eigentlich nur darin, wie man die erwarteten Werte ausrechnet. Gewöhnlich geschieht dies über die Randsummen. Hier liegen jedoch weitere Informationen vor, nämlich die Prozentzahlen des Verkaufs in der BuReDeu. Diese Prozentzahlen sollte man verwenden, um die erwarteten Werte für Holtzhausen a.E. auszurechnen. Das heißt, die Randsummen werden nicht benötigt und daher auch nicht in der Tabelle aufgelistet.

Tabelle 85 Beobachtete Verkaufswerte der Palzenkekse

Geschmack	Form		
	rund	quadratisch	dreieckig
Schoko	50	100	30
Kokos	80	30	10
Butter	70	20	110

500 Päckchen Kekse wurden insgesamt verkauft. Für die Kategorie Kokos-quadratisch hätte man nach den Angaben für die BuReDeu 12 % erwartet. 12 % von 500 sind 60 Päckchen (1 % = 5 Päckchen). Tabelle 86 listet die erwarteten Werte auf.

Tabelle 86 Erwartete Verkaufswerte der Palzenkekse

Geschmack	Form		
	rund	quadratisch	dreieckig
Schoko	50	75	25
Kokos	125	60	15
Butter	25	65	60

Nun wird ganz normal in die Formel eingesetzt:

$$\chi^2 = \sum_{j=1}^{k} \frac{\left(n_j - \varepsilon_j\right)^2}{\varepsilon_j}$$

$$\chi^2 = \frac{\left(50-50\right)^2}{50} + \frac{\left(100-75\right)^2}{75} + \frac{\left(30-25\right)^2}{25} + \frac{\left(80-125\right)^2}{125}$$

$$+ \frac{\left(30-60\right)^2}{60} + \frac{\left(10-15\right)^2}{15} + \frac{\left(70-25\right)^2}{25} + \frac{\left(20-65\right)^2}{65} + \frac{\left(110-60\right)^2}{60}$$

$$\chi^2 = \frac{0}{50} + \frac{625}{75} + \frac{25}{25} + \frac{2025}{125} + \frac{900}{60} + \frac{25}{15} + \frac{2025}{25} + \frac{2025}{65} + \frac{2500}{60}$$

$$\chi^2 = 0 + 8,333 + 1 + 16,2 + 15 + 1,667 + 81 + 31,154 + 41,667$$

$$\chi^2 = 196,021$$

Dieses empirische χ^2 muss nun mit einem kritischen χ^2-Wert verglichen werden. Um das kritische χ^2 aus der Tabelle lesen zu können, benötigt man die Freiheitsgrade. Da hier nicht über die Randsummen geschätzt wurde, berechnen sich die Freiheitsgrade als df = Anzahl Kategorien - 1 = 9 - 1 = 8.

Als kritischen χ^2-Wert liest man nun für $\alpha = 0,05$ und df = 8 aus Tabelle C.4 den Wert 15,507 ab.

Da der empirische χ^2-Wert größer als der kritische χ^2-Wert ist, hat man ein signifikantes Ergebnis, d.h. die Verkaufszahlen in Holtzhausen a.E. entsprechen nicht den Verkaufszahlen in der BuReDeu.

2.27 Planet Stastik I (1)

a) Hier wird nach einem Unterschied gefragt. Beide Merkmale (Gumbatse/keine Gumbatse und Efftests/Fiekors) sind nominalskaliert. Tja, außerdem liegt hier ein klassisches Vierfelder-Schema vor. Also: χ^2-Test.

H_0: Es gibt keinen Unterschied in der Verteilung der Gumbatse zwischen Efftests und Fiekors

H_1: Es gibt einen Unterschied in der Verteilung der Gumbatse zwischen Efftests und Fiekors

$$H_0 : \pi_{ij} = \pi_i \cdot \pi_j$$

$$H_1 : \pi_{ij} \neq \pi_i \cdot \pi_j$$

Um die erwarteten Werte auszurechnen, gibt es folgende Formel:

$$e_{ij} = n \cdot \frac{n_{i\bullet}}{n} \cdot \frac{n_{\bullet j}}{n} = \frac{n_{i\bullet} \cdot n_{\bullet j}}{n}$$

$$\chi^2 = \sum_{i=1}^{2} \sum_{j=1}^{2} \frac{\left(n_{ij} - e_{ij}\right)^2}{e_{ij}}$$

Werden in einer Vierfeldertafel die erwarteten Häufigkeiten über die Randsummen berechnet, muss lediglich ein Wert berechnet werden. Die übrigen ergeben sich dann.

Erwarteter Wert für Gumbatse / Efftests:

$$e_{11} = \frac{90 \cdot 75}{150} = 45$$

Tabelle 87 Erwartete Werte

	Efftests	Fiekors	gesamt
Gumbatse	45	45	90
keine Gumbatse	30	30	60
gesamt	75	75	150

$$\chi^2 = \sum_{i=1}^{2} \sum_{j=1}^{2} \frac{\left(n_{ij} - e_{ij}\right)^2}{e_{ij}} = \frac{(35-45)^2}{45} + \frac{(55-45)^2}{45} + \frac{(40-30)^2}{30} + \frac{(20-30)^2}{30}$$

$$\chi^2 = 2,22 + 2,22 + 3,33 + 3,33 = 11,1$$

Werden – wie hier – die Randsummen berücksichtigt, hat man nur einen Freiheitsgrad df = 1. Als kritischen χ^2-Wert findet man $\chi^2_{(0,95;1)} = 3,841$. Der empirisch ermittelte χ^2-Wert liegt darüber, man entscheidet sich für die Alternativhypothese H_1.

Es gibt einen Unterschied in der Verteilung der Gumbatse zwischen Efftests und Fiekors. Wenn man sich jetzt noch die beobachtete Verteilung ansieht, kann man auch sagen: Fiekors haben signifikant mehr Gumbatse als Efftests bzw. Efftests haben signifikant weniger Gumbatse.

Für eine Vierfelder-Tafel existiert noch eine spezielle Formel:

$$\chi^2 = \frac{n \cdot (b \cdot c - a \cdot d)^2}{(a+b) \cdot (c+d) \cdot (a+c) \cdot (b+d)} = \frac{150 \cdot (55 \cdot 40 - 35 \cdot 20)^2}{90 \cdot 60 \cdot 75 \cdot 75}$$

$$\chi^2 = \frac{150 \cdot (1500)^2}{30375000} = \frac{150 \cdot 2250000}{30375000} = 11,1$$

Hierbei kennzeichnen a, b, c und d die einzelnen Felder der Tafel.

b) Hier wird nach einem Zusammenhang gefragt, nach einer Korrelation. Für nominalskalierte Variablen gibt es mehrere Korrelationsmaße, von denen zwei hier berechnet werden sollen: Phi-Korrelation und Yules Q.

Phi-Korrelation

$$\hat{\phi} = \frac{n_{11} \cdot n_{22} - n_{12} \cdot n_{21}}{\sqrt{(n_{11} + n_{21}) \cdot (n_{12} + n_{22}) \cdot (n_{11} + n_{12}) \cdot (n_{21} + n_{22})}}$$

$$\hat{\phi} = \frac{35 \cdot 20 - 55 \cdot 40}{\sqrt{(35 + 40) \cdot (55 + 20) \cdot (35 + 55) \cdot (40 + 20)}}$$

$$\hat{\phi} = \frac{700 - 2200}{\sqrt{75 \cdot 75 \cdot 90 \cdot 60}} = \frac{-1500}{\sqrt{30375000}} = \frac{-1500}{5511,35} = -0,272$$

Zusätzlich muss bei der Phi-Korrelation noch ein maximaler Phi-Wert (Phi$_{max}$) berechnet werden. Dazu werden die Zahlen innerhalb der Tabelle so umgestellt, dass ein maximaler Zusammenhang resultiert.

In welcher Zeile (gesamt) steht die höhere Zahl? Zeile Gumbatse.
In welcher Spalte (gesamt) steht die höhere Zahl? Spalte Fiekors.
Am Schnittpunkt (Gumbatse/Fiekors) wird nun die maximale Zahl eingetragen (hier: 75).
Der Rest der Zahlen in der Tabelle ergibt sich.

Tabelle 88 Maximale Verteilung der Gumbatse bei Efftests und Fiekors

	Efftests	Fiekors	gesamt
Gumbatse	15	75	90
keine Gumbatse	60	0	60
gesamt	75	75	150

$$\hat{\phi} = \frac{n_{11} \cdot n_{22} - n_{12} \cdot n_{21}}{\sqrt{(n_{11} + n_{21}) \cdot (n_{12} + n_{22}) \cdot (n_{11} + n_{12}) \cdot (n_{21} + n_{22})}}$$

$$\hat{\phi}_{max} = \frac{15 \cdot 0 - 75 \cdot 60}{\sqrt{30375000}} = \frac{-4500}{5511,35} = -0,816$$

Aus Phi und Phi$_{max}$ wird dann der korrigierte Phi-Wert Phi$_{korr}$ errechnet.

$$\hat{\phi}_{korr} = \frac{\hat{\phi}}{\hat{\phi}_{max}} = \frac{-0,272}{-0,816} = 0,333$$

Es besteht ein schwacher bis mittlerer Zusammenhang zwischen den Variablen »Gumbatse« und »Efftests/Fiekors«.

Yules Q

$$Q = \frac{n_{11} \cdot n_{22} - n_{12} \cdot n_{21}}{n_{11} \cdot n_{22} + n_{12} \cdot n_{21}}$$

$$Q = \frac{35 \cdot 20 - 55 \cdot 40}{35 \cdot 20 + 55 \cdot 40} = \frac{700 - 2200}{700 + 2200} = \frac{-1500}{2900} = -0,517$$

Es besteht ein mittlerer negativer Zusammenhang zwischen »Gumbatse« und »Efftests/Fiekors«.

c) Hier sollen Mittelwerte verglichen werden. Das dafür zuständige Testverfahren ist der t-Test für Unterschiede. Vor einem t-Test muss jedoch immer ein F-Test gerechnet werden, damit man weiß, welchen t-Test für Unterschiede man berechnen soll.

Für den F-Test benötigt man die Varianzen, die man aus den Standardabweichungen errechnen kann:

$$s_{Fiekors}^2 = s_{Fiekors} \cdot s_{Fiekors} = 4 \cdot 4 = 16 \quad s_{Efftests}^2 = s_{Efftests} \cdot s_{Efftests} = 8 \cdot 8 = 64$$

F-Test

H_0: Die Varianzen sind gleich
H_1: Die Varianzen sind unterschiedlich
H_0: $\hat{\sigma}_1^2 = \hat{\sigma}_2^2$
H_1: $\hat{\sigma}_1^2 \neq \hat{\sigma}_2^2$

$$F = \frac{\hat{\sigma}_1^2}{\hat{\sigma}_2^2} \quad \hat{\sigma}^2 = s^2 \cdot \frac{n}{n-1}$$

$$\hat{\sigma}^2_{Fiekors} = 16 \cdot \frac{13}{12} = 17,333 \quad \hat{\sigma}^2_{Efftests} = 64 \cdot \frac{12}{11} = 69,818$$

Beim F-Test wird immer die größere Varianz auf den Bruchstrich (in den Zähler) gesetzt, die kleinere Varianz unter den Bruchstrich (in den Nenner).

$$F = \frac{69,818}{17,333} = 4,028$$

Diesen empirischen F-Wert muss man nun mit dem kritischen F-Wert vergleichen. Dazu benötigt man Zähler- und Nenner-Freiheitsgrade. Im Zähler steht die Varianz der Efftests mit n = 12, daraus folgt dann $df_{Zähler}$ = 11; im Nenner steht die Varianz der Fiekors mit n = 13, daraus folgt dann auch df_{Nenner} = 12. Mit diesen beiden Freiheitsgraden geht man nun in Tabelle C.6 und schlägt dort für α = 0,10 (zweiseitig) den kritischen F-Wert nach:

$$F_{(0,95;11;12)} = 2,72$$

Da der empirische F-Wert größer als der kritische F-Wert ist, handelt es sich um ein signifikantes Ergebnis, man entscheidet sich also für H$_1$, d.h. die Varianzen sind nicht gleich (homogen), sondern unterschiedlich (heterogen).
Da die Varianzen heterogen sind, muss der t-Test für heterogene Varianzen herangezogen werden.

t-Test für heterogene Varianzen
Die Frage war, ob die Efftests die **aufmerksameren** Beamten waren. Es handelt sich hierbei also um eine einseitige Hypothese (es wird nur nach einer Richtung gefragt, nämlich nach mehr). Allerdings, aufmerksamer heißt, dass sie im Durchschnitt schneller (in weniger Zeit) für den Besucher bereit waren.
H$_0$: Die Efftests sind nicht aufmerksamer als die Fiekors.
H$_1$: Die Efftests sind aufmerksamer als die Fiekors.

H$_0$: $\mu_{Efftests} \geq \mu_{Fiekors}$

H$_1$: $\mu_{Efftests} < \mu_{Fiekors}$

$$t = \frac{\bar{x}_1 - \bar{x}_2}{\sqrt{\dfrac{\hat{\sigma}^2_1}{n_1} + \dfrac{\hat{\sigma}^2_2}{n_2}}} = \frac{32 - 31}{\sqrt{\dfrac{17,333}{13} + \dfrac{69,818}{12}}} = \frac{1}{\sqrt{1,333 + 5,818}} = \frac{1}{\sqrt{07,151}} = \frac{1}{2,674} = 0,374$$

Dieser empirische t-Wert muss nun mit einem kritischen t-Wert verglichen werden. Um den kritischen t-Wert aus Tabelle C.2 ablesen zu können, benötigt man die Freiheitsgrade:

$$df_{korr} = \frac{\left(\dfrac{\hat{\sigma}_1^2}{n_1} + \dfrac{\hat{\sigma}_2^2}{n_2}\right)^2}{\dfrac{\left(\dfrac{\hat{\sigma}_1^2}{n_1}\right)^2}{n_1 - 1} + \dfrac{\left(\dfrac{\hat{\sigma}_2^2}{n_2}\right)^2}{n_2 - 1}} = \frac{\left(\dfrac{17,333}{13} + \dfrac{69,818}{12}\right)^2}{\dfrac{\left(\dfrac{17,333}{13}\right)^2}{13 - 1} + \dfrac{\left(\dfrac{69,818}{12}\right)^2}{12 - 1}} = \frac{7,151^2}{\dfrac{1,333^2}{12} + \dfrac{5,818^2}{11}} = 15,86$$

Als kritischen t-Wert liest man bei $\alpha = 0,05$, einseitig, folgenden Wert ab:

$$t_{(0,95;15,86)} \approx 1,7459$$

Da der kritische t-Wert extremer als der empirische t-Wert ist, handelt es sich um ein nicht signifikantes Ergebnis, man entscheidet sich für H_0.
Es kann nicht behauptet werden, dass die Efftests aufmerksamer sind als die Fiekors.

d) Hier wird nach einem Zusammenhang gefragt. Beide Merkmale sind normalverteilt, d.h. sie sind (mindestens) intervallskaliert. Das hierfür zuständige Zusammenhangsmaß ist der Produkt-Moment-Korrelations-Koeffizient.

Dazu berechnet man am besten erst einmal den Mittelwert pro Variable und erstellt dann eine Tabelle.

$$\bar{x} = \frac{\sum\limits_{m=1}^{n} x_m}{n} = \frac{4+6+1+2+4+3+1+5+4}{9} = \frac{30}{9} = 3,333$$

$$\bar{y} = \frac{\sum\limits_{m=1}^{n} y_m}{n} = \frac{20+25+12+13+23+18+4+20+19}{9} = \frac{154}{9} = 17,111$$

$$s_X^2 = \frac{\sum\limits_{m=1}^{n}\left(x_m - \bar{x}\right)^2}{n} = \frac{24,001}{9} = 2,667 \qquad s_Y^2 = \frac{\sum\limits_{m=1}^{n}\left(y_i - \bar{y}\right)^2}{n} = \frac{332,886}{9} = 36,987$$

$$s_X = 1,633 \qquad\qquad\qquad\qquad\qquad s_Y = 6,082$$

$$s_{XY} = \frac{\sum\limits_{m=1}^{n}\left(x_m - \bar{x}\right)\cdot\left(y_m - \bar{y}\right)}{n} = \frac{80,667}{9} = 8,963$$

$$r_{XY} = \frac{s_{XY}}{s_X \cdot s_Y} = \frac{8,963}{1,633 \cdot 6,082} = \frac{8,963}{9,932} = 0,902$$

Tabelle 89 Berechnung der Formelelemente der Produkt-Moment-Korrelation »Planet Stastik I (1)«

Vpn	x	$x-\bar{x}$	$(x-\bar{x})^2$	y	$y-\bar{y}$	$(y-\bar{y})^2$	$(x-\bar{x})\cdot(y-\bar{y})$
1	4	0,667	0,445	20	2,889	8,346	1,927
2	6	2,667	7,113	25	7,889	62,236	21,040
3	1	-2,333	5,443	12	-5,111	26,122	11,924
4	2	-1,333	1,777	13	-4,111	16,900	5,480
5	4	0,667	0,445	23	5,889	34,680	3,928
6	3	-0,333	0,111	18	0,889	0,790	-0,296
7	1	-2,333	5,443	4	-13,111	171,898	30,588
8	5	1,667	2,779	20	2,889	8,346	4,816
9	4	0,667	0,445	19	1,889	3,568	1,260
			$\Sigma = 24,001$			$\Sigma = 332,886$	$\Sigma = 80,667$

$$r_{XY}^2 = r \cdot r = 0,902 \cdot 0,902 = 0,814 \quad r_{XY}^2 \cdot 100\% = 81,4\%$$

Es besteht ein hoher positiver Zusammenhang von $r_{XY} = 0,902$ zwischen der Dauer des Klatschens und der Menge an sichtbarem Fell. Es bestehen 81,4 % erklärte Varianz.

e) Hier ist danach gefragt, ob sich diese Korrelation auch auf die Gesamtbevölkerung hochrechnen lässt, d.h. ob diese Korrelation so groß ist, dass auch auf eine Korrelation in der Gesamtbevölkerung geschlossen werden kann. Der dafür zuständige Test ist der t-Test für Korrelationen.
Die Formel:

$$t = \frac{r \cdot \sqrt{n-2}}{\sqrt{1-r^2}} \qquad df = n-2$$

Als Hypothesen schreibt man:
H_0: In der Population besteht kein signifikanter Zusammenhang
H_1: In der Population besteht ein signifikanter Zusammenhang
H_0: $\rho = 0$
H_1: $\rho \neq 0$

Hier errechnet sich:

$$t = \frac{0,902 \cdot \sqrt{9-2}}{\sqrt{1-0,814}} = \frac{0,902 \cdot \sqrt{7}}{\sqrt{0,186}} = \frac{0,902 \cdot 2,646}{0,431} = 5,538$$

Als Freiheitsgrade errechnet man: df = n - 2 = 9 - 2 = 7
Als kritischen t-Wert liest man aus Tabelle C.2 für df = 7 und α = 0,05 zweiseitig (0,025 einseitig) den Wert:

$$t_{(0,95;7)} = 2,365$$

Da der empirische t-Wert größer als der kritische t-Wert ist, hat man ein signifikantes Ergebnis, die Korrelation ist überzufällig von Null verschieden, man entscheidet sich für die Alternativhypothese H_1.

f) p(Socken verwechseln **und** Hörsaal verpassen **und** Faden nicht verlieren):

$$p = 0,5 \cdot 0,8 \cdot 0,5 = 0,2$$

g) p(Socken nicht verwechseln **und** Hörsaal nicht verpassen **und** Faden nicht verlieren): $p = 0,5 \cdot 0,2 \cdot 0,5 = 0,05$

h) Als erstes muss man sich fragen: Was heißt mindestens dreimal? Mindestens dreimal heißt: dreimal oder viermal oder fünfmal. Dann muss man sich fragen: Wie viele Kombinationsmöglichkeiten gibt es jeweils für dreimal, viermal und fünfmal. Die Kombinationsmöglichkeiten errechnen sich über die Formel:

$$\binom{n}{k} = \frac{n!}{k! \cdot (n-k)!}$$

Das n bleibt immer gleich, nämlich fünf Tage, also n = 5. Das k jedoch kann 3 oder 4 oder 5 sein.
Die Wahrscheinlichkeit dafür, dass alles schiefgeht, ist: p(Socken verwechseln **und** Hörsaal verpassen **und** Faden verlieren): $p = 0,5 \cdot 0,8 \cdot 0,5 = 0,2$
Daraus folgt, die Wahrscheinlichkeit dafür, dass nicht **alles** schiefgeht, beträgt p = 0,8. Nun aber zu den Kombinationen.
Der Fall k = 3:

$$\binom{n}{k} = \binom{5}{3} = \frac{5!}{3! \cdot (5-3)!} = \frac{5 \cdot 4 \cdot 3 \cdot 2 \cdot 1}{3 \cdot 2 \cdot 1 \cdot 2 \cdot 1} = 10$$

Die Wahrscheinlichkeit für **eine** dieser Kombinationen errechnet sich zu:
p = 0,2 · 0,2 · 0,2 · 0,8 · 0,8 = 0,00512
Die Gesamtwahrscheinlichkeit für drei unter fünf, egal welche Tage, berechnet sich jetzt als p · Anzahl Kombinationen = 0,00512 · 10 = 0,0512

Der Fall k = 4:

$$\binom{n}{k}=\binom{5}{4}=\frac{5!}{4!\cdot(5-4)!}=\frac{5\cdot4\cdot3\cdot2\cdot1}{4\cdot3\cdot2\cdot1\cdot1}=5$$

Die Wahrscheinlichkeit für **eine** dieser Kombinationen errechnet sich zu:
p = 0,2 · 0,2 · 0,2 · 0,2 · 0,8 = 0,00128
Die Gesamtwahrscheinlichkeit für vier unter fünf, egal welche Tage, berechnet sich jetzt als p · Anzahl Kombinationen = 0,00128 · 5 = 0,0064
Der Fall k = 5:

$$\binom{n}{k}=\binom{5}{5}=\frac{5!}{5!\cdot(5-5)!}=\frac{5\cdot4\cdot3\cdot2\cdot1}{5\cdot4\cdot3\cdot2\cdot1\cdot1}=1$$

(Achtung: 0! = 1)
Die Wahrscheinlichkeit für diese Kombinationen errechnet sich zu:
p = 0,2 · 0,2 · 0,2 · 0,2 · 0,2 = 0,00032
Diese Wahrscheinlichkeiten müssen nun noch addiert werden (es kann ja sein 3 oder 4 oder 5), um die Antwort für die Frage zu errechnen:
p(mindestens 3) = p(3) + p(4) + p(5) = 0,0512 + 0,0064 + 0,00032 = 0,05792

2.28 Analphabetismus und Autofahrer

Fisher-Yates-Test
Die Schwierigkeit des Fisher-Yates-Tests besteht eigentlich darin, dass man ihn in der Regel mehrfach durchführen muss.
Formeln:

$$p=\frac{(n_{11}+n_{12})!\cdot(n_{21}+n_{22})!\cdot(n_{11}+n_{21})!\cdot(n_{12}+n_{22})!}{n!\cdot n_{11}!\cdot n_{12}!\cdot n_{21}!\cdot n_{22}!}$$

Hypothesen:
H_0: Alphabetisierte Personen sind nicht eher im Besitz einer Fahrerlaubnis als Analphabeten.
H_1: Alphabetisierte Personen sind eher im Besitz einer Fahrerlaubnis als Analphabeten.

Tabelle 90 Häufigkeiten von Analphabetismus und Besitz einer Fahrerlaubnis bei n = 18

	Fahrerlaubnis		
	nein	ja	gesamt
Analphabeten	2	5	7
Alphabetisierte	1	10	11
gesamt	3	15	18

Berechnung der Wahrscheinlichkeit für die beobachteten Daten:

$$p = \frac{7! \cdot 11! \cdot 3! \cdot 15!}{18! \cdot 2! \cdot 5! \cdot 1! \cdot 10!} = \frac{5040 \cdot 39916800 \cdot 6 \cdot 1307674368000}{6402373705728000 \cdot 2 \cdot 120 \cdot 1 \cdot 3628800} = 0,283$$

Jetzt müssen Überlegungen angestellt werden, wie die Häufigkeiten unter Berücksichtigung der Randsummen extremer in Richtung H_1 umgestellt werden können. Die extremere Variante wäre es, wenn alle elf Alphabetisierten im Besitz einer Fahrerlaubnis wären. Davon ausgehend verändern sich die übrigen Zellhäufigkeiten (vgl. Tab. 91).

Tabelle 91 Extremere Verteilung von n = 18 Personen

	Fahrerlaubnis		
	nein	ja	gesamt
Analphabeten	3	4	7
Alphabetisierte	0	11	11
gesamt	3	15	18

Berechnung der Wahrscheinlichkeit für die extremere Verteilung:

$$p = \frac{7! \cdot 11! \cdot 3! \cdot 15!}{18! \cdot 3! \cdot 4! \cdot 0! \cdot 11!} = \frac{5040 \cdot 39916800 \cdot 6 \cdot 1307674368000}{6402373705728000 \cdot 6 \cdot 24 \cdot 1 \cdot 39916800} = 0,043$$

Addiert man nun die Wahrscheinlichkeiten für diese Verteilungen unter der H_0, ergibt sich: p = 0,283 + 0,043 = 0,326. Diese Wahrscheinlichkeit ist größer als α = 5 %, die H_0 wird beibehalten. Es kann nicht behauptet werden, dass alphabetisierte Personen eher im Besitz einer Fahrerlaubnis sind als Analphabeten.

2.29 Das finnische Möbelhaus

Fisher-Yates-Test

Die Schwierigkeit des Fisher-Yates-Tests besteht eigentlich darin, dass man ihn in der Regel mehrfach durchführen muss.

Formeln:

$$p = \frac{\left(n_{11}+n_{12}\right)! \cdot \left(n_{21}+n_{22}\right)! \cdot \left(n_{11}+n_{21}\right)! \cdot \left(n_{12}+n_{22}\right)!}{n! \cdot n_{11}! \cdot n_{12}! \cdot n_{21}! \cdot n_{22}!}$$

Hypothesen:

H_0: Jüngere Personen präferieren nicht eher die Sofafarbe blau als ältere Personen.
H_1: Jüngere Personen präferieren eher die Sofafarbe blau als ältere Personen.

Tabelle 92 Beobachtete Daten von n = 20 Messebesuchern

		Sofafarbe		
		weiß	blau	gesamt
Alter	30 Jahre und älter	6	5	11
	jünger als 30 Jahre	2	7	9
	gesamt	8	12	20

Berechnung der Wahrscheinlichkeit für die beobachteten Daten:

$$p = \frac{11! \cdot 9! \cdot 8! \cdot 12!}{20! \cdot 6! \cdot 5! \cdot 2! \cdot 7!} = \frac{33916800 \cdot 362880 \cdot 479001600 \cdot 40320}{2,432902008 \cdot 10^{18} \cdot 720 \cdot 120 \cdot 2 \cdot 5040} = 0,112$$

Jetzt müssen Überlegungen angestellt werden, wie die Häufigkeiten unter Berücksichtigung der Randsummen extremer in Richtung H_1 umgestellt werden können. Die erste extremere Variante wäre es, wenn acht der neun Jüngeren die Farbe blau präferierten. Davon ausgehend verändern sich die übrigen Zellhäufigkeiten (vgl. Tab. 93).

Tabelle 93 Erste extreme Verteilung von n = 20 Messebesuchern

		Sofafarbe		
		weiß	blau	gesamt
Alter	30 Jahre und älter	7	4	11
	jünger als 30 Jahre	1	8	9
	gesamt	8	12	20

Berechnung der Wahrscheinlichkeit für die erste extreme Verteilung:

$$p = \frac{11! \cdot 9! \cdot 8! \cdot 12!}{20! \cdot 7! \cdot 4! \cdot 1! \cdot 8!} = \frac{33916800 \cdot 362880 \cdot 479001600 \cdot 40320}{2,432902008 \cdot 10^{18} \cdot 5040 \cdot 24 \cdot 1 \cdot 40320} = 0,020$$

Die zweite extreme Verteilung in Richtung H_1 wäre es, wenn alle neun Jüngeren die Sofafarbe blau präferierten.

Tabelle 94 Zweite extreme Verteilung von n = 20 Messebesuchern

		Sofafarbe		
		weiß	blau	gesamt
Alter	30 Jahre und älter	8	3	11
	jünger als 30 Jahre	0	9	9
	gesamt	8	12	20

Berechnung der Wahrscheinlichkeit für die zweite extreme Verteilung:

$$p = \frac{11! \cdot 9! \cdot 8! \cdot 12!}{20! \cdot 8! \cdot 3! \cdot 0! \cdot 9!} = \frac{33916800 \cdot 362880 \cdot 479001600 \cdot 40320}{2,432902008 \cdot 10^{18} \cdot 40320 \cdot 6 \cdot 1 \cdot 362880} = 0,001$$

Addiert man nun die Wahrscheinlichkeiten für diese Verteilungen unter der H_0, ergibt sich: p = 0,112 + 0,020 + 0,001 = 0,133. Diese Wahrscheinlichkeit ist größer als α = 5 %, die H_0 wird beibehalten. Es kann nicht behauptet werden, dass Jüngere eher die Sofafarbe blau präferieren als Ältere.

2.30 »Schlafen, schlafen, vielleicht auch träumen ...«

a) Bitte prüfen Sie mittels des Kolmogorov-Smirnov-Tests auf Normalverteilung. Kritische Differenz nach Tabelle A.6a: 0,189 (α = 10 %, zweiseitig).

Die größte Differenz (0,141; vgl. Tab. 95) ist kleiner als der kritische Wert, daher hat man kein signifikantes Ergebnis. Die Verteilung der eigenen Daten weicht nicht von einer Normalverteilung ab.

Tabelle 95 Übersicht für den Kolmogorov-Smirnov-Test

Wert (obere Kategorie-grenze) c_j	Absolute Häufigkeit n_j	Empirische Verteilungs-funktion $F(c_j)$	z-Wert	Theoretische Verteilungs-funktion $\Phi_0(c_j)$	Differenz D_j	Differenz $D_{j'}$
15	3	0,0750	-1,46	0,0721	0,0029	0,0721
20	4	0,1750	-1,04	0,1492	0,0258	0,0742
25	5	0,3000	-0,62	0,2676	0,0324	0,0926
30	6	0,4500	-0,19	0,4247	0,0253	0,1247
35	7	0,625	0,23	0,5910	0,0340	0,1410
40	5	0,7500	0,65	0,7422	0,0078	0,1172
45	3	0,8250	1,07	0,8577	-0,0327	0,1077
50	4	0,9250	1,50	0,9332	-0,0082	0,1082
55	3	1,0000	1,92	0,9726	0,0274	0,0476

b) Bitte prüfen Sie mittels des χ^2-Tests auf Normalverteilung.

Tabelle 96 Übersicht, um auf Normalverteilung zu prüfen

Wert (obere Kategorie-grenze) c_j	Absolute Häufigkeit n_j	Empirische Verteilungs-funktion $F(c_j)$	z-Wert	Theoretische Verteilungs-funktion $\Phi_0(c_j)$	Erwartete Häu-figkeit für das Intervall
15	3	0,0750	-1,46	0,0721	2,884
20	4	0,1750	-1,04	0,1492	3,084
25	5	0,3000	-0,62	0,2676	4,736
30	6	0,4500	-0,19	0,4247	6,284
35	7	0,625	0,23	0,5910	6,652
40	5	0,7500	0,65	0,7422	6,048
45	3	0,8250	1,07	0,8577	4,620
50	4	0,9250	1,50	0,9332	3,020
55	3	1,0000	1,92	0,9726	2,672

$$\chi^2 = \sum_{j=1}^{k} \frac{\left(n_j - \varepsilon_{j0}\right)^2}{\varepsilon_{j0}}$$

$$\chi^2 = \frac{(3-2,884)^2}{2,884} + \frac{(4-3,084)^2}{3,084} + \frac{(5-4,736)^2}{4,736} + \frac{(6-6,284)^2}{6,284} + \frac{(7-6,652)^2}{6,652}$$

$$\frac{(5-6,048)^2}{6,048} + \frac{(3-4,620)^2}{4,620} + \frac{(4-3,020)^2}{3,020} + \frac{(3-2,672)^2}{2,672}$$

$$\chi^2 = 0,0047 + 0,2721 + 0,0147 + 0,0128 + 0,0182 + 0,1816 + 0,5681 + 0,3180$$
$$+ 0,0403$$

$$\chi^2 = 1,4305$$

df = k - 3 = 9 - 3 = 6

Kritischer χ^2-Wert (α = 5 %) = 12,592

Der empirische Wert ist kleiner als der kritische, also nicht signifikant, also H_0.
Die Verteilung der Daten weicht nicht von einer Normalverteilung ab.

2.31 »Zwei mal drei macht vier ...«

a) Bitte prüfen Sie mittels des Kolmogorov-Smirnov-Tests auf Normalverteilung.

$$\text{Mittelwert: } \bar{x} = \frac{\sum_{m=1}^{n} x_m}{n} = \frac{193}{33} = 5,848$$

Geschätzte Populationsstandardabweichung:

$$\hat{\sigma}_x = \sqrt{\frac{\sum_{m=1}^{n}(x_m - \bar{x})^2}{n-1}} = \sqrt{\frac{\sum_{m=1}^{n} x_m^2 - \frac{\left(\sum_{m=1}^{n} x_m\right)^2}{n}}{n-1}} = \sqrt{\frac{1277 - \frac{193^2}{33}}{33-1}}$$

$$\hat{\sigma}_x = \sqrt{\frac{1277 - 1128,76}{32}} = \sqrt{\frac{148,24}{32}} = 2,152$$

Über Mittelwert und geschätzte Populationsstandardabweichung können z-Werte für die oberen Kategoriegrenzen ermittelt werden. Für die z-Werte können dann in Tabelle C.1 die Flächenanteile abgelesen werden. Diese Flächenanteile entsprechen der theoretischen (kumulierten) Verteilungsfunktion.
Kritische Differenz nach Tabelle C.5: 0,214 (α = 10 %, zweiseitig).

Die größte Differenz (0,194; vgl. Tab. 97) ist kleiner als der kritische Wert, daher hat man kein signifikantes Ergebnis. Die Verteilung der eigenen Daten weicht nicht von einer Normalverteilung ab.

Tabelle 97 Werte für Kolmogorov-Smirnov-Test

Wert (obere Kategorie-grenze) c_j	Absolute Häufigkeit n_j	Empirische Verteilungs-funktion $F(c_j)$	z-Wert	Theoretische Verteilungs-funktion $\Phi_0(c_j)$	Differenz D_j	Differenz $D_{j'}$
1,5	1	0,0303	-2,02	0,0217	0,0086	0,0217
2,5	1	0,0606	-1,56	0,0594	0,0012	0,0291
3,5	2	0,1212	-1,09	0,1379	-0,0167	0,0773
4,5	4	0,2424	-0,63	0,2643	-0,0219	0,1431
5,5	7	0,4545	-0,16	0,4364	0,0181	0,194
6,5	6	0,6364	0,30	0,6179	0,0185	0,1634
7,5	5	0,7879	0,77	0,7794	0,0085	0,143
8,5	3	0,8788	1,23	0,8907	-0,0119	0,1028
9,5	2	0,9394	1,70	0,9554	-0,0160	0,0766
10,5	2	1,000	2,16	0,9846	0,0154	0,0452

b) Bitte prüfen Sie mittels des χ^2-Tests auf Normalverteilung.
Über Mittelwert und geschätzte Populationsstandardabweichung können z-Werte für die oberen Kategoriegrenzen ermittelt werden. Für die z-Werte können dann in Tabelle C.1 die Flächenanteile abgelesen werden. Diese Flächenanteile entsprechen der theoretischen (kumulierten) Verteilungsfunktion.

$$\chi^2 = \sum_{j=1}^{k} \frac{\left(n_j - \varepsilon_{j0}\right)^2}{\varepsilon_{j0}}$$

$$\chi^2 = \frac{\left(1-0,7161\right)^2}{0,7161} + \frac{\left(1-1,2441\right)^2}{1,2441} + \frac{\left(2-2,5905\right)^2}{2,5905} + \frac{\left(4-4,1712\right)^2}{4,1712} + \frac{\left(7-5,6793\right)^2}{5,6793}$$

$$\frac{\left(6-5,9895\right)^2}{5,9895} + \frac{\left(5-5,3295\right)^2}{5,3295} + \frac{\left(3-3,6729\right)^2}{3,6729} + \frac{\left(2-2,1351\right)^2}{2,1351} + \frac{\left(2-1,4718\right)^2}{1,4718}$$

$$\chi^2 = 0,1126 + 0,0479 + 0,1346 + 0,0070 + 0,3071 + 0,00002 + 0,0204 + 0,1233$$
$$+ 0,0085 + 0,1896$$

$$\chi^2 = 0,9510$$

df = k-3 = 10-3 = 7

Kritischer χ^2-Wert (α = 5 %) = 14,067

Tabelle 98 Übersicht, um auf Normalverteilung zu prüfen

Wert (obere Kategorie-grenze) c_j	Absolute Häufigkeit n_j	Empirische Verteilungs-funktion $F(c_j)$	z-Wert	Theoretische Verteilungs-funktion $\Phi_0(c_j)$	Erwartete Häu-figkeit für das Intervall
1,5	1	0,0303	-2,02	0,0217	0,7161
2,5	1	0,0606	-1,56	0,0594	1,2441
3,5	2	0,1212	-1,09	0,1379	2,5905
4,5	4	0,2424	-0,63	0,2643	4,1712
5,5	7	0,4545	-0,16	0,4364	5,6793
6,5	6	0,6364	0,30	0,6179	5,9895
7,5	5	0,7879	0,77	0,7794	5,3295
8,5	3	0,8788	1,23	0,8907	3,6729
9,5	2	0,9394	1,70	0,9554	2,1351
10,5	2	1,0000	2,16	0,9846	1,4718

Der empirische Wert ist kleiner, also nicht signifikant, also H_0.
Die Verteilung der Daten weicht nicht von einer Normalverteilung ab.

2.32 »Uni könnte so schön sein, wenn nur die ganzen Studis nicht wären«

a) Bitte prüfen Sie mittels des Kolmogorov-Smirnov-Tests auf Normalverteilung.

$$\text{Mittelwert: } \overline{x} = \frac{\sum_{m=1}^{n} x_m}{n} = \frac{120}{27} = 4,444$$

Geschätzte Populationsstandardabweichung:

$$\hat{\sigma}_x = \sqrt{\frac{\sum\limits_{m=1}^{n}\left(x_m - \bar{x}\right)^2}{n-1}} = \sqrt{\frac{\sum\limits_{m=1}^{n}x_m^2 - \dfrac{\left(\sum\limits_{m=1}^{n}x_m\right)^2}{n}}{n-1}} = \sqrt{\frac{626 - \dfrac{120^2}{27}}{27-1}}$$

$$\hat{\sigma}_x = \sqrt{\frac{626 - 533,33}{26}} = \sqrt{\frac{92,67}{26}} = 1,888$$

Über Mittelwert und geschätzte Populationsstandardabweichung können z-Werte für die oberen Kategoriegrenzen ermittelt werden. Für die z-Werte können dann in Tabelle C.1 die Flächenanteile abgelesen werden. Diese Flächenanteile entsprechen der theoretischen (kumulierten) Verteilungsfunktion.

Tabelle 99 Werte für Kolmogorov-Smirnov-Test

Wert (obere Kategorie-grenze) c_j	Absolute Häufigkeit n_j	Empirische Verteilungs-funktion $F(c_j)$	z-Wert	Theoretische Verteilungs-funktion $\Phi_0(c_j)$	Differenz D_j	Differenz $D_{j'}$
1,5	2	0,0741	-1,56	0,0594	0,0147	0,0594
2,5	3	0,1852	-1,03	0,1515	0,0337	0,0774
3,5	3	0,2963	-0,50	0,3085	-0,0122	0,1233
4,5	5	0,4815	0,03	0,5120	-0,0305	0,2157
5,5	6	0,7037	0,56	0,7123	-0,0086	0,2308
6,5	4	0,8519	1,09	0,8621	-0,0102	0,1584
7,5	3	0,9630	1,62	0,9474	0,0156	0,0955
8,5	1	1,0000	2,15	0,9842	0,0158	0,0212

Kritische Differenz nach Tabelle C.5: 0,229 (α = 10 %, zweiseitig).
Die größte Differenz (0,2308) ist größer als der kritische Wert, daher hat man ein signifikantes Ergebnis. Die Verteilung der eigenen Daten weicht von einer Normalverteilung ab.

b) Bitte prüfen Sie mittels des χ^2-Tests auf Normalverteilung.
Über Mittelwert und geschätzte Populationsstandardabweichung können z-Werte für die oberen Kategoriegrenzen ermittelt werden. Für die z-Werte können dann in Tabelle C.1 die Flächenanteile abgelesen werden. Diese Flächenanteile entsprechen

der theoretischen (kumulierten) Verteilungsfunktion.

$$\chi^2 = \sum_{j=1}^{k} \frac{\left(n_j - \varepsilon_{j0}\right)^2}{\varepsilon_{j0}}$$

$$\chi^2 = \frac{(2-1,6038)^2}{1,6038} + \frac{(3-2,4867)^2}{2,4867} + \frac{(3-4,2390)^2}{4,2390} + \frac{(5-5,4945)^2}{5,4945} +$$

$$\frac{(6-5,4081)^2}{5,4081} + \frac{(4-4,0446)^2}{4,0446} + \frac{(3-2,3031)^2}{2,3031} + \frac{(1-1,4202)^2}{1,4202}$$

$$\chi^2 = 0,0979 + 0,1060 + 0,3621 + 0,0445 + 0,0648 + 0,0005 + 0,2109 + 0,1243$$

$$\chi^2 = 1,011$$

Tabelle 100 Übersicht, um auf Normalverteilung zu prüfen

Wert (obere Kategorie- grenze) c_j	Absolute Häufigkeit n_j	Empirische Verteilungs- funktion $F(c_j)$	z-Wert	Theoretische Verteilungs- funktion $\Phi_0(c_j)$	Erwartete Häu- figkeit für das Intervall
1,5	2	0,0741	-1,56	0,0594	1,6038
2,5	3	0,1852	-1,03	0,1515	2,4867
3,5	3	0,2963	-0,50	0,3085	4,2390
4,5	5	0,4815	0,03	0,5120	5,4945
5,5	6	0,7037	0,56	0,7123	5,4081
6,5	4	0,8519	1,09	0,8621	4,0446
7,5	3	0,9630	1,62	0,9474	2,3031
8,5	1	1,0000	∞	1,000	1,4202

df = k-3 = 8-3 = 5

Kritischer χ^2-Wert (α = 5 %) = 11,070
Der empirische Wert ist kleiner, also nicht signifikant, also H_0.
Die Verteilung der Daten weicht nicht von einer Normalverteilung ab.

2.33 Intrinsische Motivation und Leistung

a) Die Variablen »Grad der intrinsischen Motivation« und »Punkte in einem Leistungstest« sind intervallskaliert. Aus diesem Grund rechnet man nun eine Produkt-Moment-Korrelation.

Für die Berechnung sei:
x = Grad der intrinsischen Motivation
y = Punkte in einem Leistungstest

$$r_{XY} = \frac{s_{XY}}{s_X \cdot s_Y} = \frac{n \cdot \sum_{m=1}^{n} x_m \cdot y_m - \sum_{m=1}^{n} x_m \cdot \sum_{m=1}^{n} y_m}{\sqrt{\left[n \cdot \sum_{m=1}^{n} x_m^2 - \left(\sum_{m=1}^{n} x_m \right)^2 \right] \cdot \left[n \cdot \sum_{m=1}^{n} y_m^2 - \left(\sum_{m=1}^{n} y_m \right)^2 \right]}}$$

Tabelle 101 Berechnung der Formelelemente der Produkt-Moment-Korrelation »Intrinsische Motivation und Leistung«

x	y	$(x-\bar{x})^2$	$(y-\bar{y})^2$	$(x-\bar{x}) \cdot (y-\bar{y})$	x^2	y^2	$(x \cdot y)$
2	2	18,762	62,679	34,304	4	4	4
2	5	18,762	24,177	21,305	4	25	10
4	7	5,436	8,509	6,805	16	49	28
7	17	0,447	50,169	4,724	49	289	119
9	15	7,121	25,837	13,556	81	225	135
9	13	7,121	9,505	8,222	81	169	117
10	13	13,458	9,505	11,305	100	169	130
10	17	13,458	50,169	25,973	100	289	170
4	6	5,436	15,343	9,138	16	36	24
8	8	2,784	3,675	-3,196	64	64	64
8	12	2,784	4,339	3,472	64	144	96
3	4	11,099	35,011	19,721	9	16	12
$\Sigma = 76$	119	106,67	298,92	155,33	588	1479	909

n = 12

$$\bar{x} = \frac{\sum_{m=1}^{n} x_m}{n} = \frac{76}{12} = 6,333 \qquad \bar{y} = \frac{\sum_{m=1}^{n} y_m}{n} = \frac{119}{12} = 9,917$$

$$s_X^2 = \frac{\sum_{m=1}^{n}\left(x_m - \bar{x}\right)^2}{n} = \frac{106,67}{12} = 8,889 \qquad s_Y^2 = \frac{\sum_{m=1}^{n}\left(y_m - \bar{y}\right)^2}{n} = \frac{298,92}{12} = 24,91$$

$$s_X = \sqrt{s_X^2} = \sqrt{8,889} = 2,981 \qquad s_Y = \sqrt{s_Y^2} = \sqrt{24,91} = 4,99$$

$$s_{XY} = \frac{\sum_{m=1}^{n}\left(x_m - \bar{x}\right)\cdot\left(y_m - \bar{y}\right)}{n} = \frac{155,33}{12} = 12,944$$

$$r_{XY} = \frac{s_{XY}}{s_X \cdot s_Y} = \frac{12,944}{2,981 \cdot 4,99} = 0,87$$

$$r_{XY}^2 = r \cdot r = 0,87 \cdot 0,87 = 0,757$$

$$r_{XY} = \frac{12 \cdot 909 - 76 \cdot 119}{\sqrt{\left[12 \cdot 588 - 76^2\right]\cdot\left[12 \cdot 1479 - 119^2\right]}} = \frac{10908 - 9044}{\sqrt{\left[7056 - 5776\right]\cdot\left[17748 - 14161\right]}}$$

$$r_{XY} = \frac{1864}{\sqrt{1280 \cdot 3587}} = \frac{1864}{2142,75} = 0,87$$

Ja, es besteht ein hoher positiver Zusammenhang zwischen den Variablen »Grad der intrinsischen Motivation« und »Punkte in einem Leistungstest«. Die gemeinsame Varianz beträgt 75,7 %.

b) Um zu überprüfen, ob die Korrelation signifikant (also statistisch bedeutsam) ist, wendet man den t-Test für Korrelationen an.

$$t = \frac{r \cdot \sqrt{n-2}}{\sqrt{1-r^2}} \qquad df = n-2$$

Hypothesen:

H_0: Nein, es gibt keinen signifikanten Zusammenhang zwischen dem Grad an intrinsischer Motivation und der Punktzahl in der Leistungsbeurteilung.

H_1: Ja, es gibt einen signifikanten Zusammenhang zwischen dem Grad an intrinsischer Motivation und der Punktzahl in der Leistungsbeurteilung.

$$t = \frac{0,87 \cdot \sqrt{12-2}}{\sqrt{1-0,87^2}} = \frac{0,87 \cdot 3,1623}{\sqrt{0,2431}} = \frac{2,751}{0,493} = 5,58$$

df = 12 - 2 = 10

Diesen berechneten empirischen t-Wert vergleicht man nun mit dem kritischen t-Wert in Tabelle C.2.

Die Tabelle ist einseitig ausgerichtet und es wurden zweiseitige Hypothesen formuliert, das bedeutet dass man bei einer Fläche von 0,975 nachschaut: $t_{(0,975,10)} = 2,228$
Der empirische t-Wert ist extremer als der kritische, also signifikant. Wir entscheiden uns für die H_1.
Mit einer Irrtumswahrscheinlichkeit von 5 % kann behauptet werden, dass es einen Zusammenhang zwischen den Variablen »Grad an intrinsischer Motivation« und »Punkte in einem Leistungstest« gibt.

c) Um diese Aufgabe zu lösen, wendet man die Einfachregression an.
Formeln:

$$\hat{Y} = b_0 + b_1 \cdot X$$

$$b_1 = r_{XY} \cdot \frac{s_Y}{s_X} = \frac{s_{XY}}{s_X^2} = \frac{n \cdot \sum_{m=1}^{n} x_m \cdot y_m - \sum_{m=1}^{n} x_m \cdot \sum_{m=1}^{n} y_m}{n \cdot \sum_{m=1}^{n} x_m^2 - \left(\sum_{m=1}^{n} x_m\right)^2} \qquad b_0 = \overline{y} - b_1 \cdot \overline{x}$$

$$b_1 = \frac{s_{XY}}{s_X^2} = \frac{12,944}{8,889} = 1,456 \qquad b_0 = \overline{y} - b_1 \cdot \overline{x} = 9,917 - 1,456 \cdot 6,333 = 0,696$$

Andere Formel für b_1:

$$b_1 = \frac{n \cdot \sum_{m=1}^{n} x_m \cdot y_m - \sum_{m=1}^{n} x_m \cdot \sum_{m=1}^{n} y_m}{n \cdot \sum_{m=1}^{n} x_m^2 - \left(\sum_{m=1}^{n} x_m\right)^2} = \frac{12 \cdot 909 - 76 \cdot 119}{12 \cdot 588 - 76^2} = \frac{10908 - 9044}{7056 - 5776}$$

$$b_1 = \frac{1864}{1280} = 1,456$$

Regressionsgleichung: $\hat{y}_m = 0,696 + 1,456 \cdot x_m$

$$\hat{y}_0 = 0,696 + 1,456 \cdot 10 = 0,696 + 14,56 = 15,256$$

Man kann für eine Person, die einen Grad an intrinsischer Motivation von 10 hat, eine Punktzahl von 15,256 im Leistungstest schätzen.

d) Mittelwert »Intrinsische Motivation«:

Tabelle 102 Hilfstabelle für »Intrinsische Motivation und Leistung«

Frauen			Männer		
x	$(x-\overline{x})^2$	x^2	x	$(x-\overline{x})^2$	x^2
2	27,04	4	2	13,794	4
7	0,04	49	4	2,938	16
9	3,24	81	9	10,798	81
10	7,84	100	10	18,370	100
8	0,64	64	4	2,938	16
			8	5,226	64
			3	7,366	9
$\Sigma = 36$	38,8	298	40	61,43	290

Frauen

$$\overline{x} = \frac{\sum\limits_{m=1}^{n} x_m}{n} = \frac{36}{5} = 7,2$$

$$s_X^2 = \frac{\sum\limits_{m=1}^{n}(x_m - \overline{x})^2}{n} = \frac{38,8}{5} = 7,76$$

$$s_X = \sqrt{s_X^2} = \sqrt{7,76} = 2,786$$

Männer

$$\overline{x} = \frac{\sum\limits_{m=1}^{n} x_m}{n} = \frac{40}{7} = 5,714$$

$$s_X^2 = \frac{\sum\limits_{m=1}^{n}(x_m - \overline{x})^2}{n} = \frac{61,73}{7} = 8,776$$

$$s_X = \sqrt{s_X^2} = \sqrt{8,776} = 2,962$$

e) Nun zum 95 %-Konfidenzintervall für die Variable »Punkte in einem Leistungstest« bei einem Wert von 10 für »Grad an intrinsischer Motivation«.

$$\hat{y}_0 = 0,696 + 1,456 \cdot 10 = 0,696 + 14,56 = 15,256$$

Formeln für das Konfidenzintervall

$$\hat{y}_0 \pm t_{\left(1-\frac{\alpha}{2};n-2\right)} \cdot \hat{\sigma}_{\hat{Y}_0} \qquad \hat{\sigma}_{\hat{Y}_0} = \hat{\sigma}_\varepsilon \cdot \sqrt{1 + \frac{1}{n} + \frac{(x_0 - \overline{x})^2}{n \cdot s_X^2}} \qquad \hat{\sigma}_\varepsilon = \sqrt{\frac{\sum\limits_{m=1}^{n}(y_m - \hat{y}_m)^2}{n-2}}$$

Tabelle 103 Werte für die Berechnung des Konfidenzintervalls

y	$\hat{y}$	$(y-\hat{y})^2$
2	3,608	2,586
5	3,608	1,938
7	6,52	0,230
17	10,888	37,357
15	13,8	1,440
13	13,8	0,640
13	15,256	5,090
17	15,256	3,042
6	6,52	0,270
8	12,344	18,870
12	12,344	0,118
4	5,064	1,132
Summe		72,713

$$\hat{\sigma}_\varepsilon = \sqrt{\frac{\sum_{m=1}^{n}(y_m - \hat{y}_m)^2}{n-2}} = \sqrt{\frac{72,713}{10}} = \sqrt{7,2713} = 2,697$$

$$\hat{\sigma}_{\hat{Y}_0} = \hat{\sigma}_\varepsilon \cdot \sqrt{1 + \frac{1}{n} + \frac{(x_0 - \bar{x})^2}{n \cdot s_X^2}} = 2,697 \cdot \sqrt{1 + 0,083 + \frac{(10 - 6,333)^2}{12 \cdot 8,889}}$$

$$\hat{\sigma}_{\hat{Y}_0} = 2,697 \cdot \sqrt{1,083 + \frac{13,447}{106,668}} = 2,697 \cdot \sqrt{1,209} = 2,965$$

$$\hat{y}_0 \pm t_{\left(1-\frac{\alpha}{2};n-2\right)} \cdot \hat{\sigma}_{\hat{Y}_0}$$

$$\hat{y}_0 \pm 2,2281 \cdot 2,965$$

Untergrenze : $15,256 - 6,606 = 8,65$

Obergrenze : $15,256 + 6,606 = 21,862$

Mit einer Wahrscheinlichkeit von 95 % erreicht eine Person mit einem Grad an intrinsischer Motivation von 10 zwischen 8,65 und 21,862 Punkte in einer Leistungsbeurteilung.

f) Um die Frage zu beantworten, muss man einen t-Test für unabhängige Stichproben rechnen, da man auf Unterschiede prüfen möchte. Vorher muss man aber einen F-Test durchführen, um zu wissen, ob man einen t-Test für unabhängige Stichproben und homogene Varianzen oder für heterogene Varianzen berechnen muss.

F-Test

H_0: Die Varianzen sind homogen (gleich).
H_1: Die Varianzen sind heterogen (ungleich).

H_0: $\hat{\sigma}_1^2 = \hat{\sigma}_2^2$

H_1: $\hat{\sigma}_1^2 \neq \hat{\sigma}_2^2$

$$F = \frac{\hat{\sigma}_1^2}{\hat{\sigma}_2^2} \qquad \hat{\sigma}^2 = s^2 \cdot \frac{n}{n-1}$$

$$\hat{\sigma}_{Frauen}^2 = 7,76 \cdot \frac{5}{4} = 9,7 \qquad \hat{\sigma}_{Männer}^2 = 8,776 \cdot \frac{7}{6} = 10,239$$

Beim F-Test wird immer die größere Varianz auf den Bruchstrich (in den Zähler) gesetzt, die kleinere Varianz unter den Bruchstrich (in den Nenner).

$$F = \frac{10,239}{9,7} = 1,056$$

Diesen empirischen F-Wert muss man nun mit dem kritischen F-Wert vergleichen. Dazu benötigt man Zähler- und Nenner-Freiheitsgrade. Im Zähler steht die Varianz der Männer mit n = 7, daraus folgt dann $df_{Zähler} = 6$; im Nenner steht die Varianz der Frauen mit n = 5, daraus folgt dann $df_{Nenner} = 4$. Mit diesen beiden Freiheitsgraden geht man nun in Tabelle C.6 und schlägt dort für $\alpha = 0,10$ (zweiseitig) den kritischen F-Wert nach:

$$F_{(0,95;6;4)} = 6,1631$$

Da der empirische F-Wert kleiner als der kritische F-Wert ist, handelt es sich nicht um ein signifikantes Ergebnis, man entscheidet sich also für H_0, d.h. die Varianzen sind gleich (homogen).

Da die Varianzen homogen sind, muss der t-Test für homogene Varianzen herangezogen werden.

t-Test für homogene Varianzen

H_0: Männer und Frauen unterscheiden sich hinsichtlich des »Grades an intrinsischer Motivation« nicht voneinander.

H_1: Männer und Frauen unterscheiden sich hinsichtlich des »Grades an intrinsischer Motivation« voneinander.

H_0: $\mu_{Frauen} = \mu_{Männer}$

H_1: $\mu_{Frauen} \neq \mu_{Männer}$

$$t = \frac{\bar{x}_1 - \bar{x}_2}{\hat{\sigma}_{\bar{X}_1 - \bar{X}_2}} \quad \hat{\sigma}_{\bar{X}_1 - \bar{X}_2} = \sqrt{\frac{\hat{\sigma}_1^2 \cdot (n_1 - 1) + \hat{\sigma}_2^2 \cdot (n_2 - 1)}{(n_1 - 1) + (n_2 - 1)} \cdot \left(\frac{1}{n_1} + \frac{1}{n_2}\right)} \quad df = n_1 + n_2 - 2$$

$$\hat{\sigma}_{\bar{X}_1 - \bar{X}_2} = \sqrt{\frac{9,7 \cdot 4 + 10,239 \cdot 6 \cdot \left(\frac{1}{5} + \frac{1}{7}\right)}{(5-1) + (7-1)}} = \sqrt{\frac{38,8 + 61,434}{10} \cdot 0,343}$$

$$\hat{\sigma}_{\bar{X}_1 - \bar{X}_2} = \sqrt{\frac{100,234}{10} \cdot 0,343} = \sqrt{3,438} = 1,854$$

$$t = \frac{7,2 - 5,714}{1,854} = \frac{1,486}{1,854} = 0,802$$

df = 10

Als kritischen t-Wert kann man in Tabelle C.2 ablesen:

$$t_{(0,975;10)} = 2,2281$$

Der empirische t-Wert ist nicht extremer als der kritische t-Wert, also nicht signifikant. Man entscheidet sich für die H_0. Es besteht kein signifikanter Unterschied. Männer und Frauen unterscheiden sich nicht signifikant voneinander hinsichtlich des Grades an intrinsischer Motivation.

2.34 Die Bahnhofskneipe »Zur Pfütze«

a) Formeln für Einfachregression

$$\hat{Y} = b_0 + b_1 \cdot X$$

$$b_1 = r_{XY} \cdot \frac{s_Y}{s_X} = \frac{s_{XY}}{s_X^2} = \frac{n \cdot \sum_{m=1}^{n} x_m \cdot y_m - \sum_{m=1}^{n} x_m \cdot \sum_{m=1}^{n} y_m}{n \cdot \sum_{m=1}^{n} x_m^2 - \left(\sum_{m=1}^{n} x_m\right)^2} \quad b_0 = \bar{y} - b_1 \cdot \bar{x}$$

Zur Berechnung sei: x = Woche, y = Verkauftes Bier

Tabelle 104 Werte für die Berechnung der Einfachregression

x	$(x-\bar{x})^2$	y	$(y-\bar{y})^2$	$(x-\bar{x})\cdot(y-\bar{y})$	x^2	y^2	$(x\cdot y)$
1	20,25	3	4,84	9,9	1	9	3
2	12,25	4	1,44	4,2	4	16	8
3	6,25	4	1,44	3,0	9	16	12
4	2,25	5	0,04	0,3	16	25	20
5	0,25	4	1,44	0,6	25	16	20
6	0,25	6	0,64	0,4	36	36	36
7	2,25	5	0,04	-0,3	49	25	35
8	6,25	7	3,24	4,5	64	49	56
9	12,25	6	0,64	2,8	81	36	54
10	20,25	8	7,84	12,6	100	64	80
Summe 55	82,5	52	21,6	38	385	292	324

$$\bar{x} = \frac{55}{10} = 5,5 \qquad\qquad \bar{y} = \frac{52}{10} = 5,2$$

$$s_X^2 = \frac{\sum_{m=1}^{n}\left(x_m - \bar{x}\right)^2}{n} = \frac{82,5}{10} = 8,25 \qquad s_Y^2 = \frac{\sum_{m=1}^{n}\left(y_i - \bar{y}\right)^2}{n} = \frac{21,6}{10} = 2,16$$

$$s_X = 2,872 \qquad\qquad\qquad s_Y = 1,470$$

$$s_{XY} = \frac{\sum_{m=1}^{n}\left(x_m - \bar{x}\right)\cdot\left(y_m - \bar{y}\right)}{n} = \frac{38}{10} = 3,8$$

$$b_1 = \frac{s_{XY}}{s_X^2} = \frac{3,8}{8,25} = 0,461 \qquad b_0 = \bar{y} - b_1 \cdot \bar{x} = 5,2 - 0,461 \cdot 5,5 = 2,66$$

$$b_1 = \frac{n \cdot \sum_{m=1}^{n} x_m \cdot y_m - \sum_{m=1}^{n} x_m \cdot \sum_{m=1}^{n} y_m}{n \cdot \sum_{m=1}^{n} x_m^2 - \left(\sum_{m=1}^{n} x_m\right)^2} = \frac{10 \cdot 324 - 55 \cdot 52}{10 \cdot 385 - 55^2} = \frac{3240 - 2860}{3850 - 3025} = \frac{380}{825} = 0,461$$

Regressionsgleichung: $\hat{y}_m = 2,66 + 0,461 \cdot x_m$

b) 20. Woche $\longrightarrow$ x = 20

$\hat{y}_0 = 2,66 + 0,461 \cdot 20 = 2,66 + 9,22 = 11,88$

Formeln für das Konfidenzintervall

$$\hat{y}_0 \pm t_{\left(1-\frac{\alpha}{2};n-2\right)} \cdot \hat{\sigma}_{\hat{Y}_0} \qquad \hat{\sigma}_{\hat{Y}_0} = \hat{\sigma}_\varepsilon \cdot \sqrt{1 + \frac{1}{n} + \frac{\left(x_0 - \overline{x}\right)^2}{n \cdot s_X^2}} \qquad \hat{\sigma}_\varepsilon = \sqrt{\frac{\sum\limits_{m=1}^{n}\left(y_m - \hat{y}_m\right)^2}{n-2}}$$

Tabelle 105 Werte für die Berechnung des Konfidenzintervalls

	y	$\hat{y}$	$\left(y-\hat{y}\right)^2$
	3	3,121	0,015
	4	3,582	0,175
	4	4,043	0,002
	5	4,504	0,246
	4	4,965	0,931
	6	5,426	0,329
	5	5,887	0,787
	7	6,348	0,425
	6	6,809	0,654
	8	7,27	0,533
Summe	52	51,955	4,097

$$\hat{\sigma}_\varepsilon = \sqrt{\frac{\sum\limits_{m=1}^{n}\left(y_m - \hat{y}_m\right)^2}{n-2}} = \sqrt{\frac{4,097}{8}} = \sqrt{0,512} = 0,716$$

$$\hat{\sigma}_{\hat{Y}_0} = \hat{\sigma}_\varepsilon \cdot \sqrt{1 + \frac{1}{n} + \frac{\left(x_0 - \overline{x}\right)^2}{n \cdot s_X^2}} = 0,716 \cdot \sqrt{1 + 0,1 + \frac{\left(20 - 5,5\right)^2}{10 \cdot 8,25}} = 0,716 \cdot \sqrt{1,1 + \frac{210,25}{82,5}}$$

$$\hat{\sigma}_{\hat{Y}_0} = 0,716 \cdot \sqrt{3,648} = 1,368$$

$$\hat{y}_0 \pm t_{\left(1-\frac{\alpha}{2};n-2\right)} \cdot \hat{\sigma}_{\hat{Y}_0}$$

$$\hat{y}_0 \pm 2,306 \cdot 1,368$$

Untergrenze : $11,88 - 3,155 = 8,725$

Obergrenze : $11,88 + 3,155 = 15,035$

Mit einer Wahrscheinlichkeit von 95 % befindet sich der geschätzte wahre Wert für »Verkaufte Biere« in der 20. Woche in dem Bereich von 8,725 bis 15,035.

c) Regressionsgleichung

$$b_1 = \frac{s_{XY}}{s_X^2} = \frac{3,8}{2,16} = 1,759 \qquad b_0 = \overline{x} - b_1 \cdot \overline{y} = 5,5 - 1,759 \cdot 5,2 = -3,647$$

$$b_1 = \frac{n \cdot \sum_{m=1}^{n} x_m \cdot y_m - \sum_{m=1}^{n} x_m \cdot \sum_{m=1}^{n} y_m}{n \cdot \sum_{m=1}^{n} x_m^2 - \left(\sum_{m=1}^{n} x_m\right)^2} = \frac{10 \cdot 324 - 55 \cdot 52}{10 \cdot 292 - 52^2} = \frac{3240 - 2860}{2920 - 2704} = \frac{380}{216} = 1,759$$

Regressionsgleichung: $\hat{x}_m = -3,647 + 1,759 \cdot y_m$

d) 4.000 Liter $\longrightarrow$ Einheit in 100 Litern: y = 40

$$\hat{x}_m = -3,647 + 1,759 \cdot y_m = -3,647 + 1,759 \cdot 40 = -3,647 + 70,36 = 66,713$$

Unser Wirt Alex kann darauf hoffen – wenn alles so weitergeht –, ab der 67. Woche die Sonderkonditionen zu erhalten. Drücken wir ihm die Daumen!

2.35 EDV-Fortbildungen und Umgang mit dem PC

a) Intervallskalierte Daten weisen auf eine Produkt-Moment-Korrelation hin.
Zur Berechnung sei: x=Anzahl besuchter Fortbildungen, y=Fähigkeit

$$\overline{x} = \frac{26}{10} = 2,6 \qquad\qquad \overline{y} = \frac{44}{10} = 4,4$$

$$s_X^2 = \frac{\sum_{m=1}^{n}(x_m - \overline{x})^2}{n} = \frac{32,4}{10} = 3,24 \qquad s_Y^2 = \frac{\sum_{m=1}^{n}(y_i - \overline{y})^2}{n} = \frac{52,4}{10} = 5,24$$

$$s_X = 1,8 \qquad\qquad s_Y = 2,289$$

$$s_{XY} = \frac{\sum_{m=1}^{n} (x_m - \bar{x}) \cdot (y_m - \bar{y})}{n} = \frac{33,6}{10} = 3,36$$

Tabelle 106 Werte für die Berechnung der Produkt-Moment-Korrelation

	x	$(x-\bar{x})^2$	y	$(y-\bar{y})^2$	$(x-\bar{x}) \cdot (y-\bar{y})$	x^2	y^2	$(x \cdot y)$
	0	6,76	4	0,16	1,04	0	16	0
	4	1,96	7	6,76	3,64	16	49	28
	6	11,56	9	21,16	15,64	36	81	54
	2	0,36	3	1,96	0,84	4	9	6
	2	0,36	4	0,16	0,24	4	16	8
	3	0,16	5	0,36	0,24	9	25	15
	1	2,56	2	5,76	3,84	1	4	2
	1	2,56	3	1,96	2,24	1	9	3
	5	5,76	6	2,56	3,84	25	36	30
	2	0,36	1	11,56	2,04	4	1	2
Summe	26	32,4	44	52,4	33,6	100	246	148

$$r_{XY} = \frac{s_{XY}}{s_X \cdot s_Y} = \frac{3,36}{1,8 \cdot 2,289} = 0,815$$

$$r_{XY}^2 = r \cdot r = 0,815 \cdot 0,815 = 0,664$$

$r_{XY}^2 \cdot 100\% = 66,4\%$ erklärte Variation/Varianz

Berechnung über andere Formel:

$$r_{XY} = \frac{n \cdot \sum_{m=1}^{n} x_m \cdot y_m - \sum_{m=1}^{n} x_m \cdot \sum_{m=1}^{n} y_m}{\sqrt{\left[n \cdot \sum_{m=1}^{n} x_m^2 - \left(\sum_{m=1}^{n} x_m \right)^2 \right] \left[n \cdot \sum_{m=1}^{n} y_m^2 - \left(\sum_{m=1}^{n} y_m \right)^2 \right]}}$$

$$r_{XY} = \frac{10 \cdot 148 - 26 \cdot 44}{\sqrt{\left[10 \cdot 100 - 26^2\right] \cdot \left[10 \cdot 246 - 44^2\right]}} = \frac{1480 - 1144}{\sqrt{\left[1000 - 676\right] \cdot \left[2460 - 1936\right]}}$$

$$r_{XY} = \frac{336}{\sqrt{324 \cdot 524}} = \frac{336}{412,039} = 0,815$$

Ja, es besteht ein hoher positiver Zusammenhang zwischen den Variablen »Anzahl Fortbildungen« und »Fähigkeit im Umgang mit dem PC«. Die gemeinsame Varianz beträgt 66,4 %.

b) Ist dieser Zusammenhang statistisch bedeutsam?

Um zu überprüfen, ob die ausgerechnete Korrelation tatsächlich von Bedeutung ist, berechnet man den t-Test für Korrelationen.

Hypothesen:

H_0: Nein, es gibt keinen Zusammenhang zwischen »Fähigkeit im Umgang mit PC« und der »Anzahl der besuchten Fortbildungen«.

H_1: Ja, es gibt einen Zusammenhang zwischen »Fähigkeit im Umgang mit PC« und der »Anzahl der besuchten Fortbildungen«.

H_0: $\rho = 0$

H_1: $\rho \neq 0$

$$t = \frac{r \cdot \sqrt{n-2}}{\sqrt{1-r^2}} = \frac{0,815 \cdot \sqrt{8}}{\sqrt{1-0,664}} = \frac{0,815 \cdot 2,828}{0,580} = 3,974$$

df = n – 2 = 8

Kritischer t-Wert: $t_{(0,975;8)} = 2,306$

Der empirische t-Wert ist extremer als der kritische, also signifikant, also H_1.

Mit einer Irrtumswahrscheinlichkeit von 5 % kann behauptet werden, dass es – bezogen auf die Population – einen Zusammenhang zwischen der Anzahl der Fortbildungen und der Fähigkeit gibt.

c) Berechnen Sie bitte für Männer und Frauen getrennt jeweils Mittelwert, Varianz, Standardabweichung für »Fähigkeit«.

Tabelle 107 Hilfstabelle für »Fähigkeit«, getrennt für Frauen und Männer

Frauen				Männer		
x	$\left(x-\overline{x}\right)^2$	x^2		x	$\left(x-\overline{x}\right)^2$	x^2
4	0,36	16		9	23,04	81
7	5,76	49		3	1,44	9
5	0,16	25		4	0,04	16
6	1,96	36		2	4,84	4
1	12,96	1		3	1,44	9
$\Sigma = 23$	21,2	127		21	30,8	119

Frauen

$$\overline{x} = \frac{\sum_{m=1}^{n} x_m}{n} = \frac{23}{5} = 4,6$$

$$s_X^2 = \frac{\sum_{m=1}^{n}\left(x_m - \overline{x}\right)^2}{n} = \frac{21,2}{5} = 4,24$$

$$s_X = \sqrt{s_X^2} = \sqrt{4,24} = 2,059$$

Männer

$$\overline{x} = \frac{\sum_{m=1}^{n} x_m}{n} = \frac{21}{5} = 4,2$$

$$s_X^2 = \frac{\sum_{m=1}^{n}\left(x_m - \overline{x}\right)^2}{n} = \frac{30,8}{5} = 6,16$$

$$s_X = \sqrt{s_X^2} = \sqrt{6,16} = 2,482$$

Berechnung der Varianz über andere Formel:

$$s_X^2 = \frac{\sum_{m=1}^{n} x_m^2 - \frac{\left(\sum_{m=1}^{n} x_m\right)^2}{n}}{n} = \frac{127 - \frac{23^2}{5}}{5}$$

$$s_X^2 = \frac{127 - 105,8}{5} = \frac{21,2}{5} = 4,24$$

$$s_X^2 = \frac{\sum_{m=1}^{n} x_m^2 - \frac{\left(\sum_{m=1}^{n} x_m\right)^2}{n}}{n} = \frac{119 - \frac{21^2}{5}}{5}$$

$$s_X^2 = \frac{119 - 88,2}{5} = \frac{30,8}{5} = 6,16$$

d) Welchen Prozentrang erzielt ein Mann bezogen auf seine Gruppe mit einem Fähigkeitswert von 6?

Um den Prozentrang zu ermitteln, muss zuerst der z-Wert berechnet werden. Mittels des z-Werts kann dann in Tabelle C.1 der Prozentrang nachgeschlagen werden.

$$z = \frac{x_m - \overline{x}}{s} = \frac{6 - 4,2}{2,482} = 0,725$$

$$PR = 76,73$$

Ein Mann mit einem Fähigkeitswert von 6 erzielt einen Prozentrang von PR=76,73.

e) Welchen Prozentrang erzielt eine Frau bezogen auf ihre Gruppe mit einem Fähigkeitswert von 6?

Um den Prozentrang zu ermitteln, muss zuerst der z-Wert berechnet werden. Mittels des z-Werts kann dann in Tabelle C.1 der Prozentrang nachgeschlagen werden.

$$z = \frac{x_m - \overline{x}}{s} = \frac{6 - 4,6}{2,059} = 0,680$$

$$PR = 75,17$$

Eine Frau mit einem Fähigkeitswert von 6 erzielt einen Prozentrang von PR=75,17.

f) Unterscheiden sich die Varianzen der »Fähigkeitswerte« von Frauen und Männern?

Der nötige Test, um die Varianzen von zwei Gruppen zu vergleichen, ist der F-Test.

Hypothesen:
H_0: Die Varianzen sind homogen (gleich).
H_1: Die Varianzen sind heterogen (ungleich).
H_0: $\hat{\sigma}_1^2 = \hat{\sigma}_2^2$
H_1: $\hat{\sigma}_1^2 \neq \hat{\sigma}_2^2$

$$F = \frac{\hat{\sigma}_1^2}{\hat{\sigma}_2^2} \qquad \hat{\sigma}^2 = s^2 \cdot \frac{n}{n-1}$$

$$\hat{\sigma}_{Frauen}^2 = 4,24 \cdot \frac{5}{4} = 5,3 \qquad \hat{\sigma}_{Männer}^2 = 6,16 \cdot \frac{5}{4} = 7,7$$

Beim F-Test wird immer die größere Varianz auf den Bruchstrich (in den Zähler) gesetzt, die kleinere Varianz unter den Bruchstrich (in den Nenner).

$$F = \frac{7,7}{5,3} = 1,453$$

Diesen empirischen F-Wert muss man nun mit dem kritischen F-Wert vergleichen. Dazu benötigt man Zähler- und Nenner-Freiheitsgrade. Im Zähler steht die Varianz der Männer mit n = 5, daraus folgt dann $df_{Zähler}$ = 4; im Nenner steht die Varianz der Frauen mit n = 5, daraus folgt dann df_{Nenner} = 4. Mit diesen beiden Freiheitsgraden geht man nun in Tabelle C.6 und schlägt dort für α = 0,10 (zweiseitig) den kritischen F-Wert nach:

$$F_{(0,95;4;4)} = 6,3882$$

Da der empirische F-Wert kleiner als der kritische F-Wert ist, handelt es sich nicht um ein signifikantes Ergebnis, man entscheidet sich also für H_0, d.h. die Varianzen sind gleich (homogen).

Es kann nicht behauptet werden, dass sich die Varianzen von Frauen und Männern unterscheiden.

g) Unterscheiden sich Frauen und Männer statistisch bedeutsam bezüglich der Fähigkeitswerte?

Hier geht es um einen Mittelwertevergleich. Da die Varianzen homogen sind (vgl. Teilaufgabe f), muss hier ein t-Test für unabhängige Stichproben und homogene Varianzen gerechnet werden.

H_0: Männer und Frauen unterscheiden sich hinsichtlich der »Fähigkeit im Umgang mit dem PC« nicht voneinander.

H_1: Männer und Frauen unterscheiden sich hinsichtlich der »Fähigkeit im Umgang mit dem PC« voneinander.

H_0: $\mu_{Frauen} = \mu_{Männer}$

H_1: $\mu_{Frauen} \neq \mu_{Männer}$

$$t = \frac{\overline{x}_1 - \overline{x}_2}{\hat{\sigma}_{\overline{X}_1 - \overline{X}_2}} \qquad \hat{\sigma}_{\overline{X}_1 - \overline{X}_2} = \sqrt{\frac{\hat{\sigma}_1^2 \cdot (n_1 - 1) + \hat{\sigma}_2^2 \cdot (n_2 - 1)}{(n_1 - 1) + (n_2 - 1)} \cdot \left(\frac{1}{n_1} + \frac{1}{n_2}\right)} \qquad df = n_1 + n_2 - 2$$

$$\hat{\sigma}_{\overline{X}_1 - \overline{X}_2} = \sqrt{\frac{5,3 \cdot 4 + 7,7 \cdot 4}{(5-1) + (5-1)} \cdot \left(\frac{1}{5} + \frac{1}{5}\right)} = \sqrt{\frac{21,2 + 30,8}{8} \cdot 0,4}$$

$$\hat{\sigma}_{\overline{X}_1 - \overline{X}_2} = \sqrt{\frac{52}{8} \cdot 0,4} = \sqrt{2,6} = 1,612$$

$$t = \frac{4,6 - 4,2}{1,612} = \frac{0,4}{1,612} = 0,248$$

$df = 8$

Als kritischen t-Wert kann man in Tabelle C.2 ablesen:

$$t_{(0,975;8)} = 2,306$$

Der empirische t-Wert ist nicht extremer als der kritische t-Wert, also nicht signifikant. Man entscheidet sich für die H_0. Es besteht kein signifikanter Unterschied. Männer und Frauen unterscheiden sich nicht signifikant voneinander hinsichtlich der Fähigkeit im Umgang mit dem PC.

2.36 Pädagogischer Ansatz des Kindergartens und Schuleignung (1)

Es handelt sich um unabhängige Stichproben und nichtnormalverteilte, aber nach Größe sortierbare Daten $\longrightarrow$ Mann-Whitney-U-Test.

Ungerichtete Fragestellung, daher auch ungerichtete (zweiseitige) Hypothesen.

H_0: Die Rangplätze sind gleich verteilt, d.h. hinsichtlich der Schuleignung unterscheiden sich die beiden Konzepte nicht voneinander.

H_1: Die Rangplätze sind nicht gleich verteilt, d.h. hinsichtlich der Schuleignung unterscheiden sich die beiden Konzepte voneinander.

H_0: $\eta_1 = \eta_2$

H_1: $\eta_1 \neq \eta_2$

Der U-Test rechnet mit Rangdaten, d.h. die Punktwerte müssen zuerst in Rangplätze umgewandelt werden!

Tabelle 108 Rangplätze der Ergebnisse im Schuleignungstest und pädagogischer Ansatz im Kindergarten

A	17	13	14	9	6	5	12	16	15	11	8	10
B	M	M	M	M	M	M	M	S	S	S	S	S
C	1.	5.	4.	9.	11.	12.	6.	2.	3.	7.	10.	8.

M = M(ontessori), S = S(ituationsansatz)

In die Berechnung der u-Werte fließen die Rangplatzsummen (rs) ein.

$$u_1 = n_1 \cdot n_2 + \frac{n_1 \cdot (n_1 + 1)}{2} - rs_1 \quad bzw. \quad u_2 = n_1 \cdot n_2 + \frac{n_2 \cdot (n_2 + 1)}{2} - rs_2$$

$n_{\text{Montessori}} = 7 \qquad rs_{\text{Montessori}} = 48$

$n_{\text{Situationsansatz}} = 5 \qquad rs_{\text{Situationsansatz}} = 30$

$$u_1 = n_1 \cdot n_2 + \frac{n_1 \cdot (n_1 + 1)}{2} - rs_1 \qquad u_2 = n_1 \cdot n_2 + \frac{n_2 \cdot (n_2 + 1)}{2} - rs_2$$

$$u_1 = 7 \cdot 5 + \frac{7 \cdot (7 + 1)}{2} - 48 \qquad u_2 = 7 \cdot 5 + \frac{5 \cdot (5 + 1)}{2} - 30$$

$$u_1 = 35 + 28 - 48 = 15 \qquad u_2 = 35 + 15 - 30 = 20$$

Mit dem kleineren Wert geht man nun in Tabelle C.7, dort kann als Überschreitungswahrscheinlichkeit abgelesen werden: $p(U = 15) = 0{,}378$. Da die dort angegebenen Überschreitungswahrscheinlichkeiten einseitig angegeben sind, hier aber zweiseitige (ungerichtete) Hypothesen vorliegen, muss die Überschreitungswahrscheinlichkeit noch verdoppelt werden.

Von Signifikanz kann gesprochen werden, wenn die Überschreitungswahrscheinlichkeit kleiner als 0,05 (kleiner als 5 %) ist. Das ist hier nicht der Fall, also nicht signifikant, also H_0. Es kann nicht behauptet werden, dass sich die beiden Kindergarten-Konzepte hinsichtlich der Schuleignung voneinander unterscheiden!

2.37 Neurotizismus bei Ehepartnern

Da es sich hier um abhängige Stichproben handelt (es werden schließlich Paare gebildet) und intervallskalierte Daten vorliegen, handelt es sich hier um einen t-Test für abhängige Stichproben.

Formeln:

$$t_{\bar{x}_D} = \frac{\bar{x}_D}{\hat{\sigma}_{\bar{x}_D}} \qquad \hat{\sigma}_{\bar{x}_D} = \frac{\hat{\sigma}_D}{\sqrt{n}} \qquad \hat{\sigma}_D = \sqrt{\frac{\sum_{m=1}^{n}\left(d_m - \bar{x}_D\right)^2}{n-1}} = \sqrt{\frac{\sum_{m=1}^{n} d_m^2 - \frac{\left(\sum_{m=1}^{n} d_m\right)^2}{n}}{n-1}}$$

Tabelle 109 Differenz und quadrierte Differenz der Neurotizismus-Werte von acht Ehepaaren

Ehefrau	Ehemann	d (Differenz)	$\left(d_m - \bar{x}_D\right)^2$	d^2
15	6	9	47,266	81
7	8	-1	9,766	1
11	10	1	1,266	1
14	12	2	0,016	4
16	5	11	78,766	121
9	13	-4	37,516	16
10	9	1	1,266	1
12	14	-2	17,016	4
Summe		17	192,878	229

Hypothesen:

H_0: Die Neurotizismuswerte der Ehepartner unterscheiden sich nicht voneinander.

H_1: Die Neurotizismuswerte der Ehepartner unterscheiden sich voneinander.

H_0: $\Delta = 0$

H_1: $\Delta \neq 0$

$$\bar{x}_D = \frac{17}{8} = 2{,}125$$

$$\hat{\sigma}_D = \sqrt{\frac{\sum_{m=1}^{n}\left(d_m - \bar{x}_D\right)^2}{n-1}} = \sqrt{\frac{192{,}878}{8-1}} = \sqrt{27{,}554} = 5{,}249$$

Berechnung über andere Formel:

$$\hat{\sigma}_D = \sqrt{\frac{\sum_{m=1}^{n} d_m^2 - \dfrac{\left(\sum_{m=1}^{n} d_m\right)^2}{n}}{n-1}} = \sqrt{\frac{229 - \dfrac{17^2}{8}}{8-1}} = \sqrt{\frac{229 - 36{,}125}{7}} = 5{,}249$$

$$\hat{\sigma}_{\bar{x}_D} = \frac{\hat{\sigma}_D}{\sqrt{n}} = \frac{5{,}249}{\sqrt{8}} = 1{,}856$$

$$t = \frac{2{,}125}{1{,}856} = 1{,}145$$

df = 8 - 1 = 7

Die Tabelle ist einseitig ausgerichtet, doch die Hypothesen sind zweiseitig. So schaut man in der Tabelle bei einer Fläche von 0,975 und 7 Freiheitsgraden nach dem kritischen t-Wert.

$$t_{(0{,}975;7)} = 2{,}3646$$

Der empirische t-Wert ist nicht extremer als der kritische, also nicht signifikant, also H_0. Es kann nicht behauptet werden, dass sich die Neurotizismuswerte von Ehepartnern unterscheiden.

2.38 Brille tragen und Geschlecht

a) Beobachtete Häufigkeiten

Tabelle 110 Häufigkeiten in der Vierfeldertafel nach Aufgabenstellung

		Geschlecht		
		weiblich	männlich	gesamt
Brillenträger	ja	a = 40	b = 70	110
	nein	c = 60	d = 30	90
	gesamt	100	100	200

b) Stochastisch voneinander unabhängig bedeutet, dass sich die beiden Merkmale nicht gegenseitig beeinflussen. Die Zellenhäufigkeiten entsprechen dem Produkt der Einzelwahrscheinlichkeiten mit der Gesamtanzahl.

Tabelle 111 Häufigkeiten in der Vierfeldertafel bei stochastischer Unabhängigkeit von Geschlecht und Brillenträger

Stochastisch unabhängig		Geschlecht		
		weiblich	männlich	gesamt
Brillenträger	ja	a = 55	b = 55	110
	nein	c = 45	d = 45	90
	gesamt	100	100	200

c) Wenn zwei Merkmale vollständig zusammenhängen, bedeutet das, dass das Auftreten des einen Merkmals mit dem Auftreten des anderen Merkmals einhergeht.

Tabelle 112 Häufigkeiten in der Vierfeldertafel bei stochastischer Abhängigkeit von Geschlecht und Brillenträger unter Berücksichtigung der Randsummen

Stochastisch abhängig		Geschlecht		
		weiblich	männlich	gesamt
Brillenträger	ja	a = 100	b = 10	110
	nein	c = 0	d = 90	90
	gesamt	100	100	200

2.39 Was weißt denn du von Liebe?

Tabelle 113 Beobachtete Häufigkeiten »Was weißt denn du von Liebe?«

Partnerschaft	Silbenanzahl des Vornamens					gesamt
	1	2	3	4	5	
ja	20	210	160	170	40	600
nein	30	120	90	90	70	400
gesamt	50	330	250	260	110	1000

Hier geht es um Häufigkeiten. Als erster Gedanke kommt der χ^2-Test in den Sinn, da dieser Test beobachtete und erwartete Häufigkeiten miteinander in Beziehung setzt. Beobachtete Häufigkeiten sind gegeben, aber was sind die erwarteten Häufigkeiten? Da hier nichts weiter gegeben ist (Prozentangaben oder ähnliches), müssen sich die erwarteten Häufigkeiten über die Randsummen errechnen (bei Annahme einer stochastischen Unabhängigkeit). Na, dann:

p(Partner ja UND Silben = 1) = p(Partner ja) · p(Silben = 1)

$$p = \frac{600}{1000} \cdot \frac{50}{1000} = \frac{30}{1000} = 0,03$$

d.h. 30 Personen sind zu erwarten.

p(Partner ja UND Silben = 2) = p(Partner ja) · p(Silben = 2)

$$p = \frac{600}{1000} \cdot \frac{330}{1000} = 0,198$$

d.h. 198 Personen sind zu erwarten.

p(Partner ja UND Silben = 3) = p(Partner ja) · p(Silben = 3)

$$p = \frac{600}{1000} \cdot \frac{250}{1000} = 0,15$$

d.h. 150 Personen sind zu erwarten.

p(Partner ja UND Silben = 4) = p(Partner ja) · p(Silben = 4)

$$p = \frac{600}{1000} \cdot \frac{260}{1000} = 0,156$$

d.h. 156 Personen sind zu erwarten.
Mit diesen Zahlen lässt sich problemlos der Rest der Tabelle vervollständigen. Hieraus ergibt sich auch die Anzahl der Freiheitsgrade: df = 4.

Tabelle 114 Erwartete Häufigkeiten »Was weißt denn du von Liebe«

| Partnerschaft | Silbenanzahl des Vornamens | | | | | gesamt |
	1	2	3	4	5	
ja	30	198	150	156	66	600
nein	20	132	100	104	44	400
gesamt	50	330	250	260	110	1000

Hypothesen:

H_0: Die erwarteten und beobachteten Häufigkeiten unterscheiden sich nicht voneinander.

H_1: Die erwarteten und beobachteten Häufigkeiten unterscheiden sich voneinander.

$$H_0 : \pi_{ij} = \pi_i \cdot \pi_j$$
$$H_1 : \pi_{ij} \neq \pi_i \cdot \pi_j$$

Die erwarteten Werte berechnen sich nach folgender Formel:

$$e_{ij} = n \cdot \frac{n_{i\bullet}}{n} \cdot \frac{n_{\bullet j}}{n} = \frac{n_{i\bullet} \cdot n_{\bullet j}}{n}$$

$$\chi^2 = \sum_{i=1}^{k} \frac{\left(n_i - e_i\right)^2}{e_i}$$

$$\chi^2 = \frac{(20-30)^2}{30} + \frac{(210-198)^2}{198} + \frac{(160-150)^2}{150} + \frac{(170-156)^2}{156} + \frac{(40-66)^2}{66} +$$
$$\frac{(30-20)^2}{20} + \frac{(120-132)^2}{132} + \frac{(90-100)^2}{100} + \frac{(90-104)^2}{104} + \frac{(70-44)^2}{44}$$
$$\chi^2 = \frac{100}{30} + \frac{144}{198} + \frac{100}{150} + \frac{196}{156} + \frac{676}{66} + \frac{100}{20} + \frac{144}{132} + \frac{100}{100} + \frac{196}{104} + \frac{676}{44}$$
$$\chi^2 = 3,33 + 0,73 + 0,67 + 1,26 + 10,24 + 5 + 1,09 + 1 + 1,88 + 15,36 = 40,56$$

$$\chi^2_{(0,95;4)} = 9,4877$$

Der empirische χ^2-Wert ist größer als der kritische χ^2-Wert, das Ergebnis ist signifikant und man entscheidet sich für die H_1.

Mit einer Irrtumswahrscheinlichkeit von 5 % kann behauptet werden, dass sich die erwarteten Häufigkeiten von den beobachteten Häufigkeiten unterscheiden.

Vergleicht man nun direkt die beobachteten mit den erwarteten Häufigkeiten, zeigt sich, dass insbesondere bei fünfsilbigen Vornamen deutlich mehr Personen ohne Partnerschaft da sind als erwartet ... »Lass die Finger von Emanuela ...«

2.40 McKay auf der Akademie

Es liegen Rangplätze vor. Für den Zusammenhang können verschiedene Korrelationsmaße berechnet werden, von denen hier nur die Spearman-Rangkorrelation dargestellt und durchgerechnet wird, da die anderen Korrelationstechniken bereits bei kleinen Stichproben sehr rechenintensiv werden
Die Frage ist nun: Bestand ein Zusammenhang zwischen den Ergebnissen im schriftlichen und im praktischen Test? Wie viel Prozent erklärbare Varianz gab es? War dieser Zusammenhang statistisch signifikant?

Tabelle 115 Kandidaten und Rangplätze für den schriftlichen und den praktischen Test

Kandidat Nr.	Rangplatz schriftlich (x)	$(x-\bar{x})^2$	Rangplatz praktisch (y)	$(y-\bar{y})^2$	$(x-\bar{x})\cdot(y-\bar{y})$	x^2	y^2	$x \cdot y$
1	1.	16	8.	9	-12	1	64	8
2	2.	9	3.	4	6	4	9	6
3	3.	4	1.	16	8	9	1	3
4	4.	1	2.	9	3	16	4	8
5	5.	0	5.	0	0	25	25	25
6	6.	1	6.	1	1	36	36	36
7	7.	4	4.	1	-2	49	16	28
8	8.	9	9.	16	12	64	81	72
9	9.	16	7.	4	8	81	49	63
Summe	45	60	45	60	24	285	285	249

$$\bar{x} = \frac{45}{9} = 5 \qquad\qquad \bar{y} = \frac{45}{9} = 5$$

$$s_X^2 = \frac{\sum_{m=1}^{n}(x_m - \bar{x})^2}{n} = \frac{60}{9} = 6{,}67 \qquad s_Y^2 = \frac{\sum_{m=1}^{n}(y_i - \bar{y})^2}{n} = \frac{60}{9} = 6{,}67$$

$$s_X = 2{,}583 \qquad\qquad s_Y = 2{,}583$$

$$s_{XY} = \frac{\sum_{m=1}^{n}(x_m - \bar{x})\cdot(y_m - \bar{y})}{n} = \frac{24}{9} = 2{,}67$$

$$r_{XY} = \frac{n\cdot\sum_{m=1}^{n}x_m\cdot y_m - \sum_{m=1}^{n}x_m\cdot\sum_{m=1}^{n}y_m}{\sqrt{\left[n\cdot\sum_{m=1}^{n}x_m^2 - \left(\sum_{m=1}^{n}x_m\right)^2\right]\left[n\cdot\sum_{m=1}^{n}y_m^2 - \left(\sum_{m=1}^{n}y_m\right)^2\right]}} = \frac{s_{XY}}{s_X\cdot s_Y} = \frac{2{,}67}{2{,}583\cdot 2{,}583} = 0{,}4$$

$$r_{XY}^2 = r\cdot r = 0{,}400\cdot 0{,}400 = 0{,}160$$

Erklärte Variation/Varianz: 16 %

Berechnung über andere Formel:

$$r_{XY} = \frac{9\cdot 249 - 45\cdot 45}{\sqrt{\left[9\cdot 285 - 45^2\right]\cdot\left[9\cdot 285 - 45^2\right]}} = \frac{2241 - 2025}{\sqrt{\left[2565 - 2025\right]\cdot\left[2565 - 2025\right]}}$$

$$r_{XY} = \frac{216}{\sqrt{540\cdot 540}} = \frac{216}{540} = 0{,}400$$

Der Zusammenhang zwischen den Ergebnissen im schriftlichen und im praktischen Test beträgt r = 0,40; dies entspricht 16 % erklärbarer Varianz.

Prüfung auf statistische Bedeutsamkeit

Hypothesen:

$$H_0 : \rho = 0$$

$$H_1 : \rho \neq 0$$

$$t = \frac{r\cdot\sqrt{n-2}}{\sqrt{1-r^2}} = \frac{0{,}40\cdot\sqrt{9-2}}{\sqrt{1-0{,}16}} = \frac{0{,}40\cdot 2{,}646}{0{,}917} = 1{,}154 \,, \text{ df} = n - 2 = 7$$

$$t_{(0{,}975;7)} = 2{,}365$$

Der empirische t-Wert ist nicht extremer als der kritische, also nicht signifikant, also H_0. Es kann nicht behauptet werden, dass es zwischen den Ergebnissen im schriftlichen und im praktischen Test einen statistisch bedeutsamen Zusammenhang gibt.

2.41 Assessment-Center

Um die Aufgabe zu lösen, müssen z-Werte berechnet werden. Für die z-Werte können dann Prozentränge nachgeschlagen werden (Tabelle C.1).

Tabelle 116 z-Werte im AC

Kandidat	1	2	3	4	5	6	7
Erreichte Punktzahl	66	120	84	93	89	96	99
z-Wert	-2,28	3,59	-0,33	0,65	0,22	0,98	1,3
Fläche	0,0113	0,9998	0,3707	0,7422	0,5871	0,8365	0,9032
Prozentrang	1,13	99,98	37,07	74,22	58,71	83,65	90,32
2. Runde ?	nein	ja	nein	nein	nein	nein	ja

$$\bar{x} = 87 \qquad s = 9,2$$

$$z = \frac{x_m - \bar{x}}{s}$$

1. Kandidat: $z = \dfrac{66 - 87}{9,2} = -2,28$

2. Kandidat: $z = \dfrac{120 - 87}{9,2} = 3,59$

3. Kandidat: $z = \dfrac{84 - 87}{9,2} = -0,33$

4. Kandidat: $z = \dfrac{93 - 87}{9,2} = 0,65$

5. Kandidat: $z = \dfrac{89 - 87}{9,2} = 0,22$

6. Kandidat: $z = \dfrac{96 - 87}{9,2} = 0,98$

7. Kandidat: $z = \dfrac{99 - 87}{9,2} = 1,3$

Mit den z-Werten geht man nun in die Tabelle C.1 und liest die Fläche der z-Werte der Kandidaten ab. Anschließend multipliziert man jede Fläche mit 100, um Prozentzahlen miteinander vergleichen zu können.

Demnach sollten Sie die Kandidaten 2 und 7 in die 2. Runde des Assessment-Center einladen

2.42 Der Apfel fällt nicht weit vom Stamm

a) Da die Daten des IQ-Tests intervallskaliert sind, wird, um einen Zusammenhang zu berechnen, eine Produkt-Moment-Korrelation verwendet.

Für die Berechnung sei: x = Werte Mutter; y = Werte Tochter.

$$\bar{x} = \frac{926}{9} = 102,889 \qquad \bar{y} = \frac{934}{9} = 103,778$$

$$s_X^2 = \frac{\sum_{m=1}^{n}\left(x_m - \bar{x}\right)^2}{n} = \frac{116,889}{9} = 12,988 \qquad s_Y^2 = \frac{\sum_{m=1}^{n}\left(y_i - \bar{y}\right)^2}{n} = \frac{141,556}{9} = 15,728$$

$$s_X = 3,604 \qquad\qquad\qquad\qquad\qquad s_Y = 3,966$$

Tabelle 117 Tabelle zur Berechnung der Produkt-Moment-Korrelation

Paar Nr.	x	$\left(x - \bar{x}\right)^2$	y	$\left(y - \bar{y}\right)^2$	$\left(x - \bar{x}\right) \cdot \left(y - \bar{y}\right)$	x^2	y^2	$x \cdot y$
1	110	50,566	112	67,601	58,467	12100	12544	12320
2	105	4,456	104	0,049	0,469	11025	10816	10920
3	103	0,012	102	3,161	-0,197	10609	10404	10506
4	98	23,902	100	14,273	18,471	9604	10000	9800
5	101	3,568	103	0,605	1,470	10201	10609	10403
6	100	8,346	98	33,385	16,693	10000	9604	9800
7	107	16,900	108	17,825	17,357	11449	11664	11556
8	102	0,790	105	1,493	-1,086	10404	11025	10710
9	100	8,346	102	3,161	5,137	10000	10404	10200
Summe	926	116,889	934	141,556	116,778	95392	97070	96215

$$s_{XY} = \frac{\sum_{m=1}^{n}(x_m - \bar{x}) \cdot (y_m - \bar{y})}{n} = \frac{116,778}{9} = 12,975$$

$$r_{XY} = \frac{s_{XY}}{s_X \cdot s_Y} = \frac{12,975}{3,604 \cdot 3,966} = 0,908$$

$$r_{XY}^2 = r \cdot r = 0,908 \cdot 0,908 = 0,8245$$

$$r_{XY}^2 \cdot 100\% = 82,45\%$$

82,45 % erklärte Variation/Varianz.

Berechnung über andere Formel:

$$r_{XY} = \frac{n \cdot \sum_{m=1}^{n} x_m \cdot y_m - \sum_{m=1}^{n} x_m \cdot \sum_{m=1}^{n} y_m}{\sqrt{\left[n \cdot \sum_{m=1}^{n} x_m^2 - \left(\sum_{m=1}^{n} x_m\right)^2\right] \cdot \left[n \cdot \sum_{m=1}^{n} y_m^2 - \left(\sum_{m=1}^{n} y_m\right)^2\right]}}$$

$$r_{XY} = \frac{9 \cdot 96215 - 926 \cdot 934}{\sqrt{\left[9 \cdot 95392 - 926^2\right] \cdot \left[9 \cdot 97070 - 934^2\right]}}$$

$$r_{XY} = \frac{865935 - 864884}{\sqrt{\left[858528 - 857476\right] \cdot \left[873630 - 872356\right]}} = \frac{1051}{\sqrt{1052 \cdot 1274}} = \frac{1051}{1157,69} = 0,908$$

Der Zusammenhang zwischen den IQ-Werten der Mütter und Töchter beträgt r = 0,908; dies entspricht 82,45 % erklärter Varianz.

Nun müssen wir noch überprüfen, ob die Korrelation tatsächlich auch signifikant ist. Zur Überprüfung gibt es den t-Test für Korrelationen

H_0: Es besteht kein Zusammenhang zwischen den IQ-Werten der Mütter und der Töchter.

H_1: Es besteht ein Zusammenhang zwischen den IQ-Werten der Mütter und der Töchter.

H_0: $\rho = 0$

H_1: $\rho \neq 0$

$$t = \frac{r \cdot \sqrt{n-2}}{\sqrt{1-r^2}} = \frac{0,908 \cdot \sqrt{9-2}}{\sqrt{1-0,8245}} = \frac{0,908 \cdot 2,646}{0,419} = 5,734$$

$t_{(0,975;7)} = 2,3646$

Der empirische t-Wert ist extremer als der kritische t-Wert, das Ergebnis ist also signifikant. Es folgt eine Entscheidung für H_1.

Mit einer Irrtumswahrscheinlichkeit von 5 % kann behauptet werden, dass es zwischen den IQ-Werten von Müttern und Töchtern einen Zusammenhang gibt.

b) t-Test für abhängige Stichproben, da sich die Werte direkt zuordnen lassen.

Zur Berechnung der Differenzen wurde jeweils der IQ der Mutter vom IQ der Tochter abgezogen.

Formeln:

$$t_{\bar{x}_D} = \frac{\bar{x}_D}{\hat{\sigma}_{\bar{x}_D}} \qquad \hat{\sigma}_{\bar{x}_D} = \frac{\hat{\sigma}_D}{\sqrt{n}} \qquad \hat{\sigma}_D = \sqrt{\frac{\sum_{m=1}^{n}(d_m - \bar{x}_D)^2}{n-1}} = \sqrt{\frac{\sum_{m=1}^{n} d_m^2 - \frac{\left(\sum_{m=1}^{n} d_m\right)}{n}}{n-1}}$$

Hypothesen:

H_0: Es besteht kein Unterschied (keine Differenz) zwischen IQ_{Mutter} und IQ_{Tochter}.

H_1: Es besteht ein Unterschied (eine Differenz) zwischen IQ_{Mutter} und IQ_{Tochter}.

H_0: $\Delta = 0$

H_1: $\Delta \neq 0$

$$\bar{x}_D = \frac{8}{9} = 0{,}889$$

$$\hat{\sigma}_D = \sqrt{\frac{\sum_{m=1}^{n}(d_m - \bar{x}_D)^2}{n-1}} = \sqrt{\frac{24{,}889}{9-1}} = \sqrt{3{,}111} = 1{,}764$$

Tabelle 118 Differenz und quadrierte Differenz der IQ-Werte von Müttern und Töchtern

Mutter	Tochter	d (Differenz)	$\left(d_m - \bar{x}_D\right)^2$	d^2
110	112	2	1,234	4
105	104	-1	3,568	1
103	102	-1	3,568	1
98	100	2	1,234	4
101	103	2	1,234	4
100	98	-2	8,346	4
107	108	1	0,012	1
102	105	3	4,456	9
100	102	2	1,234	4
Summe:		8	24,889	32

Berechnung über andere Formel:

$$\hat{\sigma}_D = \sqrt{\frac{\sum\limits_{m=1}^{n} d_m^2 - \dfrac{\left(\sum\limits_{m=1}^{n} d_m\right)^2}{n}}{n-1}} = \sqrt{\frac{32 - \dfrac{8^2}{9}}{9-1}} = \sqrt{\frac{32 - 7,111}{8}} = 1,764$$

$$\hat{\sigma}_{\bar{x}_D} = \frac{\hat{\sigma}_D}{\sqrt{n}} = \frac{1,764}{\sqrt{9}} = 0,588$$

$$t = \frac{0,889}{0,588} = 1,512$$

df = 9 - 1 = 8

Die Tabelle ist einseitig ausgerichtet, doch die Hypothesen sind zweiseitig. So schaut man in der Tabelle bei einer Fläche von 0,975 und 8 Freiheitsgraden nach dem kritischen t-Wert.

$t_{(0,975;8)} = 2,306$

Der empirische t-Wert ist nicht extremer als der kritische, also nicht signifikant, also H_0. Es kann nicht behauptet werden, dass sich die Intelligenzquotienten von Müttern und Töchtern voneinander unterscheiden.

2.43 Matrixalgebra

a) Transponieren

$$X' = \begin{bmatrix} 6 & 8 & 5 & 7 & 6 \\ 2 & 4 & 1 & 2 & 3 \end{bmatrix}$$

b) Matrixmultiplikation

$$\begin{bmatrix} 6 & 2 \\ 8 & 4 \\ 5 & 1 \\ 7 & 2 \\ 6 & 3 \end{bmatrix} = X$$

$$X' = \begin{bmatrix} 6 & 8 & 5 & 7 & 6 \\ 2 & 4 & 1 & 2 & 3 \end{bmatrix} \quad \begin{bmatrix} 210 & 81 \\ 81 & 34 \end{bmatrix} = Y$$

c) Matrixmultiplikation

$$\begin{bmatrix} 6 & 8 & 5 & 7 & 6 \\ 2 & 4 & 1 & 2 & 3 \end{bmatrix} = X'$$

$$X = \begin{bmatrix} 6 & 2 \\ 8 & 4 \\ 5 & 1 \\ 7 & 2 \\ 6 & 3 \end{bmatrix} \quad \begin{bmatrix} 40 & 56 & 32 & 46 & 42 \\ 56 & 80 & 44 & 64 & 60 \\ 32 & 44 & 26 & 37 & 33 \\ 46 & 64 & 37 & 53 & 48 \\ 42 & 60 & 33 & 48 & 45 \end{bmatrix} = Y$$

d) Determinante und Inverse

$$X = \begin{bmatrix} 4 & 1 \\ 3 & 2 \end{bmatrix}$$

Bitte berechnen Sie die Determinante Det(X)!

$$Det(X) = a \cdot d - b \cdot c = 4 \cdot 2 - 1 \cdot 3 = 5$$

Bitte berechnen Sie die Inverse X^{-1}!
Zur Berechnung der Inversen werden Determinante und Kofaktorenmatrix benötigt.

$$K = \begin{bmatrix} 2 & -3 \\ -1 & 4 \end{bmatrix}; \quad K' = \begin{bmatrix} 2 & -1 \\ -3 & 4 \end{bmatrix}$$

$$X^{-1} = \frac{1}{Det(X)} \cdot K' = \frac{1}{5} \cdot \begin{bmatrix} 2 & -1 \\ -3 & 4 \end{bmatrix}$$

2.44 Zeig mir deine Plattensammlung – und sich sage dir, wer du bist!

Hier sollen die Mittelwerte von vier Gruppen miteinander verglichen. Das Verfahren der Wahl ist die Varianzanalyse. Eine Varianzanalyse kann auf mehrere Arten berechnet werden, von denen hier zwei Methoden vorgestellt werden sollen: Zuerst erfolgt die Berechnung mittels Summenzeichen, im Anschluss die Berechnung mittels des Allgemeinen Linearen Modells (ALM).

Abgesehen von der Berechnung besteht die größte Schwierigkeit bei Varianzanalysen in der Erstellung der (Alternativ-) Hypothesen, da in der Regel zu jeder Nullhypothese mehrere zusammengehörige Alternativhypothesen gebildet werden können.

Hypothesen, Variante A

$H_0: \mu_1 = \mu_2 = \mu_3 = \mu_4$

$H_{1a}: \mu_1 \neq (\mu_2 + \mu_3 + \mu_4)/3 \qquad 3\mu_1 - \mu_2 - \mu_3 - \mu_4 \neq 0$

$H_{1b}: \mu_2 \neq (\mu_3 + \mu_4)/2 \qquad 2\mu_2 - \mu_3 - \mu_4 \neq 0$

$H_{1c}: \mu_3 \neq \mu_4 \qquad \mu_3 - \mu_4 \neq 0$

Hypothesen, Variante B

$H_0: \mu_i = \mu_j$ für alle Paare (i, j), $i \neq j$

$H_1: \mu_i \neq \mu_j$ für mindestens ein Paar (i, j), $i \neq j$

Tabelle 119 Verträglichkeitswerte von n = 16 Personen in Abhängigkeit des präferierten Musikstils

	Musikstil			
	Heavy Metal p=1	Elektro p=2	Jazz p=3	Pop p=4
Verträglichkeit	5	4	1	3
	3	3	0	2
	5	3	2	5
	5	2	1	4
	$\sum_{m=1}^{n} x_m = 18$	$\sum_{m=1}^{n} x_m = 12$	$\sum_{m=1}^{n} x_m = 4$	$\sum_{m=1}^{n} x_m = 14$
	$\overline{x}_1 = 4,5$	$\overline{x}_2 = 3$	$\overline{x}_3 = 1$	$\overline{x}_4 = 3,5$

p = 4 Bedingungen / Stufen des Faktors

$n_{Zelle} = 4$

$$\bar{x} = \frac{48}{16} = 3$$

Berechnung mittels Summenzeichen:

$$QS_{tot} = \sum_{j=1}^{p}\sum_{m=1}^{n_j}\left(x_{mj} - \bar{x}\right)^2$$

$$\begin{aligned}
QS_{tot} = &\left(5-3\right)^2 + \left(3-3\right)^2 + \left(5-3\right)^2 + \left(5-3\right)^2 + \left(4-3\right)^2 + \left(3-3\right)^2 + \left(3-3\right)^2 + \\
&\left(2-3\right)^2 + \left(1-3\right)^2 + \left(0-3\right)^2 + \left(2-3\right)^2 + \left(1-3\right)^2 + \left(3-3\right)^2 + \left(2-3\right)^2 + \\
&\left(5-3\right)^2 + \left(4-3\right)^2
\end{aligned}$$

$$QS_{tot} = 4+0+4+4+1+0+0+1+4+9+1+4+0+1+4+1$$

$$QS_{tot} = 38$$

$$QS_{zw} = \sum_{j=1}^{p}\sum_{m=1}^{n_j}\left(\bar{x}_j - \bar{x}\right)^2$$

$$\begin{aligned}
QS_{zw} = &\left(4,5-3\right)^2 + \left(4,5-3\right)^2 + \left(4,5-3\right)^2 + \left(4,5-3\right)^2 + \left(3-3\right)^2 + \left(3-3\right)^2 + \\
&\left(3-3\right)^2 + \left(3-3\right)^2 + \left(1-3\right)^2 + \left(1-3\right)^2 + \left(1-3\right)^2 + \left(1-3\right)^2 + \\
&\left(3,5-3\right)^2 + \left(3,5-3\right)^2 + \left(3,5-3\right)^2 + \left(3,5-3\right)^2
\end{aligned}$$

$$\begin{aligned}
QS_{zw} = &2,25+2,25+2,25+2,25+0+0+0+0+4+4+4+4+0,25+0,25+ \\
&0,25+0,25
\end{aligned}$$

$$QS_{zw} = 26$$

$$QS_{inn} = \sum_{j=1}^{p}\sum_{m=1}^{n_j}\left(x_{mj} - \bar{x}_j\right)^2$$

$$\begin{aligned}
QS_{inn} = &\left(5-4,5\right)^2 + \left(3-4,5\right)^2 + \left(5-4,5\right)^2 + \left(5-4,5\right)^2 + \left(4-3\right)^2 + \left(3-3\right)^2 + \\
&\left(3-3\right)^2 + \left(2-3\right)^2 + \left(1-1\right)^2 + \left(0-1\right)^2 + \left(2-1\right)^2 + \left(1-1\right)^2 + \left(3-3,5\right)^2 + \\
&\left(2-3,5\right)^2 + \left(5-3,5\right)^2 + \left(4-3,5\right)^2
\end{aligned}$$

$$\begin{aligned}
QS_{inn} = &0,25+2,25-0,25+0,25+1+0+0+1+ \\
&0+1+1+0+0,25+2,25+2,25+0,25
\end{aligned}$$

$$QS_{inn} = 12$$

Berechnung mittels ALM

Totale, determinierte und Fehler-Quadratsumme

$$\left(X'X \right)^{-1} = \frac{1}{4} \cdot Einheitsmatrix \quad X'y = \begin{bmatrix} 18 \\ 12 \\ 4 \\ 14 \end{bmatrix} \quad b = \begin{bmatrix} 4,5 \\ 3 \\ 1 \\ 3,5 \end{bmatrix} \quad y'y = 182 \quad \bar{y} = 3$$

$$b'X'y = 170 \quad \bar{y}^2 = 9 \rightarrow n \cdot \bar{y}^2 = 144$$

$$QS_{tot} = y'y - n \cdot \bar{y}^2 = 182 - 144 = 38$$

$$QS_{det} = QS_{zw} = b'X'y - n \cdot \bar{y}^2 = 170 - 144 = 26$$

$$QS_{err} = QS_{tot} - QS_{det} = QS_{inn} = 38 - 26 = 12$$

$$Effektgröße\ \hat{\eta}^2 = \frac{QS_{zw}}{QS_{tot}} = \frac{26}{38} = 0,68$$

$$df_{inn} = n - p = 16 - 4 = 12$$

$$\bar{x}_{1\bullet} = 7,33$$

$$MQS_{inn} = \frac{QS_{inn}}{n - p} = \frac{12}{16 - 4} = \frac{12}{12} = 1$$

$$MQS_{zw} = \frac{QS_{zw}}{df_{zw}} = \frac{26}{3} = 8,67$$

$$F = \frac{MQS_{zw}}{MQS_{inn}} = \frac{8,67}{1} = 8,67$$

$$F_{(0,95;3;12)} = 3,71$$

Der empirische F-Wert ist größer als der kritische, also signifikant, also H_1. Mit einer Irrtumswahrscheinlichkeit von 5 % kann behauptet werden, dass sich die Verträglichkeitswerte je nach präferiertem Musikstil unterscheiden.

Tabelle 120 Tafel der Varianzanalyse

Quelle der Variation	QS	df	MQS	F	p	$\hat{\eta}^2$
Faktor A (zwischen)	26	3	8,67	8,67	<0,05	0,68
Fehler (innerhalb)	12	12	1,00			
Total	38	15				

2.45 Zeig mir deinen Kühlschrank – und ich sage dir, wer du bist!

Hier sollen die Mittelwerte von vier Gruppen miteinander verglichen. Das Verfahren der Wahl ist die Varianzanalyse. Eine Varianzanalyse kann auf mehrere Arten berechnet werden, von denen hier zwei Methoden vorgestellt werden sollen: Zuerst erfolgt die Berechnung mittels Summenzeichen, im Anschluss die Berechnung mittels des Allgemeinen Linearen Modells (ALM).

Abgesehen von der Berechnung besteht die größte Schwierigkeit bei Varianzanalysen in der Erstellung der (Alternativ-) Hypothesen, da in der Regel zu jeder Nullhypothese mehrere zusammengehörige Alternativhypothesen gebildet werden können.

Hypothesen, Variante A

H_0: $\mu_1 = \mu_2 = \mu_3 = \mu_4$

H_{1a}: $\mu_1 \neq (\mu_2 + \mu_3 + \mu_4)/3$ $\qquad$ $3\mu_1 - \mu_2 - \mu_3 - \mu_4 \neq 0$

H_{1b}: $\mu_2 \neq (\mu_3 + \mu_4)/2$ $\qquad$ $2\mu_2 - \mu_3 - \mu_4 \neq 0$

H_{1c}: $\mu_3 \neq \mu_4$ $\qquad$ $\mu_3 - \mu_4 \neq 0$

Hypothesen, Variante B

H_0: $\mu_i = \mu_j$ für alle Paare (i, j), $i \neq j$

H_1: $\mu_i \neq \mu_j$ für mindestens ein Paar (i, j), $i \neq j$

Tabelle 121 Offenheitswerte von $n = 16$ Personen in Abhängigkeit des Essverhaltens

	Essverhalten			
	Fleischesser (p=1)	Vegetarier (p=2)	Veganer (p=3)	Frutarier (p=4)
Offenheit	3	4	2	4
	4	3	3	4
	2	5	4	5
	1	2	3	5
	$\sum_{m=1}^{n} x_m = 10$	$\sum_{m=1}^{n} x_m = 14$	$\sum_{m=1}^{n} x_m = 12$	$\sum_{m=1}^{n} x_m = 18$
	$\overline{x}_1 = 2,5$	$\overline{x}_2 = 3,5$	$\overline{x}_3 = 3$	$\overline{x}_4 = 4,5$

$p = 4$ Bedingungen / Stufen des Faktors

$n_{Zelle} = 4$

$$\overline{x} = \frac{54}{16} = 3,375$$

Berechnung mittels Summenzeichen

$$QS_{tot} = \sum_{j=1}^{p}\sum_{m=1}^{n_j}\left(x_{mj}-\overline{x}\right)^2$$

$$\begin{aligned}QS_{tot} = & \left(3-3{,}375\right)^2 + \left(4-3{,}375\right)^2 + \left(2-3{,}375\right)^2 + \left(1-3{,}375\right)^2 + \\
& \left(4-3{,}375\right)^2 + \left(3-3{,}375\right)^2 + \left(5-3{,}375\right)^2 + \left(2-3{,}375\right)^2 + \\
& \left(2-3{,}375\right)^2 + \left(3-3{,}375\right)^2 + \left(4-3{,}375\right)^2 + \left(3-3{,}375\right)^2 + \\
& \left(4-3{,}375\right)^2 + \left(4-3{,}375\right)^2 + \left(5-3{,}375\right)^2 + \left(5-3{,}375\right)^2\end{aligned}$$

$$\begin{aligned}QS_{tot} = & \ 0{,}140625 + 0{,}390625 + 1{,}890625 + 5{,}640625 + \\
& 0{,}390625 + 0{,}140625 + 2{,}640625 + 1{,}890625 + \\
& 1{,}890625 + 0{,}140625 + 0{,}390625 + 0{,}140625 + \\
& 0{,}390625 + 0{,}390625 + 2{,}640625 + 2{,}640625\end{aligned}$$

$$QS_{tot} = 21{,}75$$

$$QS_{zw} = \sum_{j=1}^{p}\sum_{m=1}^{n_j}\left(\overline{x}_j-\overline{x}\right)^2$$

$$\begin{aligned}QS_{zw} = & \left(2{,}5-3{,}375\right)^2 + \left(2{,}5-3{,}375\right)^2 + \left(2{,}5-3{,}375\right)^2 + \left(2{,}5-3{,}375\right)^2 + \\
& \left(3{,}5-3{,}375\right)^2 + \left(3{,}5-3{,}375\right)^2 + \left(3{,}5-3{,}375\right)^2 + \left(3{,}5-3{,}375\right)^2 + \\
& \left(3-3{,}375\right)^2 + \left(3-3{,}375\right)^2 + \left(3-3{,}375\right)^2 + \left(3-3{,}375\right)^2 + \\
& \left(4{,}5-3{,}375\right)^2 + \left(4{,}5-3{,}375\right)^2 + \left(4{,}5-3{,}375\right)^2 + \left(4{,}5-3{,}375\right)^2\end{aligned}$$

$$QS_{zw} = 4\cdot 0{,}765625 + 4\cdot 0{,}015625 + 4\cdot 0{,}140625 + 4\cdot 1{,}265625$$

$$QS_{zw} = 8{,}75$$

$$QS_{inn} = \sum_{j=1}^{p}\sum_{m=1}^{n_j}\left(x_{mj}-\overline{x}_j\right)^2$$

$$\begin{aligned}QS_{inn} = & \left(3-2{,}5\right)^2 + \left(4-2{,}5\right)^2 + \left(2-2{,}5\right)^2 + \left(1-2{,}5\right)^2 + \\
& \left(4-3{,}5\right)^2 + \left(3-3{,}5\right)^2 + \left(5-3{,}5\right)^2 + \left(2-3{,}5\right)^2 + \\
& \left(2-3\right)^2 + \left(3-3\right)^2 + \left(4-3\right)^2 + \left(3-3\right)^2 + \\
& \left(4-4{,}5\right)^2 + \left(4-4{,}5\right)^2 + \left(5-4{,}5\right)^2 + \left(5-4{,}5\right)^2\end{aligned}$$

$$\begin{aligned}QS_{inn} = & \ 0{,}25 + 2{,}25 - 0{,}25 + 2{,}25 + 0{,}25 + 0{,}25 + 2{,}25 + 2{,}25 + \\
& 1 + 0 + 1 + 0 + 0{,}25 + 0{,}25 + 0{,}25 + 0{,}25\end{aligned}$$

$$QS_{inn} = 13$$

Berechnung mittels ALM

Totale, determinierte und Fehler-Quadratsumme

$$\left(X'X\right)^{-1} = \frac{1}{4} \cdot Einheitsmatrix \quad X'y = \begin{bmatrix} 10 \\ 14 \\ 12 \\ 18 \end{bmatrix} \quad b = \begin{bmatrix} 2,5 \\ 3,5 \\ 3 \\ 4,5 \end{bmatrix} \quad y'y = 204 \quad \bar{y} = 3,375$$

$$b'X'y = 191 \quad \bar{y}^2 = 11,390625 \rightarrow n \cdot \bar{y}^2 = 182,25$$

$$QS_{tot} = y'y - n \cdot \bar{y}^2 = 204 - 182,25 = 21,75$$

$$QS_{det} = QS_{zw} = b'X'y - n \cdot \bar{y}^2 = 191 - 182,25 = 8,75$$

$$QS_{err} = QS_{tot} - QS_{det} = QS_{inn} = 21,75 - 8,75 = 13$$

$$Effektgröße \ \hat{\eta}^2 = \frac{QS_{zw}}{QS_{tot}} = \frac{8,75}{21,75} = 0,402$$

$$df_{inn} = n - p = 16 - 4 = 12$$

$$df_{zw} = p - 1 = 4 - 1 = 3$$

$$MQS_{inn} = \frac{QS_{inn}}{n - p} = \frac{13}{16 - 4} = \frac{13}{12} = 1,08$$

$$MQS_{zw} = \frac{QS_{zw}}{df_{zw}} = \frac{8,75}{3} = 2,92$$

$$F = \frac{MQS_{zw}}{MQS_{inn}} = \frac{2,92}{1,08} = 2,70$$

$$F_{(0,95;3;12)} = 3,71$$

Der empirische F-Wert ist nicht extremer als der kritische, also nicht signifikant, also H_0. Es kann nicht behauptet werden, dass sich die Offenheit in Abhängigkeit vom Essverhalten unterscheidet.

Tabelle 122 Tafel der Varianzanalyse

Quelle der Variation	QS	df	MQS	F	p	$\hat{\eta}^2$
Faktor A (zwischen)	8,75	3	2,92	2,70	>0,05	0,402
Fehler (innerhalb)	13	12	1,08			
Total	21,75	15				

2.46 Lebensqualität von Patienten vor, während und nach der Therapie

Ordinalskalierte Daten, abhängige Stichproben $\longrightarrow$ Friedman-Test/Rangvarianzanalyse nach Friedman

Hypothesen, Variante A

H_0: $\eta_1 = \eta_2 = \eta_3$

H_{1a}: $\eta_1 \neq (\eta_2 + \eta_3)/2$ $2\eta_1 - \eta_2 - \eta_3 \neq 0$

H_{1b}: $\eta_2 \neq \eta_3$ $\eta_2 - \eta_3 \neq 0$

Hypothesen, Variante B

H_0: $\eta_i = \eta_j$ für alle Paare (i, j), $i \neq j$

H_1: $\eta_i \neq \eta_j$ für mindestens ein Paar (i, j), $i \neq j$

Der Friedman-Test arbeitet mit Rangplätzen. Zuerst müssen daher die Rohwerte pro Person über die Messzeitpunkte hinweg in Rangplätze transformiert werden. Anschließend werden Rangplatzsummen pro Messzeitpunkt gebildet.

Tabelle 123 Rangplätze zur Lebensqualität von n=5 Patienten zu drei Messzeitpunkten

Vpn	Lebensqualität (Faktor A)		
	vor Therapie (a1)	während Therapie (a2)	nach Therapie (a3)
1	1.	2.	3.
2	2.	3.	1.
3	2.	3.	1.
4	3.	2.	1.
5	2.	3.	1.
Rangsummen RS$_j$	10	13	7

p = Anzahl Faktorstufen = 3

n = 5

Friedman-Test

Prüfgröße K für den exakten Test

$$K = \sum_{j=1}^{p} \left(RS_{\bullet j} - \frac{n \cdot (p+1)}{2} \right)^2$$

$$K = \left(10 - \frac{5 \cdot 4}{2} \right)^2 + \left(13 - \frac{5 \cdot 4}{2} \right)^2 + \left(7 - \frac{5 \cdot 4}{2} \right)^2$$

$$K = 0^2 + 3^2 + (-3)^2 = 0 + 9 + 9 = 18$$

Für die Prüfgröße K kann z.B. in den Online-Materialien (Linkliste, Kapitel 14) von Eid, Gollwitzer und Schmitt (2011) die exakte Wahrscheinlichkeit nachgeschlagen werden.

Prüfgröße Q für den approximativen Test

$$Q = \frac{12 \cdot \sum_{j=1}^{p} RS_{\bullet j}^2}{p \cdot n \cdot (p+1)} - 3 \cdot n \cdot (p+1) \quad oder \quad Q = \frac{12 \cdot K}{p \cdot n \cdot (p+1)} \left(\textit{falls K berechnet wurde} \right)$$

$$Q = \frac{12 \cdot \left(10^2 + 13^2 + 7^2 \right)}{3 \cdot 5 \cdot 4} - 3 \cdot 5 \cdot 4$$

$$Q = \frac{12 \cdot (100 + 169 + 49)}{60} - 60 = \frac{12 \cdot 318}{60} - 60 = 63,6 - 60 = 3,6$$

df = p − 1 = 2

Q ist approximativ χ^2-verteilt. Kritischer χ^2-Wert = 5,99. Der empirische Wert ist kleiner als der kritische, also nicht signifikant, also H_0. Es kann nicht behauptet werden, dass sich die Lebensqualität der Patienten über den Verlauf der Therapie hinweg verändert hat.

2.47 Karaoke-Bar

Die Darstellung der Lösung erfolgt in mehreren Schritten. Zuerst werden allgemeine Angaben aufgelistet, die sich aus der Aufgabenstellung ergeben. Daraufhin werden die Hypothesen für die Fragen a) bis d) dargestellt. Danach erfolgen die Berechnung der Quadratsummen einmal ohne, einmal mit Matrixalgebra. Danach erfolgen die Signifikanzprüfungen. Zum Schluss werden die Ergebnisse in einer Tafel der Varianzanalyse zusammengefasst.

Allgemeine Angaben
Faktor A (Geschlecht) hat p = 2 Stufen
Faktor B (Alkoholgehalt) hat q = 3 Stufen

Pro Zelle liegen die Werte von $n_{Zelle} = 3$ Personen vor.

Insgesamt liegen Werte von n = 18 Personen vor.

Hypothesen

a) Gibt es einen globalen Effekt, d.h. unterscheiden sich die sechs Zellen voneinander?

H_0: $\mu_1 = \mu_2 = \mu_3 = \mu_4 = \mu_5 = \mu_6$

$df_h = df_{zw} = p \cdot q - 1 =$ Anzahl Parameterrestriktionen (Gleichzeichen in der Nullhypothese) = 5

$df_{err} = df_{inn} = n - p \cdot q =$ Anzahl Vpn minus Anzahl Zellen = 18 - 6 = 12

b) Gibt es einen Haupteffekt für Faktor A (Geschlecht)? Unterscheiden sich die Mittelwerte der einzelnen Stufen (männlich, weiblich) voneinander?

H_0: $\mu_1 + \mu_2 + \mu_3 = \mu_4 + \mu_5 + \mu_6$ bzw. $\mu_1 + \mu_2 + \mu_3 - \mu_4 - \mu_5 - \mu_6 = 0$

$df_h = df_A = p - 1 =$ Anzahl Parameterrestriktionen (Gleichzeichen in der Nullhypothese) = 1

$df_{err} = df_{inn} = n - p \cdot q =$ Anzahl Vpn minus Anzahl Zellen = 18 - 6 = 12

c) Gibt es einen Haupteffekt für Faktor B (Alkoholgehalt)? Unterscheiden sich die Mittelwerte der einzelnen Stufen (5 %, 15 %, 35 %) voneinander?

H_0: $\mu_1 + \mu_4 = \mu_2 + \mu_5 = \mu_3 + \mu_6$

Eigentlich sind dies zwei Nullhypothesen:

1. H_0: $\mu_1 + \mu_4 = (\mu_2 + \mu_3 + \mu_5 + \mu_6)/2$ bzw. $2\mu_1 - \mu_2 - \mu_3 + 2\mu_4 - \mu_5 - \mu_6 = 0$
2. H_0: $\mu_2 + \mu_5 = \mu_3 + \mu_6$ bzw. $0\mu_1 + \mu_2 - \mu_3 + 0\mu_4 + \mu_5 - \mu_6 = 0$

$df_h = df_B = q - 1 =$ Anzahl Parameterrestriktionen (Gleichzeichen in der Nullhypothese) = 2

$df_{err} = df_{inn} = n - p \cdot q =$ Anzahl Vpn minus Anzahl Zellen = 18 - 6 = 12

d) Gibt es eine Wechselwirkung zwischen den Stufen von Faktor A und den Stufen von Faktor B?

Hier müssen beide Nullhypothesen gebildet werden:

1. H_0: $\mu_1 - (\mu_2 + \mu_3)/2 = \mu_4 - (\mu_5 + \mu_6)/2$ bzw. $2\mu_1 - \mu_2 - \mu_3 - 2\mu_4 + \mu_5 + \mu_6 = 0$
2. H_0: $\mu_2 - \mu_3 = \mu_5 - \mu_6$ bzw. $0\mu_1 + \mu_2 - \mu_3 + 0\mu_4 - \mu_5 + \mu_6 = 0$

$df_h = df_{AxB} = (p - 1) \cdot (q - 1) =$ Anzahl Parameterrestriktionen (Gleichzeichen in der Nullhypothese) = 2

$df_{err} = df_{inn} = n - p \cdot q =$ Anzahl Vpn minus Anzahl Zellen = 18 - 6 = 12

Berechnung der Quadratsummen mit Summenzeichen

Hierzu werden einige Mittelwerte benötigt.

Tabelle 124 Alkoholgehalt des ersten Getränks und Geschlecht

Mittelwerte		Faktor B: Alkoholgehalt			Zeilen-mittelwerte
		5% (b1)	**15% (b2)**	**35% (b3)**	
Faktor A:	**männlich (a1)**	$\overline{x}_{11}=7$	$\overline{x}_{12}=6$	$\overline{x}_{13}=9$	$\overline{x}_{1\bullet}=7{,}33$
Geschlecht	**weiblich (a2)**	$\overline{x}_{21}=4$	$\overline{x}_{22}=5$	$\overline{x}_{23}=5$	$\overline{x}_{2\bullet}=4{,}67$
Spaltenmittelwerte		$\overline{x}_{\bullet1}=5{,}5$	$\overline{x}_{\bullet2}=5{,}5$	$\overline{x}_{\bullet3}=7$	$\overline{x}=6$

$$QS_{tot} = \sum_{k=1}^{q}\sum_{j=1}^{p}\sum_{m=1}^{n_{Zelle}}\left(x_{mjk}-\overline{x}\right)^2$$

$$\begin{aligned}QS_{tot} = {}& \left(6-6\right)^2+\left(6-6\right)^2+\left(9-6\right)^2+\left(8-6\right)^2+\left(4-6\right)^2+\left(6-6\right)^2+ \\ & \left(9-6\right)^2+\left(11-6\right)^2+\left(7-6\right)^2+\left(5-6\right)^2+\left(3-6\right)^2+\left(4-6\right)^2+ \\ & \left(2-6\right)^2+\left(8-6\right)^2+\left(5-6\right)^2+\left(4-6\right)^2+\left(5-6\right)^2+\left(6-6\right)^2\end{aligned}$$

$$\begin{aligned}QS_{tot} = {}& 0+0+9+4+4+0+9+25+1+ \\ & 1+9+4+16+4+1+4+1+0\end{aligned}$$

$$QS_{tot} = 92$$

$$QS_{zw} = \sum_{k=1}^{q}\sum_{j=1}^{p}\sum_{m=1}^{n_{Zelle}}\left(\overline{x}_{jk}-\overline{x}\right)^2 = n_{Zelle}\cdot\sum_{k=1}^{q}\sum_{j=1}^{p}\left(\overline{x}_{jk}-\overline{x}\right)^2$$

$$QS_{zw} = 3\cdot\left[\left(7-6\right)^2+\left(6-6\right)^2+\left(9-6\right)^2+\left(4-6\right)^2+\left(5-6\right)^2+\left(5-6\right)^2\right]$$

$$QS_{zw} = 3\cdot\left[1+0+9+4+1+1\right]=3\cdot16$$

$$QS_{zw} = 48$$

$$QS_{inn} = \sum_{k=1}^{q}\sum_{j=1}^{p}\sum_{m=1}^{n_{Zelle}}\left(x_{mjk}-\overline{x}_{jk}\right)^2$$

$$\begin{aligned}QS_{inn} = {}& \left(6-7\right)^2+\left(6-7\right)^2+\left(9-7\right)^2+\left(8-6\right)^2+\left(4-6\right)^2+\left(6-6\right)^2+ \\ & \left(9-9\right)^2+\left(11-9\right)^2+\left(7-9\right)^2+\left(5-4\right)^2+\left(3-4\right)^2+\left(4-4\right)^2+ \\ & \left(2-5\right)^2+\left(8-5\right)^2+\left(5-5\right)^2+\left(4-5\right)^2+\left(5-5\right)^2+\left(6-5\right)^2\end{aligned}$$

$$QS_{inn} = 1+1+4+4+4+0+0+4+4+1+1+0+9+9+0+1+0+1$$

$$QS_{inn} = 44$$

$$QS_A = \sum_{k=1}^{q}\sum_{j=1}^{p}\sum_{m=1}^{n_{Zelle}}\left(\overline{x}_{j\bullet}-\overline{x}\right)^2 = q \cdot n_{Zelle} \cdot \sum_{j=1}^{p}\left(\overline{x}_{j\bullet}-\overline{x}\right)^2$$

$$QS_A = 3 \cdot 3 \cdot \left[\left(7{,}333-6\right)^2+\left(4{,}667-6\right)^2\right]$$

$$QS_A = 9 \cdot \left[1{,}778+1{,}778\right] = 9 \cdot 3{,}555$$

$$QS_A = 32$$

$$QS_B = \sum_{k=1}^{q}\sum_{j=1}^{p}\sum_{m=1}^{n_{Zelle}}\left(\overline{x}_{\bullet k}-\overline{x}\right)^2 = p \cdot n_{Zelle} \cdot \sum_{k=1}^{q}\left(\overline{x}_{\bullet k}-\overline{x}\right)^2$$

$$QS_B = 2 \cdot 3 \cdot \left[\left(5{,}5-6\right)^2+\left(5{,}5-6\right)^2+\left(7-6\right)^2\right]$$

$$QS_B = 6 \cdot \left[0{,}25+0{,}25+1\right] = 6 \cdot 1{,}5$$

$$QS_B = 9$$

$$QS_{A \times B} = \sum_{k=1}^{q}\sum_{j=1}^{p}\sum_{m=1}^{n_{Zelle}}\left(\overline{x}_{jk}-\overline{x}_{j\bullet}-\overline{x}_{\bullet k}+\overline{x}\right)^2 = n_{Zelle} \cdot \sum_{k=1}^{q}\sum_{j=1}^{p}\left(\overline{x}_{jk}-\overline{x}_{j\bullet}-\overline{x}_{\bullet k}+\overline{x}\right)^2$$

$$QS_{A \times B} = 3 \cdot \Big[\left(7-7{,}333-5{,}5+6\right)^2+\left(6-7{,}333-5{,}5+6\right)^2+\left(9-7{,}333-7+6\right)^2+$$

$$\left(4-4{,}667-5{,}5+6\right)^2+\left(5-4{,}667-5{,}5+6\right)^2+\left(5-4{,}667-7+6\right)^2\Big]$$

$$QS_{A \times B} = 3 \cdot \left[0{,}0279+0{,}6939+0{,}4449+0{,}0279+0{,}6939+0{,}4449\right]$$

$$QS_{A \times B} = 3 \cdot 2{,}333$$

$$QS_{A \times B} = 7$$

Berechnung der Quadratsummen mit Matrixalgebra
Totale, determinierte und Fehler-Quadratsumme

$$\left(X'X\right)^{-1} = \frac{1}{3} \cdot Einheitsmatrix \quad X'y = \begin{bmatrix} 21 \\ 18 \\ 27 \\ 12 \\ 15 \\ 15 \end{bmatrix} \quad b = \begin{bmatrix} 7 \\ 6 \\ 9 \\ 4 \\ 5 \\ 5 \end{bmatrix} \quad y'y = 740 \quad \overline{y} = 6$$

$$b'X'y = 696 \quad \overline{y}^2 = 36 \rightarrow n \cdot \overline{y}^2 = 648$$

$$QS_{tot} = y'y - n \cdot \overline{y}^2 = 740-648 = 92$$

$$QS_{det} = QS_{zw} = b'X'y - n \cdot \overline{y}^2 = 696-648 = 48$$

$$QS_{err} = QS_{tot} - QS_{det} = QS_{inn} = 92-48 = 44$$

Quadratsumme für Faktor A (Geschlecht)

Kontrastmatrix $C = \begin{bmatrix} 1 & 1 & 1 & -1 & -1 & -1 \end{bmatrix}$ $Cb = 8$ $\left(C\left(X'X\right)^{-1}C'\right)^{-1} = \dfrac{1}{2}$

$$QS_A = Cb'\left(C\left(X'X\right)^{-1}C'\right)^{-1}Cb = 8 \cdot \frac{1}{2} \cdot 8 = 32$$

Quadratsumme für Faktor B (Alkoholgehalt)

Kontrastmatrix $C = \begin{bmatrix} 2 & -1 & -1 & 2 & -1 & -1 \\ 0 & 1 & -1 & 0 & 1 & -1 \end{bmatrix}$ $Cb = \begin{bmatrix} -3 \\ -3 \end{bmatrix}$

$$\left(C\left(X'X\right)^{-1}C'\right)^{-1} = 3 \cdot \begin{bmatrix} \dfrac{1}{12} & 0 \\ 0 & \dfrac{1}{4} \end{bmatrix}$$

$$QS_B = Cb'\left(C\left(X'X\right)^{-1}C'\right)^{-1}Cb = \begin{bmatrix} -3 & -3 \end{bmatrix} \cdot 3 \cdot \begin{bmatrix} \dfrac{1}{12} & 0 \\ 0 & \dfrac{1}{4} \end{bmatrix} \cdot \begin{bmatrix} -3 \\ -3 \end{bmatrix} = 9$$

Wechselwirkung zwischen Faktor A und B

Kontrastmatrix $C = \begin{bmatrix} 2 & -1 & -1 & -2 & 1 & 1 \\ 0 & 1 & -1 & 0 & -1 & 1 \end{bmatrix}$ $Cb = \begin{bmatrix} 1 \\ -3 \end{bmatrix}$

$$\left(C\left(X'X\right)^{-1}C'\right)^{-1} = \left(\frac{1}{3} \cdot \begin{bmatrix} 12 & 0 \\ 0 & 4 \end{bmatrix}\right)^{-1} = 3 \cdot \begin{bmatrix} \dfrac{1}{12} & 0 \\ 0 & \dfrac{1}{4} \end{bmatrix}$$

$$QS_{A \times B} = Cb'\left(C\left(X'X\right)^{-1}C'\right)^{-1}Cb = \begin{bmatrix} 1 & -3 \end{bmatrix} \cdot 3 \cdot \begin{bmatrix} \dfrac{1}{12} & 0 \\ 0 & \dfrac{1}{4} \end{bmatrix} \cdot \begin{bmatrix} 1 \\ -3 \end{bmatrix} = 7$$

Signifikanzprüfungen

a) Gibt es einen globalen Effekt, d.h. unterscheiden sich die sechs Zellen voneinander?

$$F = \frac{QS_{det} / df_{det}}{QS_{err} / df_{err}} = \frac{MQS_{zw}}{MQS_{inn}} = \frac{48/5}{44/12} = \frac{9{,}6}{3{,}667} = 2{,}618$$

Kritischer F-Wert:

$$F_{(0{,}95;5;12)} = 3{,}1059$$

Der empirische F-Wert ist nicht extremer als der kritische, also nicht signifikant, also H_0. Es kann nicht behauptet werden, dass sich die Mittelwerte der sechs Zellen voneinander unterscheiden.

b) Gibt es einen Haupteffekt für Faktor A (Geschlecht)? Unterscheiden sich die Mittelwerte der einzelnen Stufen (männlich, weiblich) voneinander?

$$F = \frac{QS_A / df_A}{QS_{err} / df_{err}} = \frac{MQS_A}{MQS_{inn}} = \frac{32/1}{44/12} = \frac{32}{3,667} = 8,727$$

Kritischer F-Wert:

$$F_{(0,95;1;12)} = 4,7472$$

Der empirische F-Wert ist extremer als der kritische, also signifikant, also H_1. Es gibt einen Haupteffekt für Faktor A.
Mit einer Irrtumswahrscheinlichkeit von 5 % kann behauptet werden, dass es keine Geschlechtsunterschiede bezüglich der Anzahl der gesungenen Lieder gibt.

c) Gibt es einen Haupteffekt für Faktor B (Alkoholgehalt)? Unterscheiden sich die Mittelwerte der einzelnen Stufen (5 %, 15 %, 35 %) voneinander?

$$F = \frac{QS_B / df_B}{QS_{err} / df_{err}} = \frac{MQS_B}{MQS_{inn}} = \frac{9/2}{44/12} = \frac{4,5}{3,667} = 1,227$$

Kritischer F-Wert:

$$F_{(0,95;2;12)} = 3,8853$$

Der empirische F-Wert ist nicht extremer als der kritische, also nicht signifikant, also H_0. Es gibt keinen Haupteffekt für Faktor B.
Es kann nicht behauptet werden, dass der Alkoholgehalt des ersten Getränkes Unterschiede bezüglich der Anzahl der gesungenen Lieder hervorruft.

d) Gibt es eine Wechselwirkung zwischen den Stufen von Faktor A und den Stufen von Faktor B?

$$F = \frac{QS_{A \times B} / df_{A \times B}}{QS_{err} / df_{err}} = \frac{MQS_{A \times B}}{MQS_{inn}} = \frac{7/2}{44/12} = \frac{3,5}{3,667} = 0,954$$

Kritischer F-Wert:

$$F_{(0,95;2;12)} = 3,8853$$

Der empirische F-Wert ist nicht extremer als der kritische, also nicht signifikant, also H_0. Es gibt keine Wechselwirkung zwischen den Faktoren A und B.

Tabelle 125 Tafel der Varianzanalyse »Karaoke-Bar«

Quelle der Variation	Quadratsumme	df	MQS	F_{emp}	sig.
Det	48	5	9,6	2,618	n.s.
Faktor A	32	1	32	8,727	sig.
Faktor B	9	2	4,5	1,227	n.s.
Wechselwirkung A×B	7	2	3,5	0,954	n.s.
Fehler	44	12	3,667		
Total	92	17			

2.48 Taschenrechner

Die Darstellung der Lösung erfolgt in mehreren Schritten. Zuerst werden allgemeine Angaben aufgelistet, die sich aus der Aufgabenstellung ergeben. Daraufhin werden die Hypothesen für die Fragen a) bis d) dargestellt. Danach erfolgen die Berechnung der Quadratsummen einmal ohne, einmal mit Matrixalgebra. Danach erfolgen die Signifikanzprüfungen. Zum Schluss werden die Ergebnisse in einer Tafel der Varianzanalyse zusammengefasst.

Allgemeine Angaben
Faktor A (Alterskategorie) hat p = 2 Stufen
Faktor B (Taschenrechnermodell) hat q = 3 Stufen
Pro Zelle liegen die Werte von n_{Zelle} = 3 Personen vor.
Insgesamt liegen Werte von n = 18 Personen vor.

Hypothesen
a) Gibt es einen globalen Effekt, d.h. unterscheiden sich die sechs Zellen voneinander?
$H_0: \mu_1 = \mu_2 = \mu_3 = \mu_4 = \mu_5 = \mu_6$
$df_h = df_{zw} = p \cdot q - 1 =$ Anzahl Parameterrestriktionen (Gleichzeichen in der Nullhypothese) = 5
$df_{err} = df_{inn} = n - p \cdot q =$ Anzahl Vpn minus Anzahl Zellen = 18 - 6 = 12

b) Gibt es einen Haupteffekt für Faktor A (Alterskategorie)? Unterscheiden sich die Mittelwerte der einzelnen Stufen (Greise, Jungspunde) voneinander?

H_0: $\mu_1 + \mu_2 + \mu_3 = \mu_4 + \mu_5 + \mu_6$ bzw. $\mu_1 + \mu_2 + \mu_3 - \mu_4 - \mu_5 - \mu_6 = 0$

$df_h = df_A = p - 1 =$ Anzahl Parameterrestriktionen (Gleichzeichen in der Nullhypothese) = 1

$df_{err} = df_{inn} = n - p \cdot q =$ Anzahl Vpn minus Anzahl Zellen = 18 - 6 = 12

c) Gibt es einen Haupteffekt für Faktor B (Taschenrechnermodell)? Unterscheiden sich die Mittelwerte der einzelnen Stufen (Stastik 5000, Stastik 2000, Stastik 0815) voneinander?

H_0: $\mu_1 + \mu_4 = \mu_2 + \mu_5 = \mu_3 + \mu_6$

Eigentlich sind dies zwei Nullhypothesen:

1. H_0: $\mu_1 + \mu_4 = (\mu_2 + \mu_3 + \mu_5 + \mu_6)/2$ bzw. $2\mu_1 - \mu_2 - \mu_3 + 2\mu_4 - \mu_5 - \mu_6 = 0$
2. H_0: $\mu_2 + \mu_5 = \mu_3 + \mu_6$ bzw. $0\mu_1 + \mu_2 - \mu_3 + 0\mu_4 + \mu_5 - \mu_6 = 0$

$df_h = df_B = q - 1 =$ Anzahl Parameterrestriktionen (Gleichzeichen in der Nullhypothese) = 2

$df_{err} = df_{inn} = n - p \cdot q =$ Anzahl Vpn minus Anzahl Zellen = 18 - 6 = 12

d) Gibt es eine Wechselwirkung zwischen den Stufen von Faktor A und den Stufen von Faktor B?

Hier müssen beide Nullhypothesen gebildet werden:

1. H_0: $\mu_1 - (\mu_2 + \mu_3)/2 = \mu_4 - (\mu_5 + \mu_6)/2$ bzw. $2\mu_1 - \mu_2 - \mu_3 - 2\mu_4 + \mu_5 + \mu_6 = 0$
2. H_0: $\mu_2 - \mu_3 = \mu_5 - \mu_6$ bzw. $0\mu_1 + \mu_2 - \mu_3 + 0\mu_4 - \mu_5 + \mu_6 = 0$

$df_h = df_{AxB} = (p - 1) \cdot (q - 1) =$ Anzahl Parameterrestriktionen (Gleichzeichen in der Nullhypothese) = 2

$df_{err} = df_{inn} = n - p \cdot q =$ Anzahl Vpn minus Anzahl Zellen = 18 - 6 = 12

Berechnung der Quadratsummen mit Summenzeichen

Hierzu werden einige Mittelwerte benötigt:

Tabelle 126 Alterskategorie und Taschenrechnermodell

Mittelwerte		Faktor B: Taschenrechnermodell			Zeilen-mittelwerte
		Stastik 5000 (b1)	Stastik 2000 (b2)	Stastik 0815 (b3)	
Faktor A: Alters-kategorie	Greise (a1)	$\bar{x}_{11} = 12$	$\bar{x}_{12} = 15{,}7$	$\bar{x}_{13} = 19$	$\bar{x}_{1\bullet} = 15{,}6$
	Jungs-punde (a2)	$\bar{x}_{21} = 12{,}7$	$\bar{x}_{22} = 15$	$\bar{x}_{23} = 18{,}7$	$\bar{x}_{2\bullet} = 15{,}4$
Spaltenmittelwerte		$\bar{x}_{\bullet 1} = 12{,}3$	$\bar{x}_{\bullet 2} = 15{,}3$	$\bar{x}_{\bullet 3} = 18{,}8$	$\bar{x} = 15{,}5$

$$QS_{tot} = \sum_{k=1}^{q}\sum_{j=1}^{p}\sum_{m=1}^{n_{Zelle}}\left(x_{mjk}-\overline{x}\right)^2$$

$$QS_{tot} = \left(10-15,5\right)^2+\left(12-15,5\right)^2+\left(14-15,5\right)^2+\left(15-15,5\right)^2+\left(18-15,5\right)^2+$$
$$\left(14-15,5\right)^2+\left(18-15,5\right)^2+\left(20-15,5\right)^2+\left(19-15,5\right)^2+\left(16-15,5\right)^2+$$
$$\left(12-15,5\right)^2+\left(10-15,5\right)^2+\left(17-15,5\right)^2+\left(15-15,5\right)^2+\left(13-15,5\right)^2+$$
$$\left(23-15,5\right)^2+\left(13-15,5\right)^2+\left(20-15,5\right)^2$$

$$QS_{tot} = 30,25+12,25+2,25+0,25+6,25+2,25+6,25+20,25+12,25+$$
$$0,25+12,25+30,25+2,25+0,25+6,25+56,25+6,25+20,25$$

$$QS_{tot} = 226,5$$

$$QS_{zw} = \sum_{k=1}^{q}\sum_{j=1}^{p}\sum_{m=1}^{n_{Zelle}}\left(\overline{x}_{jk}-\overline{x}\right)^2 = n_{Zelle}\cdot\sum_{k=1}^{q}\sum_{j=1}^{p}\left(\overline{x}_{jk}-\overline{x}\right)^2$$

$$QS_{zw} = 3\cdot\left[\left(12-15,5\right)^2+\left(15,67-15,5\right)^2+\left(19-15,5\right)^2+\left(12,67-15,5\right)^2+\right.$$
$$\left.\left(15-15,5\right)^2+\left(18,67-15,5\right)^2\right]$$

$$QS_{zw} = 3\cdot\left[12,25+0,028+12,25+8,026+0,25+10,049\right]=3\cdot42,833$$
$$QS_{zw} = 128,5$$

$$QS_{inn} = \sum_{k=1}^{q}\sum_{j=1}^{p}\sum_{m=1}^{n_{Zelle}}\left(x_{mjk}-\overline{x}_{jk}\right)^2$$

$$QS_{inn} = \left(10-12\right)^2+\left(12-12\right)^2+\left(14-12\right)^2+\left(15-15,67\right)^2+\left(18-15,67\right)^2+$$
$$\left(14-15,67\right)^2+\left(18-19\right)^2+\left(20-19\right)^2+\left(19-19\right)^2+\left(16-12,67\right)^2+$$
$$\left(12-12,67\right)^2+\left(10-12,67\right)^2+\left(17-15\right)^2+\left(15-15\right)^2+\left(13-15\right)^2+$$
$$\left(23-18,67\right)^2+\left(13-18,67\right)^2+\left(20-18,67\right)^2$$

$$QS_{inn} = 4+0+4+0,449+5,429+2,789+1+1+0+$$
$$11,089+0,449+7,129+4+0+4+18,749+32,149+1,769$$

$$QS_{inn} = 98$$

$$QS_{A} = \sum_{k=1}^{q}\sum_{j=1}^{p}\sum_{m=1}^{n_{Zelle}}\left(\overline{x}_{j\bullet}-\overline{x}\right)^2 = q\cdot n_{Zelle}\cdot\sum_{j=1}^{p}\left(\overline{x}_{j\bullet}-\overline{x}\right)^2$$

$$QS_{A} = 3\cdot3\cdot\left[\left(15,56-15,5\right)^2+\left(15,44-15,5\right)^2\right]$$
$$QS_{A} = 9\cdot\left[0,0036+0,0036\right]=9\cdot0,0072$$
$$QS_{A} = 0,065$$

$$QS_B = \sum_{k=1}^{q}\sum_{j=1}^{p}\sum_{m=1}^{n_{Zelle}}\left(\overline{x}_{\bullet k}-\overline{x}\right)^2 = p\cdot n_{Zelle}\cdot\sum_{k=1}^{q}\left(\overline{x}_{\bullet k}-\overline{x}\right)^2$$

$$QS_B = 2\cdot 3\cdot\left[\left(12,33-15,5\right)^2+\left(15,33-15,5\right)^2+\left(18,83-15,5\right)^2\right]$$

$$QS_B = 6\cdot\left[10,049+0,029+11,089\right]=6\cdot 21,167$$

$$QS_B = 127$$

$$QS_{A\cdot B} = \sum_{k=1}^{q}\sum_{j=1}^{p}\sum_{m=1}^{n_{Zelle}}\left(\overline{x}_{jk}-\overline{x}_{j\bullet}-\overline{x}_{\bullet k}+\overline{x}\right)^2 = n_{Zelle}\cdot\sum_{k=1}^{q}\sum_{j=1}^{p}\left(\overline{x}_{jk}-\overline{x}_{j\bullet}-\overline{x}_{\bullet k}+\overline{x}\right)^2$$

$$QS_{A\cdot B} = 3\cdot\left[\left(12-15,56-12,33+15,5\right)^2+\left(15,67-15,56-15,33+15,5\right)^2+\right.$$

$$\left(19-15,56-18,83+15,5\right)^2+\left(12,67-15,44-12,33+15,5\right)^2+$$

$$\left.\left(15-15,44-15,33+15,5\right)^2+\left(18,67-15,44-18,83+15,5\right)^2\right]$$

$$QS_{A\cdot B} = 3\cdot\left[0,1521+0,0784+0,0121+0,16+0,0729+0,01\right]$$

$$QS_{A\cdot B} = 3\cdot 0,4855$$

$$QS_{A\cdot B} = 1,45$$

Berechnung der Quadratsummen mit Matrixalgebra

Totale, determinierte und Fehler-Quadratsumme

$$\left(X'X\right)^{-1} = \frac{1}{3}\cdot Einheitsmatrix \quad X'y = \begin{bmatrix}36\\47\\57\\38\\45\\56\end{bmatrix} \quad b = \begin{bmatrix}12\\15,67\\19\\12,67\\15\\18,67\end{bmatrix} \quad y'y = 4551 \quad \overline{y}=15,5$$

$$b'X'y = 4453 \quad \overline{y}^2 = 240,25 \rightarrow n\cdot\overline{y}^2 = 4324,5$$

$$QS_{tot} = y'y-n\cdot\overline{y}^2 = 4551-4324,5=226,5$$

$$QS_{det} = QS_{zw} = b'X'y-n\cdot\overline{y}^2 = 4453-4324,5=128,5$$

$$QS_{err} = QS_{tot}-QS_{det} = QS_{inn} = 226,5-128,5=98$$

Quadratsumme für Faktor A (Alterskategorie)

Kontrastmatrix $C=\begin{bmatrix}1 & 1 & 1 & -1 & -1 & -1\end{bmatrix}$ $\quad Cb=0,33 \quad \left(C\left(X'X\right)^{-1}C'\right)^{-1}=\frac{1}{2}$

$$QS_A = Cb'\left(C\left(X'X\right)^{-1}C'\right)^{-1}Cb = 0,33\cdot\frac{1}{2}\cdot 0,33 = 0,055$$

Quadratsumme für Faktor B (Taschenrechnermodell)

$$\text{Kontrastmatrix } C = \begin{bmatrix} 2 & -1 & -1 & 2 & -1 & -1 \\ 0 & 1 & -1 & 0 & 1 & -1 \end{bmatrix} \quad Cb = \begin{bmatrix} -19 \\ -7 \end{bmatrix}$$

$$\left(C(X'X)^{-1} C' \right)^{-1} = 3 \cdot \begin{bmatrix} \dfrac{1}{12} & 0 \\ 0 & \dfrac{1}{4} \end{bmatrix}$$

$$QS_B = Cb' \left(C(X'X)^{-1} C' \right)^{-1} Cb = \begin{bmatrix} -19 & -7 \end{bmatrix} \cdot 3 \cdot \begin{bmatrix} \dfrac{1}{12} & 0 \\ 0 & \dfrac{1}{4} \end{bmatrix} \cdot \begin{bmatrix} -19 \\ -7 \end{bmatrix} = 127$$

Wechselwirkung zwischen Faktor A und B

$$\text{Kontrastmatrix } C = \begin{bmatrix} 2 & -1 & -1 & -2 & 1 & 1 \\ 0 & 1 & -1 & 0 & -1 & 1 \end{bmatrix} \quad Cb = \begin{bmatrix} -2,34 \\ 0,34 \end{bmatrix}$$

$$\left(C(X'X)^{-1} C' \right)^{-1} = \left(\frac{1}{3} \cdot \begin{bmatrix} 12 & 0 \\ 0 & 4 \end{bmatrix} \right)^{-1} = 3 \cdot \begin{bmatrix} \dfrac{1}{12} & 0 \\ 0 & \dfrac{1}{4} \end{bmatrix}$$

$$QS_{A \times B} = Cb' \left(C(X'X)^{-1} C' \right)^{-1} Cb = \begin{bmatrix} -2,34 & 0,34 \end{bmatrix} \cdot 3 \cdot \begin{bmatrix} \dfrac{1}{12} & 0 \\ 0 & \dfrac{1}{4} \end{bmatrix} \cdot \begin{bmatrix} -2,34 \\ 0,34 \end{bmatrix} = 1,45$$

Signifikanzprüfungen

a) Gibt es einen globalen Effekt, d.h. unterscheiden sich die sechs Zellen voneinander?

$$F = \frac{QS_{det} / df_{det}}{QS_{err} / df_{err}} = \frac{MQS_{zw}}{MQS_{inn}} = \frac{128,5 / 5}{98 / 12} = \frac{25,7}{8,167} = 3,15$$

Kritischer F-Wert:

$$F_{(0,95;5;12)} = 3,1059$$

Der empirische F-Wert ist extremer als der kritische, also signifikant, also H_1. Mit einer Irrtumswahrscheinlichkeit von 5 % kann behauptet werden, dass sich die Mittelwerte der sechs Zellen voneinander unterscheiden.

b) Gibt es einen Haupteffekt für Faktor A (Alterskategorie)? Unterscheiden sich die Mittelwerte der einzelnen Stufen (Greise, Jungspunde) voneinander?

$$F = \frac{QS_A / df_A}{QS_{err} / df_{err}} = \frac{MQS_A}{MQS_{inn}} = \frac{0{,}055 / 1}{98 / 12} = \frac{0{,}055}{8{,}167} = 0{,}007$$

Kritischer F-Wert:

$$F_{(0{,}95;1;12)} = 4{,}7472$$

Der empirische F-Wert ist nicht extremer als der kritische, also nicht signifikant, also H_0. Es gibt keinen Haupteffekt für Faktor A. Greise und Jungspunde unterscheiden sich bezüglich der Punktzahlen in einer Methodenklausur nicht voneinander.

c) Gibt es einen Haupteffekt für Faktor B (Taschenrechnermodell)? Unterscheiden sich die Mittelwerte der einzelnen Stufen (Stastik 5000, Stastik 2000, Stastik 0815) voneinander?

$$F = \frac{QS_B / df_B}{QS_{err} / df_{err}} = \frac{MQS_B}{MQS_{inn}} = \frac{127 / 2}{98 / 12} = \frac{63{,}5}{8{,}167} = 7{,}78$$

Kritischer F-Wert:

$$F_{(0{,}95;2;12)} = 3{,}8853$$

Der empirische F-Wert ist extremer als der kritische, also signifikant, also H_1. Es gibt einen Haupteffekt für Faktor B.
Mit einer Irrtumswahrscheinlichkeit von 5 % kann behauptet werden, dass sich die Mittelwerte der Stufen des Faktors B unterscheiden. Je nach verwendetem Taschenrechnermodell werden unterschiedlich viele Punkte in einer Methodenklausur erzielt.

d) Gibt es eine Wechselwirkung zwischen den Stufen von Faktor A und den Stufen von Faktor B?

$$F = \frac{QS_{A \times B} / df_{A \times B}}{QS_{err} / df_{err}} = \frac{MQS_{A \times B}}{MQS_{inn}} = \frac{1{,}45 / 2}{98 / 12} = \frac{0{,}725}{8{,}167} = 0{,}089$$

Kritischer F-Wert:

$$F_{(0{,}95;2;12)} = 3{,}8853$$

Der empirische F-Wert ist nicht extremer als der kritische, also nicht signifikant, also H_0. Es gibt keine Wechselwirkung zwischen den Faktoren A und B.

Tabelle 127 Tafel der Varianzanalyse »Taschenrechner«

Quelle der Variation	Quadratsumme	df	MQS	F_{emp}	sig.
Det	128,5	5	25,7	3,15	sig.
Faktor A	0,055	1	0,055	0,007	n.s.
Faktor B	127	2	63,5	7,78	sig.
Wechselwirkung A×B	1,45	2	0,725	0,089	n.s.
Fehler	98	12	8,167		
Total	226,5	17			

2.49 Museum alter Theorien

Die Darstellung der Lösung erfolgt in mehreren Schritten. Zuerst werden allgemeine Angaben aufgelistet, die sich aus der Aufgabenstellung ergeben. Daraufhin werden die Hypothesen für die Fragen a) bis d) dargestellt. Danach erfolgen die Berechnung der Quadratsummen einmal ohne, einmal mit Matrixalgebra. Danach erfolgen die Signifikanzprüfungen. Zum Schluss werden die Ergebnisse in einer Tafel der Varianzanalyse zusammengefasst.

Allgemeine Angaben
Faktor A (Fachrichtung) hat p = 2 Stufen
Faktor B (Komplexitätsgrad) hat q = 3 Stufen
Pro Zelle liegen die Werte von n_{Zelle} = 3 Personen vor.
Insgesamt liegen Werte von n = 18 Personen vor.

Hypothesen
a) Gibt es einen globalen Effekt, d.h. unterscheiden sich die sechs Zellen voneinander?
$H_0: \mu_1 = \mu_2 = \mu_3 = \mu_4 = \mu_5 = \mu_6$
$df_h = df_{zw} = p \cdot q - 1 =$ Anzahl Parameterrestriktionen (Gleichzeichen in der Nullhypothese) = 5
$df_{err} = df_{inn} = n - p \cdot q =$ Anzahl Vpn minus Anzahl Zellen = 18 - 6 = 12

b) Gibt es einen Haupteffekt für Faktor A (Fachrichtung)? Unterscheiden sich die Mittelwerte der einzelnen Stufen (Psychologie, Psychoanalyse) voneinander?

H_0: $\mu_1 + \mu_2 + \mu_3 = \mu_4 + \mu_5 + \mu_6$ bzw. $\mu_1 + \mu_2 + \mu_3 - \mu_4 - \mu_5 - \mu_6 = 0$

$df_h = df_A = p - 1 = $ Anzahl Parameterrestriktionen (Gleichzeichen in der Nullhypothese) $= 1$

$df_{err} = df_{inn} = n - p \cdot q = $ Anzahl Vpn minus Anzahl Zellen $= 18 - 6 = 12$

c) Gibt es einen Haupteffekt für Faktor B (Komplexitätsgrad)? Unterscheiden sich die Mittelwerte der einzelnen Stufen (leicht, mittel, hoch) voneinander?

H_0: $\mu_1 + \mu_4 = \mu_2 + \mu_5 = \mu_3 + \mu_6$

Eigentlich sind dies zwei Nullhypothesen:

1. H_0: $\mu_1 + \mu_4 = (\mu_2 + \mu_3 + \mu_5 + \mu_6)/2$ bzw. $2\mu_1 - \mu_2 - \mu_3 + 2\mu_4 - \mu_5 - \mu_6 = 0$

2. H_0: $\mu_2 + \mu_5 = \mu_3 + \mu_6$ bzw. $0\mu_1 + \mu_2 - \mu_3 + 0\mu_4 + \mu_5 - \mu_6 = 0$

$df_h = df_B = q - 1 = $ Anzahl Parameterrestriktionen (Gleichzeichen in der Nullhypothese) $= 2$

$df_{err} = df_{inn} = n - p \cdot q = $ Anzahl Vpn minus Anzahl Zellen $= 18 - 6 = 12$

d) Gibt es eine Wechselwirkung zwischen den Stufen von Faktor A und den Stufen von Faktor B?

Hier müssen beide Nullhypothesen gebildet werden:

1. H_0: $\mu_1 - (\mu_2 + \mu_3)/2 = \mu_4 - (\mu_5 + \mu_6)/2$ bzw. $2\mu_1 - \mu_2 - \mu_3 - 2\mu_4 + \mu_5 + \mu_6 = 0$

2. H_0: $\mu_2 - \mu_3 = \mu_5 - \mu_6$ bzw. $0\mu_1 + \mu_2 - \mu_3 + 0\mu_4 - \mu_5 + \mu_6 = 0$

$df_h = df_{AxB} = (p - 1) \cdot (q - 1) = $ Anzahl Parameterrestriktionen (Gleichzeichen in der Nullhypothese) $= 2$

$df_{err} = df_{inn} = n - p \cdot q = $ Anzahl Vpn minus Anzahl Zellen $= 18 - 6 = 12$

Berechnung der Quadratsummen mit Summenzeichen
Hierzu werden einige Mittelwerte benötigt.

Tabelle 128 Fachrichtung und Komplexitätsgrad

Mittelwerte		Faktor B: Komplexitätsgrad			Zeilenmittel- werte
		leicht (b1)	mittel (b2)	hoch (b3)	
Faktor A: Fachrichtung	Psychologie (a1)	$\bar{x}_{11} = 30$	$\bar{x}_{12} = 10$	$\bar{x}_{13} = 20$	$\bar{x}_{1\bullet} = 20$
	Psychoana- lyse (a2)	$\bar{x}_{21} = 15$	$\bar{x}_{22} = 20$	$\bar{x}_{23} = 7$	$\bar{x}_{2\bullet} = 14$
Spaltenmittelwerte		$\bar{x}_{\bullet 1} = 22{,}5$	$\bar{x}_{\bullet 2} = 15$	$\bar{x}_{\bullet 3} = 13{,}5$	$\bar{x} = 17$

$$QS_{tot} = \sum_{k=1}^{q}\sum_{j=1}^{p}\sum_{m=1}^{n_{Zelle}}\left(x_{mjk}-\overline{x}\right)^2$$

$$QS_{tot} = \left(40-17\right)^2+\left(24-17\right)^2+\left(26-17\right)^2+\left(10-17\right)^2+\left(8-17\right)^2+\left(12-17\right)^2+$$
$$\left(10-17\right)^2+\left(26-17\right)^2+\left(24-17\right)^2+\left(16-17\right)^2+\left(14-17\right)^2+\left(15-17\right)^2+$$
$$\left(20-17\right)^2+\left(22-17\right)^2+\left(18-17\right)^2+\left(7-17\right)^2+\left(6-17\right)^2+\left(8-17\right)^2$$

$$QS_{tot} = 529+49+81+49+81+25+49+81+49+$$
$$1+9+4+9+25+1+100+121+81$$

$$QS_{tot} = 1344$$

$$QS_{zw} = \sum_{k=1}^{q}\sum_{j=1}^{p}\sum_{m=1}^{n_{Zelle}}\left(\overline{x}_{jk}-\overline{x}\right)^2 = n_{Zelle}\cdot\sum_{k=1}^{q}\sum_{j=1}^{p}\left(\overline{x}_{jk}-\overline{x}\right)^2$$

$$QS_{zw} = 3\cdot\left[\left(30-17\right)^2+\left(10-17\right)^2+\left(20-17\right)^2+\left(15-17\right)^2+\left(20-17\right)^2+\left(7-17\right)^2\right]$$

$$= 3\cdot\left[169+49+9+4+9+100\right]=3\cdot 340$$

$$QS_{zw} = 1020$$

$$QS_{inn} = \sum_{k=1}^{q}\sum_{j=1}^{p}\sum_{m=1}^{n_{Zelle}}\left(x_{mjk}-\overline{x}_{jk}\right)^2$$

$$QS_{inn} = \left(40-30\right)^2+\left(24-30\right)^2+\left(26-30\right)^2+\left(10-10\right)^2+\left(8-10\right)^2+\left(12-10\right)^2+$$
$$\left(10-20\right)^2+\left(26-20\right)^2+\left(24-20\right)^2+\left(16-15\right)^2+\left(14-15\right)^2+\left(15-15\right)^2+$$
$$\left(20-20\right)^2+\left(22-20\right)^2+\left(18-20\right)^2+\left(7-7\right)^2+\left(6-7\right)^2+\left(8-7\right)^2$$

$$QS_{inn} = 100+36+16+0+4+4+100+36+16+$$
$$1+1+0+0+4+4+0+1+1$$

$$QS_{inn} = 324$$

$$QS_{A} = \sum_{k=1}^{q}\sum_{j=1}^{p}\sum_{m=1}^{n_{Zelle}}\left(\overline{x}_{j\bullet}-\overline{x}\right)^2 = q\cdot n_{Zelle}\cdot\sum_{j=1}^{p}\left(\overline{x}_{j\bullet}-\overline{x}\right)^2$$

$$QS_{A} = 3\cdot 3\cdot\left[\left(20-17\right)^2+\left(14-17\right)^2\right]$$

$$QS_{A} = 9\cdot\left[9+9\right]=9\cdot 18$$

$$QS_{A} = 162$$

$$QS_B = \sum_{k=1}^{q}\sum_{j=1}^{p}\sum_{m=1}^{n_{Zelle}}\left(\overline{x}_{\bullet k}-\overline{x}\right)^2 = p\cdot n_{Zelle}\cdot\sum_{k=1}^{q}\left(\overline{x}_{\bullet k}-\overline{x}\right)^2$$

$$QS_B = 2\cdot 3\cdot\left[\left(22,5-17\right)^2+\left(15-17\right)^2+\left(13,5-17\right)^2\right]$$

$$QS_B = 6\cdot\left[30,25+4+12,25\right]=6\cdot 46,5$$

$$QS_B = 279$$

$$QS_{A\times B}=\sum_{k=1}^{q}\sum_{j=1}^{p}\sum_{m=1}^{n_{Zelle}}\left(\overline{x}_{jk}-\overline{x}_{j\bullet}-\overline{x}_{\bullet k}+\overline{x}\right)^2 = n_{Zelle}\cdot\sum_{k=1}^{q}\sum_{j=1}^{p}\left(\overline{x}_{jk}-\overline{x}_{j\bullet}-\overline{x}_{\bullet k}+\overline{x}\right)^2$$

$$QS_{A\times B}=3\cdot\left[\left(30-20-22,5+17\right)^2+\left(10-20-15+17\right)^2+\left(20-20-13,5+17\right)^2+\right.$$

$$\left.\left(15-14-22,5+17\right)^2+\left(20-14-15+17\right)^2+\left(7-14-13,5+17\right)^2\right]$$

$$QS_{A\times B}=3\cdot\left[20,25+64+12,25+20,25+64+12,25\right]$$

$$QS_{A\times B}=3\cdot 193$$

$$QS_{A\times B}=579$$

Berechnung der Quadratsummen mit Matrixalgebra

Totale, determinierte und Fehler-Quadratsumme

$$\left(X'X\right)^{-1}=\frac{1}{3}\cdot Einheitsmatrix \quad X'y=\begin{bmatrix}90\\30\\60\\45\\60\\21\end{bmatrix}\quad b=\begin{bmatrix}30\\10\\20\\15\\20\\7\end{bmatrix}\quad y'y=6546 \quad \overline{y}=17$$

$$b'X'y=6222 \quad \overline{y}^2=289\rightarrow n\cdot\overline{y}^2=5202$$

$$QS_{tot}=y'y-n\cdot\overline{y}^2=6546-5202=1344$$

$$QS_{det}=QS_{zw}=b'X'y-n\cdot\overline{y}^2=6222-5202=1020$$

$$QS_{err}=QS_{tot}-QS_{det}=QS_{inn}=1344-1020=324$$

Quadratsumme für Faktor A (Fachrichtung)

Kontrastmatrix $C=\begin{bmatrix}1 & 1 & 1 & -1 & -1 & -1\end{bmatrix}$ $Cb=18$ $\left(C\left(X'X\right)^{-1}C'\right)^{-1}=\frac{1}{2}$

$$QS_A=Cb'\left(C\left(X'X\right)^{-1}C'\right)^{-1}Cb=18\cdot\frac{1}{2}\cdot 18=162$$

Quadratsumme für Faktor B (Komplexitätsgrad)

Kontrastmatrix $C = \begin{bmatrix} 2 & -1 & -1 & 2 & -1 & -1 \\ 0 & 1 & -1 & 0 & 1 & -1 \end{bmatrix}$ $Cb = \begin{bmatrix} 33 \\ 3 \end{bmatrix}$

$$\left(C(X'X)^{-1} C' \right)^{-1} = 3 \cdot \begin{bmatrix} \dfrac{1}{12} & 0 \\ 0 & \dfrac{1}{4} \end{bmatrix}$$

$$QS_B = Cb' \left(C(X'X)^{-1} C' \right)^{-1} Cb = \begin{bmatrix} 33 & 3 \end{bmatrix} \cdot 3 \cdot \begin{bmatrix} \dfrac{1}{12} & 0 \\ 0 & \dfrac{1}{4} \end{bmatrix} \cdot \begin{bmatrix} 33 \\ 3 \end{bmatrix} = 279$$

Wechselwirkung zwischen Faktor A und B

Kontrastmatrix $C = \begin{bmatrix} 2 & -1 & -1 & -2 & 1 & 1 \\ 0 & 1 & -1 & 0 & -1 & 1 \end{bmatrix}$ $Cb = \begin{bmatrix} 27 \\ -23 \end{bmatrix}$

$$\left(C(X'X)^{-1} C' \right)^{-1} = \left(\dfrac{1}{3} \cdot \begin{bmatrix} 12 & 0 \\ 0 & 4 \end{bmatrix} \right)^{-1} = 3 \cdot \begin{bmatrix} \dfrac{1}{12} & 0 \\ 0 & \dfrac{1}{4} \end{bmatrix}$$

$$QS_{A \times B} = Cb' \left(C(X'X)^{-1} C' \right)^{-1} Cb = \begin{bmatrix} 27 & -23 \end{bmatrix} \cdot 3 \cdot \begin{bmatrix} \dfrac{1}{12} & 0 \\ 0 & \dfrac{1}{4} \end{bmatrix} \cdot \begin{bmatrix} 27 \\ -23 \end{bmatrix} = 579$$

Signifikanzprüfungen

a) Gibt es einen globalen Effekt, d.h. unterscheiden sich die sechs Zellen voneinander?

$$F = \frac{QS_{det} / df_{det}}{QS_{err} / df_{err}} = \frac{MQS_{zw}}{MQS_{inn}} = \frac{1020 / 5}{324 / 12} = \frac{204}{27} = 7,56$$

Kritischer F-Wert:

$F_{(0,95;5;12)} = 3,1059$

Der empirische F-Wert ist extremer als der kritische, also signifikant, also H_1. Mit einer Irrtumswahrscheinlichkeit von 5 % kann behauptet werden, dass sich die Mittelwerte der sechs Zellen voneinander unterscheiden.

b) Gibt es einen Haupteffekt für Faktor A (Fachrichtung)? Unterscheiden sich die Mittelwerte der einzelnen Stufen (Psychologie, Psychoanalyse) voneinander?

$$F = \frac{QS_A / df_A}{QS_{err} / df_{err}} = \frac{MQS_A}{MQS_{inn}} = \frac{162 / 1}{324 / 12} = \frac{162}{27} = 6$$

Kritischer F-Wert:

$$F_{(0,95;1;12)} = 4{,}7472$$

Der empirische F-Wert ist extremer als der kritische, also signifikant, also H_1. Es gibt einen Haupteffekt für Faktor A.

Mit einer Irrtumswahrscheinlichkeit von 5 % kann behauptet werden, dass sich die Mittelwerte der Stufen des Faktors A unterscheiden. Hinsichtlich der Benotung ergeben sich Unterschiede zwischen Theorien aus den Fachrichtungen Psychologie und Psychoanalyse.

c) Gibt es einen Haupteffekt für Faktor B (Komplexitätsgrad)? Unterscheiden sich die Mittelwerte der einzelnen Stufen (leicht, mittel, hoch) voneinander?

$$F = \frac{QS_B / df_B}{QS_{err} / df_{err}} = \frac{MQS_B}{MQS_{inn}} = \frac{279 / 2}{324 / 12} = \frac{139{,}5}{27} = 5{,}17$$

Kritischer F-Wert:

$$F_{(0,95;2;12)} = 3{,}8853$$

Der empirische F-Wert ist extremer als der kritische, also signifikant, also H_1. Es gibt einen Haupteffekt für Faktor B.

Mit einer Irrtumswahrscheinlichkeit von 5 % kann behauptet werden, dass sich die Mittelwerte der Stufen des Faktors B unterscheiden. Der Komplexitätsgrad spielt bei der Benotung eine Rolle.

d) Gibt es eine Wechselwirkung zwischen den Stufen von Faktor A und den Stufen von Faktor B?

$$F = \frac{QS_{A \times B} / df_{A \times B}}{QS_{err} / df_{err}} = \frac{MQS_{A \times B}}{MQS_{inn}} = \frac{579 / 2}{324 / 12} = \frac{289{,}5}{27} = 10{,}72$$

Kritischer F-Wert:

$$F_{(0,95;2;12)} = 3{,}8853$$

Der empirische F-Wert ist extremer als der kritische, also signifikant, also H_1. Mit einer Irrtumswahrscheinlichkeit von 5 % kann behauptet werden, dass es eine Wechselwirkung zwischen den Faktoren A und B gibt.

Tabelle 129 Tafel der Varianzanalyse »Museum alter Theorien«

Quelle der Variation	Quadratsumme	df	MQS	F_{emp}	sig.
Det	1020	5	204	7,56	sig.
Faktor A	162	1	162	6	sig.
Faktor B	279	2	139,5	5,17	sig.
Wechselwirkung A×B	579	2	289,5	10,72	sig.
Fehler	324	12	27		
Total	1344	17			

2.50 Pädagogischer Ansatz des Kindergartens und Schuleignung (2)

Für die Punkte des Schuleignungstests kann von einem Ordinalskalenniveau ausgegangen werden. Da hier drei Gruppen miteinander verglichen werden sollen, bietet sich der Kruskal-Wallis-Test an. Dazu müssen die Punkte in Rangplätze umgewandelt werden. Anschließend werden Rangplatzsummen pro Gruppe (Ansatz des Kindergartens) berechnet.

$$H = \frac{12}{n \cdot (n+1)} \cdot \sum_{j=1}^{p} \frac{RS_j^2}{n_j} - 3 \cdot (n+1)$$

Hypothesen

H_0: Die verschiedenen Ansätze unterscheiden sich hinsichtlich der Schuleignung nicht

H_1: Die verschiedenen Ansätze unterscheiden sich hinsichtlich der Schuleignung

H_0: $\eta_i = \eta_j$ für alle Paare (i, j), i ≠ j

H_1: $\eta_i \neq \eta_j$ für mindestens ein Paar (i, j), i ≠ j

Tabelle 130 Rangplätze Schuleignung

Montessori		Situationsansatz		Waldorf	
Punkte	Rang	Punkte	Rang	Punkte	Rang
12	8,5.	15	5,5.	4	17.
3	18.	18	1,5.	7	15.
11	11.	9	13.	12	8,5.
15	5,5.	17	3.	5	16.
13	7.	11	11.	18	1,5.
11	11.	16	4.	8	14.

Rangplatzsummen

$RS_{Montessori} = 61; RS^2 = 3721$

$RS_{Situationsansatz} = 38; RS^2 = 1444$

$RS_{Waldorf} = 72; RS^2 = 5184$

$$H = \frac{12}{18 \cdot 19} \cdot \left(\frac{3721}{6} + \frac{1444}{6} + \frac{5184}{6} \right) - 3 \cdot 19$$

$$H = \frac{12}{342} \cdot 1724,833 - 57 = 60,520 - 57 = 3,520$$

df = 3 – 1 = 2

Verbundränge

1.5, 1.5; $K = 2^3 - 2 = 6$

5.5, 5.5; $K = 2^3 - 2 = 6$

8.5, 8.5; $K = 2^3 - 2 = 6$

11, 11, 11; $K = 3^3 - 3 = 24$

$$Korrekturfaktor = 1 - \frac{\sum_{j=1}^{k} K_j}{n^3 - n} = 1 - \frac{6+6+6+24}{18^3 - 18} = 1 - \frac{42}{5814} = 0,9928$$

$$H_{korr} = \frac{H}{Korrekturfaktor} = \frac{3,520}{0,9928} = 3,546$$

H ist approximativ χ^2-verteilt. Als kritischer Wert kann in Tabelle C.4 abgelesen werden: $H_{(0,95;2)} = 5,991$

Der (korrigierte) H-Wert ist nicht extremer als der kritische H-Wert, also nicht signifikant, es folgt eine Entscheidung für H_0. Es kann nicht behauptet werden, dass sich die verschiedenen Ansätze der Kindergärten hinsichtlich der Schuleignung unterscheiden.

2.51 Kundenzufriedenheit

Für die Bearbeitung dieser Aufgabe muss man sich vergegenwärtigen, wie Quadratsummen und Freiheitsgrade zerlegt werden können.

$$QS_{error} = QS_{total} - QS_{det} = 316 - 210 = 106$$

$$QS_{det} = QS_A + QS_B + QS_{A \times B} \quad \rightarrow \quad QS_{A \times B} = QS_{det} - QS_A - QS_B = 210 - 48 - 18 = 144$$

Faktor A: Drei Stufen $\longrightarrow$ $df_A = 2$
Faktor B: Zwei Stufen $\longrightarrow$ $df_B = 1$

$$df_{det} = df_A + df_B + df_{AxB} = 5$$

$$df_{total} = df_{det} + df_{error} = 5 + 12 = 17$$

$$F_A = \frac{QS_A / df_A}{QS_{err} / df_{err}} = \frac{48 / 2}{106 / 12} = \frac{24}{8,833} = 2,717$$

$$F_B = \frac{QS_B / df_B}{QS_{err} / df_{err}} = \frac{18 / 1}{106 / 12} = \frac{18}{8,833} = 2,038$$

$$F_{A \cdot B} = \frac{QS_{A \times B} / df_{A \times B}}{QS_{err} / df_{err}} = \frac{144 / 2}{106 / 12} = \frac{72}{8,833} = 8,151$$

$$F_{det} = \frac{QS_{det} / df_{det}}{QS_{err} / df_{err}} = \frac{210 / 5}{106 / 12} = \frac{42}{8,833} = 4,755$$

$$F_{(0,95;2;12)} = 3,8853$$

$$F_{(0,95;1;12)} = 4,7472$$

$$F_{(0,95;5;12)} = 3,1059$$

Tabelle 131 Tafel der Varianzanalyse »Kundenzufriedenheit«

Quelle der Variation	Quadratsumme	Freiheits-grade	F	sig.
Faktor A	48	2	2,717	n.s.
Faktor B	18	1	2,038	n.s.
Wechselwirkung A*B	144	2	8,15	sig.
determinierte / Modell	210	5	4,755	sig.
Fehler	106	12		
Total	316	17		

2.52 Arbeitssicherheit

a) Darstellung der Mittelwerte als Abbildung

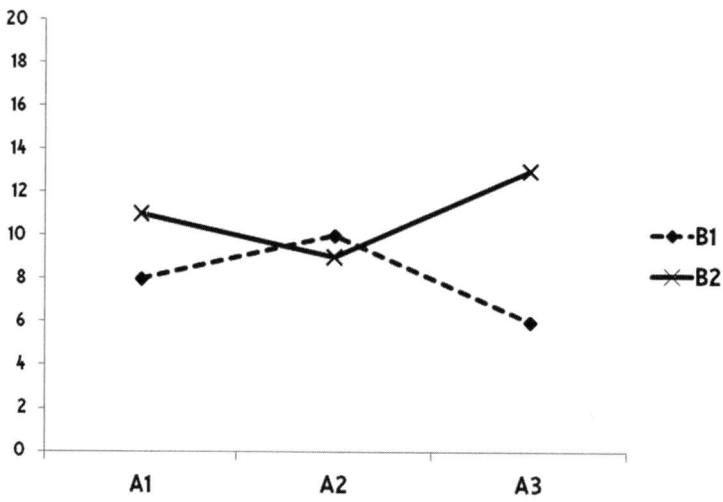

Abbildung 2 Graphische Darstellung der Effekte

b) Vermutete Effekte
Ist mit einem Haupteffekt für Faktor A zu rechnen? Nein! 19 = 19= 19
Ist mit einem Haupteffekt für Faktor B zu rechnen? Ja! 24 ≠ 33

c) Leiten Sie aus den Ergebnissen (b) der Studie Vorschläge ab, worauf bei der Anschaffung neuer Rettungsgurte zu achten ist!
Das Modell ist egal; Hauptsache der Gurt ist modisch!

2.53 Arbeitszufriedenheit: Honeymoon oder Hangover?

a) Leistungsmotivation, ordinalskaliert

Ordinalskalierte Daten, abhängige Stichproben $\longrightarrow$ Friedman-Test/Rang-varianzanalyse nach Friedman

Hypothesen, Variante A
$H_0: \eta_1 = \eta_2 = \eta_3$
$H_{1a}: \eta_1 \neq (\eta_2 + \eta_3)/2$ $\qquad 2\eta_1 - \eta_2 - \eta_3 \neq 0$
$H_{1b}: \eta_2 \neq \eta_3$ $\qquad \eta_2 - \eta_3 \neq 0$
Hypothesen, Variante B
$H_0: \eta_i = \eta_j$ für alle Paare (i, j), $i \neq j$
$H_1: \eta_i \neq \eta_j$ für mindestens ein Paar (i, j), $i \neq j$
Der Friedman-Test arbeitet mit Rangplätzen. Zuerst müssen daher die Rohwerte pro Person über die Messzeitpunkte hinweg in Rangplätze transformiert werden. Anschließend werden Rangplatzsummen pro Messzeitpunkt gebildet.

Tabelle 132 Rangplätze zur Leistungsmotivation von n = 5 High Potentials zu drei Messzeitpunkten

Vpn	Leistungsmotivation (Faktor A)		
	Anfang (a_1)	nach 3 Monaten (a_2)	nach 6 Monaten (a_3)
1	3.	1.	2.
2	3.	1.	2.
3	2.	1.	3.
4	3.	2.	1.
5	3.	1.	2.
Rangsummen RS$_j$	14	6	10

p = Anzahl Faktorstufen = 3
n = 5

Friedman-Test

Prüfgröße K für den exakten Test

$$K = \sum_{j=1}^{p} \left(RS_{\bullet j} - \frac{n \cdot (p+1)}{2} \right)^2$$

$$K = \left(14 - \frac{5 \cdot 4}{2} \right)^2 + \left(6 - \frac{5 \cdot 4}{2} \right)^2 + \left(10 - \frac{5 \cdot 4}{2} \right)^2$$

$$K = 4^2 + (-4)^2 + 0^2 = 16 + 16 + 0 = 32$$

Für die Prüfgröße K kann z.B. in den Online-Materialien (Linkliste, Kapitel 14) von Eid, Gollwitzer und Schmitt (2011) die exakte Wahrscheinlichkeit nachgeschlagen werden.

Prüfgröße Q für den approximativen Test

$$Q = \frac{12 \cdot \sum_{j=1}^{p} RS_{\bullet j}^2}{p \cdot n \cdot (p+1)} - 3 \cdot n \cdot (p+1) \quad oder \quad Q = \frac{12 \cdot K}{p \cdot n \cdot (p+1)} \left(falls\ K\ berechnet\ wurde \right)$$

$$Q = \frac{12 \cdot \left(14^2 + 6^2 + 10^2 \right)}{3 \cdot 5 \cdot 4} - 3 \cdot 5 \cdot 4$$

$$Q = \frac{12 \cdot (196 + 36 + 100)}{60} - 60 = \frac{12 \cdot 332}{60} - 60 = 66,4 - 60 = 6,4$$

df = p − 1 = 2

Q ist approximativ χ^2-verteilt. Kritischer χ^2-Wert=5,99. Der empirische Wert ist extremer als der kritische, also signifikant, also H_1. Mit einer Irrtumswahrscheinlichkeit von 5 % kann behauptet werden, dass sich die Lebensqualität der Patienten über den Verlauf der Therapie hinweg verändert hat.

b) Leistungsmotivation, intervallskaliert

Intervallskalierte Daten, abhängige Stichproben ⟶ Varianzanalyse mit Messwiederholung

Gibt es einen Haupteffekt für Faktor A Messzeitpunkte)? Unterscheiden sich die Mittelwerte der einzelnen Stufen (Anfang, nach 3 Monaten, nach 6 Monaten) voneinander?

Hypothesen

H_0: $\mu_{a1} = \mu_{a2} = \mu_{a3}$

df_A = p - 1 = Anzahl Parameterrestriktionen (Gleichzeichen in der Nullhypothese) = 2

Berechnung der Quadratsummen mit Summenzeichen

Da hier jetzt einige Mittelwerte benötigt werden, wird die Tabelle erst einmal erweitert.

Tabelle 133 Roh- und Mittelwerte zur Leistungsmotivation von n = 5 High Potentials zu drei Messzeitpunkten

Vpn	Leistungsmotivation (Faktor A)			Personenmittelwert $\overline{x}_{m\bullet}$
	Anfang (a1)	nach 3 Monaten (a2)	nach 6 Monaten (a3)	
1	9	4	5	6
2	9	4	8	7
3	9	7	14	10
4	10	9	5	8
5	8	1	3	4
Bedingungsmittelwert $\overline{x}_{\bullet j}$	9	5	7	$\overline{x} = 7$

$$QS_{tot} = \sum_{j=1}^{p}\sum_{m=1}^{n_j}\left(x_{mj} - \overline{x}\right)^2$$

$$QS_{tot} = \left(9-7\right)^2 + \left(9-7\right)^2 + \left(9-7\right)^2 + \left(10-7\right)^2 + \left(8-7\right)^2 +$$
$$\left(4-7\right)^2 + \left(4-7\right)^2 + \left(7-7\right)^2 + \left(9-7\right)^2 + \left(1-7\right)^2 +$$
$$\left(5-7\right)^2 + \left(8-7\right)^2 + \left(14-7\right)^2 + \left(5-7\right)^2 + \left(3-7\right)^2$$

$$QS_{tot} = 4+4+4+9+1+9+9+0+4+36+4+1+49+4+16$$

$$QS_{tot} = 154$$

$$QS_{zwP} = \sum_{j=1}^{p}\sum_{m=1}^{n}\left(\overline{x}_{m\bullet} - \overline{x}\right)^2$$

$$QS_{zwP} = \left(6-7\right)^2 + \left(6-7\right)^2 + \left(6-7\right)^2 + \left(7-7\right)^2 + \left(7-7\right)^2 + \left(7-7\right)^2 +$$
$$\left(10-7\right)^2 + \left(10-7\right)^2 + \left(10-7\right)^2 + \left(8-7\right)^2 + \left(8-7\right)^2 + \left(8-7\right)^2 +$$
$$\left(4-7\right)^2 + \left(4-7\right)^2 + \left(4-7\right)^2$$

$$QS_{zwP} = 1+1+1+0+0+0+9+9+9+1+1+1+9+9+9$$

$$QS_{zwP} = 60$$

$$QS_{zwA} = \sum_{j=1}^{p} \sum_{m=1}^{n} \left(\bar{x}_{\bullet j} - \bar{x} \right)^2$$

$$QS_{zwA} = (9-7)^2 + (9-7)^2 + (9-7)^2 + (9-7)^2 + (9-7)^2 +$$
$$(5-7)^2 + (5-7)^2 + (5-7)^2 + (5-7)^2 + (5-7)^2 +$$
$$(7-7)^2 + (7-7)^2 + (7-7)^2 + (7-7)^2 + (7-7)^2$$

$$QS_{zwA} = 4+4+4+4+4+4+4+4+4+4+0+0+0+0+0$$

$$QS_{zwA} = 40$$

$$QS_{Res} = \sum_{j=1}^{p} \sum_{m=1}^{n_j} \left(x_{mj} - \bar{x}_{\bullet j} - \bar{x}_{m\bullet} + \bar{x} \right)^2$$

$$QS_{Res} = (9-9-6+7)^2 + (4-5-6+7)^2 + (5-7-6+7)^2 +$$
$$(9-9-7+7)^2 + (4-5-7+7)^2 + (8-7-7+7)^2 +$$
$$(9-9-10+7)^2 + (7-5-10+7)^2 + (14-7-10+7)^2 +$$
$$(10-9-8+7)^2 + (9-5-8+7)^2 + (5-7-8+7)^2 +$$
$$(8-9-4+7)^2 + (1-5-4+7)^2 + (3-7-4+7)^2$$

$$QS_{Res} = 1+0+1+0+1+1+9+1+16+0+9+9+4+1+1$$

$$QS_{Res} = 54$$

Signifikanzprüfung

$$F = \frac{MQS_{zwA}}{MQS_{Res}} = \frac{20}{6,75} = 2,96$$

Kritischer F-Wert:

$$F_{(0,95;2;8)} = 4,46$$

Der empirische F-Wert ist nicht extremer als der kritische, also nicht signifikant, also H_0. Es kann nicht behauptet werden, dass sich die Leistungsmotivation über die Messzeitpunkte hinweg verändert.

$$\hat{\eta}^2 = \frac{QS_{zwA}}{QS_{tot}} = \frac{40}{154} = 0,26$$

$$\hat{\eta}_p^2 = \frac{QS_{zwA}}{QS_{zwA} + QS_{Res}} = \frac{40}{40+54} = 0,43$$

Tabelle 134 Tafel der Varianzanalyse

Quelle der Variation	QS	df	MQS	F	p	$\hat{\eta}^2$	$\hat{\eta}_p^2$
Faktor A	40	2	20	2,96	> 0,05	0,26	0,43
Person	60	4	15				
Residuum	54	8	6,75				
Total	154	14	11				

2.54 Glanz, glänzender, am glänzendsten

Hier handelt es sich um eine zweifaktorielle Varianzanalyse mit Messwiederholung auf einem Faktor. Zur Berechnung werden einige Mittelwerte benötigt.
Und selbstverständlich müssen auch noch Hypothesen gebildet werden.
Die Darstellung der Lösung erfolgt in mehreren Schritten. Zuerst werden allgemeine Angaben aufgelistet, die sich aus der Aufgabenstellung ergeben. Daraufhin werden die Hypothesen für die Fragen a) bis c) dargestellt. Danach erfolgt die Berechnung der Quadratsummen. Im Anschluss erfolgen die Signifikanzprüfungen. Abschliessend werden die Ergebnisse in einer Tafel der Varianzanalyse zusammengefasst.

Allgemeine Angaben
Faktor A (Haartyp) hat p = 3 Stufen
Faktor B (Messzeitpunkte) hat q = 3 Stufen
Pro Zelle liegen die Werte von n_{Zelle} = 4 Personen vor.
Insgesamt liegen je drei Werte von n = 12 Personen vor.

Hypothesen
a) Gibt es einen Haupteffekt für Faktor A (Haartyp)? Unterscheiden sich die Mittelwerte der einzelnen Stufen (sprödes Haar, leicht fettendes Haar, dauergewelltes/coloriertes Haar) voneinander?
$H_0: \mu_{a1} = \mu_{a2} = \mu_{a3}$
df_A = p - 1 = Anzahl Parameterrestriktionen (Gleichzeichen in der Nullhypothese) = 2

b) Gibt es einen Haupteffekt für Faktor B (Messzeitpunkte)? Unterscheiden sich die Mittelwerte der einzelnen Stufen (nach 1., 10., 30. Anwendung) voneinander?
$H_0: \mu_{b1} = \mu_{b2} = \mu_{b3}$
$df_h = df_B$ = q - 1 = Anzahl Parameterrestriktionen (Gleichzeichen in der Nullhypothese) = 2

c) Gibt es eine Wechselwirkung zwischen den Stufen von Faktor A und den Stufen von Faktor B?

Hier wird es mit den Hypothesen schon so aufwändig, dass nur eine Texthypothese aufgestellt wird.

H_0: Es gibt keine Wechselwirkung zwischen den Stufen der Faktoren A und B.

$df_h = df_{AxB} = (p - 1) \cdot (q - 1) = 4$

$$QS_A = q \cdot n_{Zelle} \cdot \sum_{j=1}^{p} \left(\bar{x}_{\bullet j \bullet} - \bar{x}\right)^2$$

$$QS_A = 3 \cdot 4 \cdot \left[\left(4,5 - 4\right)^2 + \left(4,5 - 4\right)^2 + \left(3 - 4\right)^2\right]$$

$$QS_A = 12 \cdot \left[0,25 + 0,25 + 1\right] = 12 \cdot 1,5 = 18$$

$$QS_B = p \cdot n_{Zelle} \cdot \sum_{k=1}^{q} \left(\bar{x}_{\bullet\bullet k} - \bar{x}\right)^2$$

$$QS_B = 3 \cdot 4 \cdot \left[\left(3 - 4\right)^2 + \left(3,5 - 4\right)^2 + \left(5,5 - 4\right)^2\right]$$

$$QS_B = 12 \cdot \left[1 + 0,25 + 2,25\right] = 12 \cdot 3,5 = 42$$

$$QS_{AxB} = n_{Zelle} \cdot \sum_{k=1}^{q} \sum_{j=1}^{p} \left(\bar{x}_{\bullet jk} - \bar{x}_{\bullet j \bullet} - \bar{x}_{\bullet\bullet k} + \bar{x}\right)^2$$

$$QS_{AxB} = 4 \cdot \left[\left(3 - 4,5 - 3 + 4\right)^2 + \left(4 - 4,5 - 3,5 + 4\right)^2 + \left(6,5 - 4,5 - 5,5 + 4\right)^2 + \right.$$

$$\left(4 - 4,5 - 3 + 4\right)^2 + \left(3,75 - 4,5 - 3,5 + 4\right)^2 + \left(5,75 - 4,5 - 5,5 + 4\right)^2 +$$

$$\left.\left(2 - 3 - 3 + 4\right)^2 + \left(2,75 - 3 - 3,5 + 4\right)^2 + \left(4,25 - 3 - 5,5 + 4\right)^2\right]$$

$$QS_{AxB} = 4 \cdot \left[0,25 + 0 + 0,25 + 0,25 + 0,0625 + 0,0625 + 0 + 0,0625 + 0,0625\right]$$

$$QS_{AxB} = 4 \cdot 1 = 4$$

Tabelle 135 Roh- und Mittelwerte Glanz-Faktor der Haare von 12 Frauen zu drei Messzeitpunkten unterteilt nach drei Haartypen

Faktor A: Haartyp	Faktor B: Messzeitpunkte			Personmittel-werte
	b1	b2	b3	
sprödes Haar (a1)	3	4	5	$\overline{x}_{m=1}=4$
	4	6	8	$\overline{x}_{m=2}=6$
	2	2	5	$\overline{x}_{m=3}=3$
	3	4	8	$\overline{x}_{m=4}=5$
	$\overline{x}_{j=1;k=1}=3$	$\overline{x}_{j=1;k=2}=4$	$\overline{x}_{j=1;k=3}=6{,}5$	$\overline{x}_{j=1}=4{,}5$
leicht fettendes Haar (a2)	4	3	5	$\overline{x}_{m=5}=4$
	6	6	9	$\overline{x}_{m=6}=7$
	3	5	7	$\overline{x}_{m=7}=5$
	3	1	2	$\overline{x}_{m=8}=2$
	$\overline{x}_{j=2;k=1}=4$	$\overline{x}_{j=2;k=2}=3{,}75$	$\overline{x}_{j=2;k=3}=5{,}75$	$\overline{x}_{j=2}=4{,}5$
dauergewelltes, coloriertes Haar (a3)	2	2	5	$\overline{x}_{m=9}=3$
	1	2	3	$\overline{x}_{m=10}=2$
	2	3	5	$\overline{x}_{m=11}=3{,}33$
	3	4	4	$\overline{x}_{m=12}=3{,}67$
	$\overline{x}_{j=3;k=1}=2$	$\overline{x}_{j=3;k=2}=2{,}75$	$\overline{x}_{j=3;k=3}=4{,}25$	$\overline{x}_{j=3}=3$
Bedingungs-mittelwerte	$\overline{x}_{k=1}=3$	$\overline{x}_{k=2}=3{,}5$	$\overline{x}_{k=3}=5{,}5$	$\overline{x}=4$

$$QS_{P\_in\_A} = \sum_{k=1}^{q}\sum_{j=1}^{p}\sum_{m=1}^{n_{Zelle}}\left(\overline{x}_{mj\bullet}-\overline{x}_{\bullet j\bullet}\right)^2 = q\cdot\sum_{j=1}^{p}\sum_{m=1}^{n_{Zelle}}\left(\overline{x}_{mj\bullet}-\overline{x}_{\bullet j\bullet}\right)^2$$

$$QS_{P\_in\_A} = 3\cdot\Big[\left(4-4{,}5\right)^2+\left(6-4{,}5\right)^2+\left(3-4{,}5\right)^2+\left(5-4{,}5\right)^2+$$
$$\left(4-4{,}5\right)^2+\left(7-4{,}5\right)^2+\left(5-4{,}5\right)^2+\left(2-4{,}5\right)^2+$$
$$\left(3-3\right)^2+\left(2-3\right)^2+\left(3{,}333-3\right)^2+\left(3{,}667-3\right)^2\Big]$$

$$QS_{P\_in\_A} = 3\cdot\Big[0{,}25+2{,}25+2{,}25+0{,}25+0{,}25+6{,}25+$$
$$0{,}25+6{,}25+0+1+0{,}111+0{,}445\Big]$$

$$QS_{P\_in\_A} = 3 \cdot 19,556 = 58,668$$

$$df_{P\_in\_A} = p \cdot (n_{Zelle} - 1) = 3 \cdot 3 = 9$$

$$QS_{Res} = \sum_{k=1}^{q} \sum_{j=1}^{p} \sum_{m=1}^{n_{Zelle}} \left(x_{mjk} - \overline{x}_{\bullet jk} - \overline{x}_{mj\bullet} + \overline{x}_{\bullet j\bullet} \right)^2$$

$$
\begin{aligned}
QS_{Res} = & \left(3-3-4+4,5\right)^2 + \left(4-3-6+4,5\right)^2 + \left(2-3-3+4,5\right)^2 + \\
& \left(3-3-5+4,5\right)^2 + \left(4-4-4+4,5\right)^2 + \left(6-4-6+4,5\right)^2 + \\
& \left(2-4-3+4,5\right)^2 + \left(4-4-5+4,5\right)^2 + \left(5-6,5-4+4,5\right)^2 + \\
& \left(8-6,5-6+4,5\right)^2 + \left(5-6,5-3+4,5\right)^2 + \left(8-6,5-5+4,5\right)^2 + \\
& \left(4-4-4+4,5\right)^2 + \left(6-4-7+4,5\right)^2 + \left(3-4-5+4,5\right)^2 + \\
& \left(3-4-2+4,5\right)^2 + \left(3-3,75-4+4,5\right)^2 + \left(6-3,75-7+4,5\right)^2 + \\
& \left(5-3,75-5+4,5\right)^2 + \left(1-3,75-2+4,5\right)^2 + \left(5-5,75-4+4,5\right)^2 + \\
& \left(9-5,75-7+4,5\right)^2 + \left(7-5,75-5+4,5\right)^2 + \left(2-5,75-2+4,5\right)^2 + \\
& \left(2-2-3+3\right)^2 + \left(1-2-2+3\right)^2 + \left(2-2-3,33+3\right)^2 + \\
& \left(3-2-3,67+3\right)^2 + \left(2-2,75-3+3\right)^2 + \left(2-2,75-2+3\right)^2 + \\
& \left(3-2,75-3,33+3\right)^2 + \left(4-2,75-3,67+3\right)^2 + \left(5-4,25-3+3\right)^2 + \\
& \left(3-4,25-2+3\right)^2 + \left(5-4,25-3,33+3\right)^2 + \left(4-4,25-3,67+3\right)^2
\end{aligned}
$$

$$
\begin{aligned}
QS_{Res} = \ & 0,25+0,25+0,25+0,25+0,25+0,25+0,25+0,25+ \\
& 1+0+0+1+0,25+0,25+2,25+2,25+ \\
& 0,0625+0,0625+0,5625+0,0625+0,0625+0,5625+0,5625+1,5625 \\
& 0+0+0,111+0,111+0,5625+0,0625+0,0069+0,3400 \\
& 0,5625+0,0625+0,1739+0,8409
\end{aligned}
$$

$$QS_{Res} = 15,334$$

$$df_{Res} = p \cdot (q-1) \cdot (n_{Zelle} - 1) = 3 \cdot 2 \cdot 3 = 18$$

Puh, das ist eine aufwändige Rechnerei. Kann man sich das Ganze einfacher machen? Ja, indem man ein Statistikprogramm verwendet und nicht alles per Hand rechnet …

Signifikanzprüfung

a) Glanzfaktor nach Haartyp

$$F_A = \frac{QS_A / df_A}{QS_{P\_in\_A} / df_{P\_in\_A}} = \frac{MQS_A}{MQS_{P\_in\_A}} = \frac{9}{6,519} = 1,381$$

Der kritische F-Wert beträgt:

$$F_{(0,95;2;9)} = 4,2565$$

Der empirische F-Wert ist nicht extremer als der kritische, also nicht signifikant, also H_0. Es kann nicht behauptet werden, dass sich die Stufen des Faktors A bezüglich des Glanz-Faktors voneinander unterscheiden.

b) Glanzfaktor nach Anwendungen

$$F_B = \frac{QS_B / df_B}{QS_{Res} / df_{Res}} = \frac{MQS_B}{MQS_B} = \frac{21}{0,852} = 24,648$$

Der kritische F-Wert beträgt:

$$F_{(0,95;2;18)} = 3,5546$$

Der empirische F-Wert ist extremer als der kritische, also signifikant, also H_1. Mit einer Irrtumswahrscheinlichkeit von 5 % kann behauptet werden, dass sich die Stufen des Faktors B bezüglich des Glanz-Faktors voneinander unterscheiden.

c) Wechselwirkung Haartyp und Anwendungen

$$F_{A \times B} = \frac{QS_{A \times B} / df_{A \times B}}{QS_{Res} / df_{Res}} = \frac{MQS_{A \times B}}{MQS_B} = \frac{1}{0,852} = 1,174$$

Der kritische F-Wert beträgt:

$$F_{(0,95;4;18)} = 2,9277$$

Der empirische F-Wert ist nicht extremer als der kritische, also nicht signifikant, also H_0. Es kann nicht behauptet werden, dass es eine Wechselwirkung zwischen den Stufen der Faktoren A und B gibt.

Tabelle 136 Tafel der Varianzanalyse

Quelle der Variation	QS	df	MQS	F	sig.
Faktor A	18	2	9	1,381	n.s.
Personen innerhalb A	58,668	9	6,519		
Faktor B	42	2	21	24,648	sig.
Wechselwirkung AxB	4	4	1	1,174	n.s.
Residuum	15,334	18	0,852		
Total	138	35			

2.55 Planet Stastik I (2)

Für die Berechnung Multipler Regressionsanalysen existieren verschiedene Methoden, von denen zwei hier dargestellt werden sollen: Spezifische Formeln für zwei Prädiktoren sowie die Berechnung anhand des Allgemeinen Linearen Modells (ALM). Zum Schluss werden die verschiedenen Ergebnisse in einer Tabelle zusammengefasst. Es sei vorweggenommen, dass verschiedene Rechenmethoden aufgrund von Rundungsungenauigkeiten zu leicht verschiedenen Ergebnissen führen.

a) Kann man über »Einstellung gegenüber Psychologen« (EP) und »Medikamentenkonsum« (MK) (signifikant) auf »Allgemeine Lebenszufriedenheit« (ALZ) schätzen? Wie gut ist so ein Schätzmodell?

Berechnung über spezifische Formeln

$$R^2 = \frac{s_{\hat{Y}}^2}{s_Y^2} = \frac{\sum_{m=1}^{n}\left(\hat{y}_m - \overline{y}\right)^2}{\sum_{m=1}^{n}\left(y_m - \overline{y}\right)^2} \qquad \hat{y} = b_0 + b_1 \cdot x_1 + b_2 \cdot x_2$$

$$b_1 = b_{1s} \cdot \frac{s_Y}{s_{X_1}} \qquad b_{1s} = \frac{r_{YX_1} - r_{YX_2} \cdot r_{X_1X_2}}{1 - r_{X_1X_2}^2} \qquad b_2 = b_{2s} \cdot \frac{s_Y}{s_{X_2}} \qquad b_{2s} = \frac{r_{YX_2} - r_{YX_1} \cdot r_{X_1X_2}}{1 - r_{X_1X_2}^2}$$

$$b_0 = \overline{y} - b_1 \cdot \overline{x}_1 - b_2 \cdot \overline{x}_2$$

Deskriptive Kennwerte

$$\bar{y} = 9,4 \qquad \bar{x}_1 = 10,9 \qquad \bar{x}_2 = 7,8$$

$$s_y^2 = 25,04 \qquad s_{x_1}^2 = 22,69 \qquad s_{x_2}^2 = 45,16$$

$$s_y = 5,004 \qquad s_{x_1} = 4,763 \qquad s_{x_2} = 6,72$$

$$b_{1s} = \frac{0,941 - (-0,806) \cdot (-0,819)}{1 - (-0,819)^2} = 0,853 \qquad b_1 = 0,853 \cdot \frac{5,004}{4,763} = 0,896$$

$$b_{2s} = \frac{-0,806 - (0,941) \cdot (-0,819)}{1 - (-0,819)^2} = -0,107 \qquad b_2 = -0,107 \cdot \frac{5,004}{6,72} = -0,080$$

$$b_0 = 9,4 - 0,896 \cdot 10,9 - (-0,080) \cdot 7,8 = 9,4 - 9,7664 + 0,624 = 0,258$$

$$\hat{y} = 0,258 + 0,896 \cdot x_1 - 0,080 \cdot x_2$$

$$R^2 = \frac{222,638}{250,4} = 0,889$$

Tabelle 137 Werte zur Berechnung von R^2

ALZ (y)	$(y-\bar{y})^2$	$\hat{y}$	$(\hat{y}-\bar{y})^2$	$(y-\hat{y})^2$	EP (x_1)	MK (x_2)
15	31,36	17,122	59,629	4,503	19	2
16	43,56	12,322	8,538	13,528	14	6
9	0,16	9,794	0,155	0,630	11	4
5	19,36	7,042	5,560	4,170	9	16
2	54,76	1,506	62,315	0,244	3	18
4	29,16	3,218	38,217	0,612	5	19
6	11,56	6,866	6,421	0,750	8	7
9	0,16	8,978	0,178	0,000	10	3
11	2,56	11,746	5,504	0,557	13	2
17	57,76	15,41	36,120	2,528	17	1
Summe	250,4	94,004	222,638	27,521		

Tabelle 138 Produkt-Moment-Korrelationen (Kovarianzen)

	x_1	x_2
y	0,941	-0,806
	(22,44)	(-27,12)
x_1		-0,819
		(-26,22)

Berechnung mittels ALM

Formeln:

$$b = \left(X'X \right)^{-1} \cdot X'y$$

$$QS_{tot} = y'y - n\overline{y}^2 \quad QS_{det} = b'X'y - n\overline{y}^2$$

$$R^2 = \frac{QS_{det}}{QS_{tot}}$$

Die Berechnung der einzelnen Bestimmungsstücke gestaltet sich etwas aufwändig …

$$y = \begin{bmatrix} 15 \\ 16 \\ 9 \\ 5 \\ 2 \\ 4 \\ 6 \\ 9 \\ 11 \\ 17 \end{bmatrix} \quad X = \begin{bmatrix} 1 & 19 & 2 \\ 1 & 14 & 6 \\ 1 & 11 & 4 \\ 1 & 9 & 16 \\ 1 & 3 & 18 \\ 1 & 5 & 19 \\ 1 & 8 & 7 \\ 1 & 10 & 3 \\ 1 & 13 & 2 \\ 1 & 17 & 1 \end{bmatrix} \quad X'X = \begin{bmatrix} 10 & 109 & 78 \\ 109 & 1415 & 588 \\ 78 & 588 & 1060 \end{bmatrix} \quad X'y = \begin{bmatrix} 94 \\ 1249 \\ 462 \end{bmatrix}$$

$$y'y = 1134$$

Determinante von X'X

$$\begin{array}{ccc} & & = 78 \cdot 1415 \cdot 78 \cdot (-1) = -8608860 \\ 10 & 109 & 78 \\ & & = 10 \cdot 588 \cdot 588 \cdot (-1) = -3457440 \\ 109 & 1415 & 588 \\ & & = 109 \cdot 109 \cdot 1060 \cdot (-1) = -12593860 \\ 78 & 588 & 1060 \rightarrow \rule{3cm}{0.4pt} \\ 10 & 109 & 78 \\ & & = 10 \cdot 1415 \cdot 1060 = 14999000 \\ 109 & 1415 & 588 \\ & & = 109 \cdot 588 \cdot 78 = 4999176 \\ & & = 37 \cdot 62 \cdot 356 = 4999176 \end{array}$$

Det = -8608860 - 3457440 - 12593860 + 14999000 + 4999176 + 4999176 = 337192

Kofaktorenmatrix

$$K = \begin{bmatrix} a & b & c \\ d & e & f \\ g & h & i \end{bmatrix}$$

$a = 1415 \cdot 1060 - 588 \cdot 588 \quad b = 109 \cdot 1060 - 588 \cdot 78 \quad c = 109 \cdot 588 - 1415 \cdot 78$
$d = 109 \cdot 1060 - 78 \cdot 588 \quad e = 10 \cdot 1060 - 78 \cdot 78 \quad f = 10 \cdot 588 - 109 \cdot 78$
$g = 109 \cdot 588 - 78 \cdot 1415 \quad h = 10 \cdot 588 - 78 \cdot 109 \quad i = 10 \cdot 1415 - 109 \cdot 109$

b, d, f, h jeweils noch mit (-1) multiplizieren!

$$K = \begin{bmatrix} a = 1154156 & b = -69676 & c = -46278 \\ d = -69676 & e = 4516 & f = 2622 \\ g = -46278 & h = 2622 & i = 2269 \end{bmatrix} = K'$$

Inverse $(X'X)^{-1}$

$$Inverse(X'X) = (X'X)^{-1} = \frac{1}{Det(X'X)} \cdot K'$$

$$(X'X)^{-1} = \frac{1}{337192} \cdot \begin{bmatrix} 1154156 & -69676 & -46278 \\ -69676 & 4516 & 2622 \\ -46278 & 2622 & 2269 \end{bmatrix}$$

(Noch nicht ausrechnen, weil sonst zu große Rundungsungenauigkeiten auftreten!)

b-Vektor:

$$b = (X'X)^{-1} \cdot X'y = \frac{\begin{bmatrix} 94 \\ 1249 \\ 462 \end{bmatrix}}{\frac{1}{337192} \cdot \begin{bmatrix} 1154156 & -69676 & -46278 \\ -69676 & 4516 & 2622 \\ -46278 & 2622 & 2269 \end{bmatrix} \begin{bmatrix} 0,252 \\ 0,896 \\ -0,080 \end{bmatrix} = \begin{bmatrix} b_0 \\ b_1 \\ b_2 \end{bmatrix} = b}$$

$$b'X'y = \frac{\begin{bmatrix} 94 \\ 1249 \\ 462 \end{bmatrix}}{\begin{bmatrix} 0,252 & 0,896 & -0,080 \end{bmatrix} \, 1105,832} \qquad n = 10 \quad \bar{y} = 9,4 \quad n \cdot (\bar{y})^2 = 883,6$$

$$QS_{tot} = y'y - n\bar{y}^2 = 1134 - 883,6 = 250,4$$

$$QS_{det} = b'X'y - n\bar{y}^2 = 1105,832 - 883,6 = 222,232$$

$$R^2 = \frac{QS_{det}}{QS_{tot}} = \frac{222,232}{250,4} = 0,8875$$

Prüfung des Multiplen Determinationskoeffizienten

H_0: $b_1 = 0$ und $b_2 = 0$

H_1: $b_1 \neq 0$ und/oder $b_2 \neq 0$

$$F = \frac{n-k-1}{k} \cdot \frac{R^2}{\left(1-R^2\right)} = \frac{R^2/k}{\left(1-R^2\right)/\left(n-k-1\right)} = \frac{\left(\sum_{m=1}^{n}\left(\hat{y}_m - \overline{y}\right)^2\right)/k}{\left(\sum_{m=1}^{n}\left(y_m - \hat{y}_m\right)^2\right)/\left(n-k-1\right)}$$

n = 10   k = Anzahl unabhängige Variablen = 2

bzw.

$$F = \frac{\left(R_U^2 - R_E^2\right)/df_h}{\left(1-R_U^2\right)/df_e}$$

R_U^2 : Determinationskoeffizient des uneingeschränkten Modells

R_E^2 : Determinationskoeffizient des eingeschränkten Modells

df_h : Hypothesenfreiheitsgrade = Anzahl der Null gesetzten b-Gewichte

df_e : Fehlerfreiheitsgrade = n – Anzahl der b-Gewichte inklusive b_0

$$F = \frac{\left(R_U^2 - R_E^2\right)/df_h}{\left(1-R_U^2\right)/df_e} = \frac{\left(0{,}889-0\right)/2}{\left(1-0{,}889\right)/7} = \frac{0{,}4445}{0{,}0159} = 27{,}96$$

$F_{(0{,}95;2;7)} = 4{,}7374$

Der empirische F-Wert ist extremer als der kritische, also signifikant, also H_1. Mit einer Irrtumswahrscheinlichkeit von 5 % kann behauptet werden, dass »Einstellung gegenüber Psychologen« und/oder »Medikamentenkonsum« einen signifikanten Beitrag zur Vorhersage der »Allgemeinen Lebenszufriedenheit« leisten.

b) Eine Person hat folgende Werte: »Einstellung gegenüber Psychologen« EP = 12 und »Medikamentenkonsum« MK = 8. Was für ein Wert für die »Allgemeine Lebenszufriedenheit« (ALZ) kann geschätzt werden?

Regressionsgleichung:

$$\hat{y} = b_0 + b_1 \cdot x_1 + b_2 \cdot x_2$$

$$\hat{y} = 0{,}258 + 0{,}896 \cdot x_1 - 0{,}080 \cdot x_2$$

$$\hat{y} = 0{,}258 + 0{,}896 \cdot \left(12\right) - 0{,}080 \cdot \left(8\right) = 0{,}258 + 10{,}752 - 0{,}640 = 11{,}65$$

Na ja, ginge doch als Wert für ALZ!

c) Wie gut kann alleine mit EP eine Vorhersage auf ALZ getroffen werden? Leistet der Prädiktor EP einen (signifikanten) Beitrag zur Vorhersage des Kriteriums ALZ?

Berechnung über Einfachregression

$$R^2 = \frac{s_{\hat{Y}}^2}{s_Y^2} = \frac{\sum\limits_{m=1}^{n}\left(\hat{y}_m - \overline{y}\right)^2}{\sum\limits_{m=1}^{n}\left(y_m - \overline{y}\right)^2} = r_{XY}^2 \qquad \hat{y} = b_0 + b_1 \cdot x$$

$$b_1 = r_{XY} \cdot \frac{s_Y}{s_X} = \frac{s_{XY}}{s_X^2} = \frac{22,44}{22,69} = 0,989$$

$$b_0 = \overline{y} - b_1 \cdot \overline{x} = 9,4 - 0,989 \cdot 10,9 = 9,4 - 10,780 = -1,38$$

$$R^2 = r_{XY}^2 = 0,941^2 = 0,8855 \qquad \hat{y} = -1,38 + 0,989 \cdot x$$

Berechnung mittels ALM

Reduzieren von X'X und X'y auf die relevanten Variablen

$$X'X = \begin{bmatrix} 10 & 109 \\ 109 & 1415 \end{bmatrix} \quad X'y = \begin{bmatrix} 94 \\ 1249 \end{bmatrix}$$

Bilden von $(X'X)^{-1}$

Zuerst Determinante: Det = $a \cdot d - b \cdot c = 10 \cdot 1415 - 109 \cdot 109 = 14150 - 11881 = 2269$

Bilden einer Kofaktorenmatrix

$$K = \begin{bmatrix} 1415 & -109 \\ -109 & 10 \end{bmatrix} = K' \quad \left(X'X\right)^{-1} = \frac{1}{2269} \cdot \begin{bmatrix} 1415 & -109 \\ -109 & 10 \end{bmatrix}$$

b-Vektor:

$$b = \left(X'X\right)^{-1} \cdot X'y = \frac{\begin{bmatrix} 94 \\ 1249 \end{bmatrix}}{\frac{1}{2269}\begin{bmatrix} 1415 & -109 \\ -109 & 10 \end{bmatrix} \begin{bmatrix} -1,380 \\ 0,989 \end{bmatrix} = \begin{bmatrix} b_0 \\ b_1 \end{bmatrix} = b}$$

$$b'X'y = \frac{\begin{bmatrix} 94 \\ 1249 \end{bmatrix}}{\begin{bmatrix} -1,380 & 0,989 \end{bmatrix} 1105,541}$$

$$QS_{det} = 1105,541 - 883,6 = 221,941$$

$$R^2 = \frac{QS_{det}}{QS_{tot}} = \frac{221,941}{250,4} = 0,886$$

Prüfung des Multiplen Determinationskoeffizienten

H_0: $b_1 = 0$

H_1: $b_1 \neq 0$

$$F = \frac{n-k-1}{k} \cdot \frac{R^2}{\left(1-R^2\right)} = \frac{R^2/k}{\left(1-R^2\right)/\left(n-k-1\right)} = \frac{\left(\sum\limits_{m=1}^{n}\left(\hat{y}_m - \overline{y}\right)^2\right)/k}{\left(\sum\limits_{m=1}^{n}\left(y_m - \hat{y}_m\right)^2\right)/\left(n-k-1\right)}$$

n = 10 k = Anzahl unabhängige Variablen = 1

bzw.

$$F = \frac{\left(R_U^2 - R_E^2\right)/df_h}{\left(1-R_U^2\right)/df_e}$$

R_U^2 : Determinationskoeffizient des uneingeschränkten Modells

R_E^2 : Determinationskoeffizient des eingeschränkten Modells

df_h : Hypothesenfreiheitsgrade = Anzahl der Null gesetzten b-Gewichte

df_e : Fehlerfreiheitsgrade = n – Anzahl der b-Gewichte inklusive b_0

$$F = \frac{\left(R_U^2 - R_E^2\right)/df_h}{\left(1-R_U^2\right)/df_e} = \frac{\left(0,8855 - 0\right)/1}{\left(1-0,8855\right)/8} = \frac{0,8855}{0,0143} = 61,923$$

$F_{(0,95;1;8)} = 5,3177$

Der empirische F-Wert ist extremer als der kritische, also signifikant, also H_1. Mit einer Irrtumswahrscheinlichkeit von 5 % kann behauptet werden, dass »Einstellung gegenüber Psychologen« einen signifikanten Beitrag zur Vorhersage der »Allgemeinen Lebenszufriedenheit« leistet.

d) Wie gut kann alleine mit MK eine Vorhersage auf ALZ getroffen werden? Leistet der Prädiktor MK einen (signifikanten) Beitrag zur Vorhersage des Kriteriums ALZ?

Berechnung über Einfachregression

$$R^2 = \frac{s_{\hat{Y}}^2}{s_Y^2} = \frac{\sum_{m=1}^{n}(\hat{y}_m - \bar{y})^2}{\sum_{m=1}^{n}(y_m - \bar{y})^2} = r_{XY}^2 \qquad \hat{y} = b_0 + b_1 \cdot x$$

$$b_1 = r_{XY} \cdot \frac{s_Y}{s_X} = \frac{s_{XY}}{s_X^2} = \frac{-27,12}{45,16} = -0,601$$

$$b_0 = \bar{y} - b_1 \cdot \bar{x} = 9,4 - (-0,601) \cdot 7,8 = 9,4 + 4,688 = 14,088$$

$$R^2 = r_{XY}^2 = -0,806^2 = 0,6496 \qquad \hat{y} = 14,088 - 0,601 \cdot x$$

Berechnung mittels ALM
Reduzieren von X'X und X'y auf die relevanten Variablen

$$X'X = \begin{bmatrix} 10 & 78 \\ 78 & 1060 \end{bmatrix} \quad X'y = \begin{bmatrix} 94 \\ 462 \end{bmatrix}$$

Bilden von $(X'X)^{-1}$
Zuerst Determinante: Det = $a \cdot d - b \cdot c = 10 \cdot 1060 - 78 \cdot 78 = 10600 - 6084 = 4516$
Bilden einer Kofaktorenmatrix

$$K = \begin{bmatrix} 1060 & -78 \\ -78 & 10 \end{bmatrix} = K' \quad (X'X)^{-1} = \frac{1}{4516} \cdot \begin{bmatrix} 1060 & -78 \\ -78 & 10 \end{bmatrix}$$

b-Vektor:

$$b = (X'X)^{-1} \cdot X'y = \frac{\begin{bmatrix} 94 \\ 462 \end{bmatrix}}{\frac{1}{4516} \begin{bmatrix} 1060 & -78 \\ -78 & 10 \end{bmatrix} \begin{bmatrix} 14,084 \\ -0,601 \end{bmatrix} = \begin{bmatrix} b_0 \\ b_2 \end{bmatrix} = b}$$

$$b'X'y = \frac{\begin{bmatrix} 94 \\ 462 \end{bmatrix}}{\begin{bmatrix} 14,084 & -0,601 \end{bmatrix} \quad 1046,234}$$

$$QS_{det} = 1046,234 - 883,6 = 162,634$$

$$R^2 = \frac{QS_{det}}{QS_{tot}} = \frac{162,634}{250,4} = 0,649$$

Prüfung des Multiplen Determinationskoeffizienten

H_0: $b_1 = 0$

H_1: $b_1 \neq 0$

$$F = \frac{n-k-1}{k} \cdot \frac{R^2}{\left(1-R^2\right)} = \frac{R^2 / k}{\left(1-R^2\right)/\left(n-k-1\right)} = \frac{\left(\sum_{m=1}^{n}\left(\hat{y}_m - \overline{y}\right)^2\right)/k}{\left(\sum_{m=1}^{n}\left(y_m - \hat{y}_m\right)^2\right)/\left(n-k-1\right)}$$

n = 10 k = Anzahl unabhängige Variablen = 1

bzw.

$$F = \frac{\left(R_U^2 - R_E^2\right)/df_h}{\left(1-R_U^2\right)/df_e}$$

R_U^2 : Determinationskoeffizient des uneingeschränkten Modells

R_E^2 : Determinationskoeffizient des eingeschränkten Modells

df_h : Hypothesenfreiheitsgrade = Anzahl der Null gesetzten b-Gewichte

df_e : Fehlerfreiheitsgrade = n – Anzahl der b-Gewichte inklusive b_0

$$F = \frac{\left(R_U^2 - R_E^2\right)/df_h}{\left(1-R_U^2\right)/df_e} = \frac{\left(0{,}6496-0\right)/1}{\left(1-0{,}6496\right)/8} = \frac{0{,}6496}{0{,}0438} = 14{,}831$$

$F_{(0,95;1;8)} = 5{,}3177$

Der empirische F-Wert ist extremer als der kritische, also signifikant, also H_1. Mit einer Irrtumswahrscheinlichkeit von 5 % kann behauptet werden, dass »Medikamentenkonsum« einen signifikanten Beitrag zur Vorhersage der »Allgemeinen Lebenszufriedenheit« leistet.

e) Erbringt die Hinzunahme von MK zusätzlich zu EP eine (signifikante) Verbesserung des Vorhersagemodells?

Zuerst Hypothesen:

H_0: b_1 = beliebig und $b_2 = 0$

H_1: b_1 = beliebig und $b_2 \neq 0$

$$F = \frac{\left(R_U^2 - R_E^2\right)/df_h}{\left(1 - R_U^2\right)/df_e} = \frac{\left(0,889 - 0,8855\right)/1}{\left(1 - 0,889\right)/7} = \frac{0,0035}{0,0159} = 0,220$$

R_U^2 : Determinationskoeffizient des uneingeschränkten Modells
R_E^2 : Determinationskoeffizient des eingeschränkten Modells
df_h : Hypothesenfreiheitsgrade = Anzahl der Null gesetzten b-Gewichte
df_e : Fehlerfreiheitsgrade = n – Anzahl der b-Gewichte inklusive b_0

$F_{(0,95;1;7)} = 5,5914$

Der empirische F-Wert ist nicht extremer als der kritische, also nicht signifikant, also H_0. Es kann nicht behauptet werden, dass die Hinzunahme des Prädiktors MK zusätzlich zum Prädiktor EP eine signifikante Verbesserung des Modells erbringt.

f) Erbringt die Hinzunahme von EP zusätzlich zu MK eine (signifikante) Verbesserung des Vorhersagemodells?
Zuerst Hypothesen:
H_0: $b_1 = 0$ und b_2 = beliebig
H_1: $b_1 \neq 0$ und b_2 = beliebig

$$F = \frac{\left(R_U^2 - R_E^2\right)/df_h}{\left(1 - R_U^2\right)/df_e} = \frac{\left(0,889 - 0,6496\right)/1}{\left(1 - 0,889\right)/7} = \frac{0,2394}{0,0159} = 15,057$$

R_U^2 : Determinationskoeffizient des uneingeschränkten Modells
R_E^2 : Determinationskoeffizient des eingeschränkten Modells
df_h : Hypothesenfreiheitsgrade = Anzahl der Null gesetzten b-Gewichte
df_e : Fehlerfreiheitsgrade = n – Anzahl der b-Gewichte inklusive b_0

$F_{(0,95;1;7)} = 5,5914$

Der empirische F-Wert ist extremer als der kritische, also signifikant, also H_1. Mit einer Irrtumswahrscheinlichkeit von 5 % kann behauptet werden, dass die Hinzunahme des Prädiktors EP zusätzlich zum Prädiktor MK eine signifikante Verbesserung des Modells erbringt.

g) Berechnen Sie die Fehlerquadratsumme QS_e.

$$QS_e = QS_{tot} - QS_{det} = \sum_{m=1}^{n} \left(y_m - \hat{y}_m\right)^2 = 250,4 - 222,638 = 27,762$$

h) Berechnen Sie den Standardschätzfehler $\hat{\sigma}_e$.

$$\hat{\sigma}_e = \sqrt{\frac{QS_e}{df_e}} = \sqrt{\frac{\sum_{m=1}^{n}(y_m - \hat{y}_m)^2}{n-k-1}} = \sqrt{\frac{27,762}{7}} = \sqrt{3,966} = 1,991$$

i) Berechnen Sie für ALZ, EP und MK die geschätzten Populations-Standardabweichungen $\hat{\sigma}$.

$$\hat{\sigma}_X = \sqrt{\frac{\sum_{m=1}^{n}(x_m - \bar{x})^2}{n-1}} = \sqrt{\frac{\sum_{m=1}^{n}x_m^2 - \frac{\left(\sum_{m=1}^{n}x_m\right)^2}{n}}{n-1}}$$

$$ALZ: \hat{\sigma}_Y = \sqrt{\frac{1134 - \frac{94^2}{10}}{10-1}} = \sqrt{\frac{1134 - \frac{8836}{10}}{9}} = \sqrt{\frac{1134 - 883,6}{9}} = \sqrt{\frac{250,4}{9}} = 5,27$$

$$EP: \hat{\sigma}_{X_1} = \sqrt{\frac{1415 - \frac{109^2}{10}}{10-1}} = \sqrt{\frac{1415 - \frac{11881}{10}}{9}} = \sqrt{\frac{1415 - 1188,1}{9}} = \sqrt{\frac{226,9}{9}} = 5,02$$

$$MK: \hat{\sigma}_{X_2} = \sqrt{\frac{1060 - \frac{78^2}{10}}{10-1}} = \sqrt{\frac{1060 - \frac{6084}{10}}{9}} = \sqrt{\frac{1060 - 608,4}{9}} = \sqrt{\frac{451,6}{9}} = 7,08$$

j) Berechnen Sie die standardisierten Einflussgewichte β für EP und MK.

$$\beta_j = b_j \cdot \frac{\hat{\sigma}_{X_j}}{\hat{\sigma}_Y};$$

$$EP: \quad \beta_{EP} = b_{1s} = 0,896 \cdot \frac{5,02}{5,27} = 0,853$$

$$MK: \quad \beta_{MK} = b_{2s} = -0,080 \cdot \frac{7,08}{5,27} = -0,107$$

Der Einfluss des Prädiktors »Einstellung gegenüber Psychologen« ist circa achtmal so groß wie der Einfluss des Prädiktors »Medikamentenkonsum«.

k) Erstellen Sie für den unter b) geschätzten Wert für ALZ ein 95 %- Konfidenzintervall!

Allgemeine Formel: $\hat{y} - t_{\alpha/2} \cdot \hat{\sigma}_e \leq \hat{y} \leq \hat{y} + t_{\alpha/2} \cdot \hat{\sigma}_e$

$\hat{y} = 11,65 \quad \hat{\sigma}_e = 1,991 \quad \alpha = 0,05 \quad t_{(\alpha/2=0,975;7)} = 2,3646$

Untergrenze: $11{,}65 - 2{,}3646 \cdot 1{,}991 = 11{,}65 - 4{,}708 = 6{,}942$
Obergrenze: $11{,}65 + 2{,}3646 \cdot 1{,}991 = 11{,}65 + 4{,}708 = 16{,}358$

Tabelle 139 Ergebnisse der multiplen Regressionsanalyse »Planet Stastik I (2)«

Modell	R_U^2	R_E^2	b-Gewichte	beta-Gewichte	$df_{Zähler}$	F_{emp}	sig.
x_1 und x_2	0,889	0	b_0: 0,258	$\beta_1 = 0{,}853$	2	27,96	sig.
			b_1: 0,896	$\beta_2 = -0{,}107$			
			b_2: -0,080				
nur x_1	0,8855	0	b_0: -1,380		1	61,92	sig.
			b_1: 0,989				
nur x_2	0,6496	0	b_0: 14,088		1	14,83	sig.
			b_2: -0,601				
x_2 zusätzlich zu x_1	0,889	0,8855			1	0,220	n.s.
x_1 zusätzlich zu x_2	0,889	0,6496			1	15,06	sig.

2.56 Steinzeit …

Für die Berechnung Multipler Regressionsanalysen existieren verschiedene Methoden, von denen zwei hier dargestellt werden sollen: Spezifische Formeln für zwei Prädiktoren sowie die Berechnung anhand des Allgemeinen Linearen Modells (ALM). Zum Schluss werden die verschiedenen Ergebnisse in einer Tabelle zusammengefasst. Es sei vorweggenommen, dass verschiedene Rechenmethoden aufgrund von Rundungsungenauigkeiten zu leicht verschiedenen Ergebnissen führen.

a) Kann man über »Schnelligkeit« (SC, x_1) und »Weisheit« (WE, x_2) (signifikant) auf die »Häuptlingsqualität« (HQ, y) schätzen? Wie gut ist so ein Schätzmodell?

Berechnung über spezifische Formeln

$$R^2 = \frac{s_{\hat{Y}}^2}{s_Y^2} = \frac{\sum_{m=1}^{n}\left(\hat{y}_m - \overline{y}\right)^2}{\sum_{m=1}^{n}\left(y_m - \overline{y}\right)^2} \qquad \hat{y} = b_0 + b_1 \cdot x_1 + b_2 \cdot x_2$$

$$b_1 = b_{1s} \cdot \frac{s_Y}{s_{X_1}} \qquad b_{1s} = \frac{r_{YX_1} - r_{YX_2} \cdot r_{X_1 X_2}}{1 - r_{X_1 X_2}^2} \qquad b_2 = b_{2s} \cdot \frac{s_Y}{s_{X_2}} \qquad b_{2s} = \frac{r_{YX_2} - r_{YX_1} \cdot r_{X_1 X_2}}{1 - r_{X_1 X_2}^2}$$

$$b_0 = \overline{y} - b_1 \cdot \overline{x}_1 - b_2 \cdot \overline{x}_2$$

Deskriptive Kennwerte

$$\overline{y} = 3{,}333 \qquad \overline{x}_1 = 10{,}333 \qquad \overline{x}_2 = 6{,}167$$
$$s_y^2 = 5{,}222 \qquad s_{x_1}^2 = 12{,}556 \qquad s_{x_2}^2 = 2{,}139$$
$$s_y = 2{,}285 \qquad s_{x_1} = 3{,}543 \qquad s_{x_2} = 1{,}462$$

Tabelle 140 Werte zur Berechnung von R^2

HQ (y)	$\left(y-\overline{y}\right)^2$	$\hat{y}$	$\left(\hat{y}-\overline{y}\right)^2$	$\left(y-\hat{y}\right)^2$	SC (x_1)	WE (x_2)
1	5,444	-0,044	11,406	1,090	14	6
2	1,778	2,466	0,752	0,217	14	4
4	0,444	3,868	0,286	0,017	10	6
2	1,778	3,314	0,000	1,727	8	8
8	21,778	7,226	15,153	0,599	4	8
3	0,111	3,167	0,028	0,028	12	5
Summe	31,333	19,997	27,625	3,678		

Tabelle 141 Produkt-Moment-Korrelationen (Kovarianzen)

	x_1	x_2
y	-0,837	0,482
	(-6,778)	(1,611)
x_1		-0,847
		(-4,389)

$$b_{1s} = \frac{-0,837 - (0,482) \cdot (-0,847)}{1 - (-0,847)^2} = -1,517 \qquad b_1 = -1,517 \cdot \frac{2,285}{3,543} = -0,978$$

$$b_{2s} = \frac{0,482 - (-0,837) \cdot (-0,847)}{1 - (-0,847)^2} = -0,803 \qquad b_2 = -0,803 \cdot \frac{2,285}{1,462} = -1,255$$

$$b_0 = 3,333 - (-0,978) \cdot 10,333 - (-1,255) \cdot 6,167 = 3,333 + 10,1057 + 7,7396 = 21,178$$

$$\hat{y} = 21,178 - 0,978 \cdot x_1 - 1,255 \cdot x_2$$

$$R^2 = \frac{27,625}{31,333} = 0,882$$

Berechnung mittels ALM

Formeln:

$$b = (X'X)^{-1} \cdot X'y$$

$$QS_{tot} = y'y - n\bar{y}^2 \qquad QS_{det} = b'X'y - n\bar{y}^2$$

$$R^2 = \frac{QS_{det}}{QS_{tot}}$$

$$y = \begin{bmatrix} 1 \\ 2 \\ 4 \\ 2 \\ 8 \\ 3 \end{bmatrix} \quad X = \begin{bmatrix} 1 & 14 & 6 \\ 1 & 14 & 4 \\ 1 & 10 & 6 \\ 1 & 8 & 8 \\ 1 & 4 & 8 \\ 1 & 12 & 5 \end{bmatrix} \quad X'X = \begin{bmatrix} 6 & 62 & 37 \\ 62 & 716 & 356 \\ 37 & 356 & 241 \end{bmatrix} \quad X'y = \begin{bmatrix} 20 \\ 166 \\ 133 \end{bmatrix}$$

$$y'y = 98$$

Determinante von X'X

$$\begin{array}{ccc} 6 & 62 & 37 \\ 62 & 716 & 356 \\ 37 & 356 & 241 \end{array} \rightarrow$$

$$= 37 \cdot 716 \cdot 37 \cdot (-1) = -980204$$
$$= 6 \cdot 356 \cdot 356 \cdot (-1) = -760416$$
$$= 62 \cdot 62 \cdot 241 \cdot (-1) = -926404$$

$$\begin{array}{ccc} 6 & 62 & 37 \\ 62 & 716 & 356 \end{array}$$

$$= 6 \cdot 716 \cdot 241 = 1035336$$
$$= 62 \cdot 356 \cdot 37 = 816664$$
$$= 37 \cdot 62 \cdot 356 = 816664$$

Det = - 980204 – 760416 – 926404 + 1035336 + 816664 + 816664 = 1640

Kofaktorenmatrix K

$$K = \begin{bmatrix} a & b & c \\ d & e & f \\ g & h & i \end{bmatrix}$$

$$\begin{aligned} a &= 716 \cdot 241 - 356 \cdot 356 & b &= 62 \cdot 241 - 356 \cdot 37 & c &= 62 \cdot 356 - 716 \cdot 37 \\ d &= 62 \cdot 241 - 356 \cdot 37 & e &= 6 \cdot 241 - 37 \cdot 37 & f &= 6 \cdot 356 - 62 \cdot 37 \\ g &= 62 \cdot 356 - 37 \cdot 716 & h &= 6 \cdot 356 - 37 \cdot 62 & i &= 6 \cdot 716 - 62 \cdot 62 \end{aligned}$$

b,d,f,h jeweils noch mit (−1) multiplizieren!

$$K = \begin{bmatrix} a = 45820 & b = -1770 & c = -4420 \\ d = -1770 & e = 77 & f = 158 \\ g = -4420 & h = 158 & i = 452 \end{bmatrix} = K'$$

Inverse (X'X)⁻¹

$$Inverse(X'X) = (X'X)^{-1} = \frac{1}{Det(X'X)} \cdot K'$$

$$(X'X)^{-1} = \frac{1}{1640} \cdot \begin{bmatrix} 45820 & -1770 & -4420 \\ -1770 & 77 & 158 \\ -4420 & 158 & 452 \end{bmatrix}$$

(Noch nicht ausrechnen, weil sonst zu große Rundungsungenauigkeiten auftreten!)
b-Vektor:

$$b = (X'X)^{-1} \cdot X'y = \frac{\begin{bmatrix} 20 \\ 166 \\ 133 \end{bmatrix}}{\frac{1}{1640} \cdot \begin{bmatrix} 45820 & -1770 & -4420 \\ -1770 & 77 & 158 \\ -4420 & 158 & 452 \end{bmatrix} \begin{bmatrix} 21{,}170 \\ -0{,}978 \\ -1{,}254 \end{bmatrix} = \begin{bmatrix} b_0 \\ b_1 \\ b_2 \end{bmatrix} = b}$$

$$b'X'y = \dfrac{\begin{vmatrix} \begin{bmatrix} 20 \\ 166 \\ 133 \end{bmatrix} \end{vmatrix}}{\begin{bmatrix} 21{,}170 & -0{,}978 & -1{,}254 \end{bmatrix} \Big| 94{,}27} \qquad n=6 \quad \overline{y}=3{,}33 \quad n\cdot\left(\overline{y}\right)^2 = 66{,}67$$

$$QS_{tot} = y'y - n\overline{y}^2 = 98 - 66{,}67 = 31{,}33$$

$$QS_{det} = b'X'y - n\overline{y}^2 = 94{,}27 - 66{,}67 = 27{,}6$$

$$R^2 = \frac{QS_{det}}{QS_{tot}} = \frac{27{,}6}{31{,}33} = 0{,}881$$

Prüfung des Multiplen Determinationskoeffizienten

H_0: $b_1 = 0$ und $b_2 = 0$

H_1: $b_1 \neq 0$ und/oder $b_2 \neq 0$

$$F = \frac{n-k-1}{k} \cdot \frac{R^2}{\left(1-R^2\right)} = \frac{R^2/k}{\left(1-R^2\right)/\left(n-k-1\right)} = \frac{\left(\displaystyle\sum_{m=1}^{n}\left(\hat{y}_m - \overline{y}\right)^2\right)/k}{\left(\displaystyle\sum_{m=1}^{n}\left(y_m - \hat{y}_m\right)^2\right)/\left(n-k-1\right)}$$

n = 10 k = Anzahl unabhängige Variablen = 2
bzw.

$$F = \frac{\left(R_U^2 - R_E^2\right)/df_h}{\left(1-R_U^2\right)/df_e}$$

R_U^2 : Determinationskoeffizient des uneingeschränkten Modells
R_E^2 : Determinationskoeffizient des eingeschränkten Modells
df_h : Hypothesenfreiheitsgrade = Anzahl der Null gesetzten b-Gewichte
df_e : Fehlerfreiheitsgrade = n – Anzahl der b-Gewichte inklusive b_0

$$F = \frac{\left(R_U^2 - R_E^2\right)/df_h}{\left(1-R_U^2\right)/df_e} = \frac{\left(0{,}882-0\right)/2}{\left(1-0{,}882\right)/3} = \frac{0{,}441}{0{,}0393} = 11{,}22$$

$F_{(0,95;2;3)} = 9{,}5521$

Der empirische F-Wert ist extremer als der kritische, also signifikant, also H_1. Mit einer Irrtumswahrscheinlichkeit von 5 % kann behauptet werden, dass »Schnelligkeit« und/oder »Weisheit« einen signifikanten Beitrag zur Vorhersage der »Häuptlingsqualität« leisten.

b) Ein Kandidat auf die Häuptlingswürde schätzt für sich selbst Werte von »Schnelligkeit« = 4 und »Weisheit« = 9. Welcher Wert für die »Häuptlingsqualität« (HQ) kann geschätzt werden?

Regressionsgleichung:

$$\hat{y} = b_0 + b_1 \cdot x_1 + b_2 \cdot x_2$$
$$\hat{y} = 21{,}178 - 0{,}978 \cdot x_1 - 1{,}255 \cdot x_2$$
$$\hat{y} = 21{,}178 - 0{,}978 \cdot (4) - 1{,}255 \cdot (9) = 21{,}178 - 3{,}912 - 11{,}295 = 5{,}971$$

Es gab schon schlechtere Häuptlinge …

c) Wie gut kann alleine mit »Schnelligkeit« eine Vorhersage auf »Häuptlingsqualität« getroffen werden? Leistet der Prädiktor SC einen (signifikanten) Beitrag zur Vorhersage des Kriteriums HQ?

Berechnung über Einfachregression

$$R^2 = \frac{s_{\hat{Y}}^2}{s_Y^2} = \frac{\sum_{m=1}^{n}(\hat{y}_m - \overline{y})^2}{\sum_{m=1}^{n}(y_m - \overline{y})^2} = r_{XY}^2 \qquad \hat{y} = b_0 + b_1 \cdot x$$

$$b_1 = r_{XY} \cdot \frac{s_Y}{s_X} = \frac{s_{XY}}{s_X^2} = \frac{-6{,}778}{12{,}556} = -0{,}540$$

$$b_0 = \overline{y} - b_1 \cdot \overline{x} = 3{,}333 - (-0{,}540) \cdot 10{,}333 = 3{,}333 + 5{,}580 = 8{,}913$$

$$R^2 = r_{XY}^2 = (-0{,}837)^2 = 0{,}701 \qquad \hat{y} = 8{,}913 - 0{,}540 \cdot x$$

Berechnung mittels ALM

Reduzieren von X'X und X'y auf die relevanten Variablen

$$X'X = \begin{bmatrix} 6 & 62 \\ 62 & 716 \end{bmatrix}; \quad X'y = \begin{bmatrix} 20 \\ 166 \end{bmatrix}$$

Bilden von (X'X)⁻¹

Zuerst Determinante: Det = a · d − b · c = 6 · 716 − 62 · 62 = 4296 − 3844 = 452

Bilden einer Kofaktorenmatrix

$$K = \begin{bmatrix} 716 & -62 \\ -62 & 6 \end{bmatrix} = K' \qquad (X'X)^{-1} = \frac{1}{452} \cdot \begin{bmatrix} 716 & -62 \\ -62 & 6 \end{bmatrix}$$

b-Vektor:

$$
b = \left(X'X \right)^{-1} \cdot X'y = \cfrac{\left. \cfrac{1}{452} \begin{bmatrix} 716 & -62 \\ -62 & 6 \end{bmatrix} \right| \begin{bmatrix} 20 \\ 166 \end{bmatrix}}{\begin{bmatrix} 8{,}912 \\ -0{,}540 \end{bmatrix} = \begin{bmatrix} b_0 \\ b_1 \end{bmatrix} = b}
$$

$$
b'X'y = \cfrac{\left. \phantom{\begin{bmatrix} 8{,}912 & -0{,}540 \end{bmatrix}} \right| \begin{bmatrix} 20 \\ 166 \end{bmatrix}}{\begin{bmatrix} 8{,}912 & -0{,}540 \end{bmatrix} \Big| \quad 88{,}6}
$$

$$QS_{det} = 88{,}6 - 66{,}67 = 21{,}93$$

$$R^2 = \frac{QS_{det}}{QS_{tot}} = \frac{21{,}93}{31{,}33} = 0{,}70$$

Prüfung des Multiplen Determinationskoeffizienten

H_0: $b_1 = 0$
H_1: $b_1 \neq 0$

$$
F = \frac{n-k-1}{k} \cdot \frac{R^2}{\left(1-R^2\right)} = \frac{R^2/k}{\left(1-R^2\right)/\left(n-k-1\right)} = \frac{\left(\sum\limits_{m=1}^{n} \left(\hat{y}_m - \overline{y} \right)^2 \right)/k}{\left(\sum\limits_{m=1}^{n} \left(y_m - \hat{y}_m \right)^2 \right)/\left(n-k-1\right)}
$$

n = 6 k = Anzahl unabhängige Variablen = 1
bzw.

$$
F = \frac{\left(R_U^2 - R_E^2 \right)/df_h}{\left(1-R_U^2\right)/df_e}
$$

R_U^2 : Determinationskoeffizient des uneingeschränkten Modells
R_E^2 : Determinationskoeffizient des eingeschränkten Modells
df_h : Hypothesenfreiheitsgrade = Anzahl der Null gesetzten b-Gewichte
df_e : Fehlerfreiheitsgrade = n – Anzahl der b-Gewichte inklusive b_0

$$
F = \frac{\left(R_U^2 - R_E^2 \right)/df_h}{\left(1-R_U^2\right)/df_e} = \frac{\left(0{,}701-0\right)/1}{\left(1-0{,}701\right)/4} = \frac{0{,}701}{0{,}075} = 9{,}35
$$

$F_{(0{,}95;1;4)} = 7{,}7086$

Der empirische F-Wert ist extremer als der kritische, also signifikant, also H_1. Mit einer Irrtumswahrscheinlichkeit von 5 % kann behauptet werden, dass »Schnelligkeit« einen signifikanten Beitrag zur Vorhersage der »Häuptlingsqualität« leistet.

d) Wie gut kann alleine mit »Weisheit« eine Vorhersage auf »Häuptlingsqualität« getroffen werden? Leistet der Prädiktor WE einen (signifikanten) Beitrag zur Vorhersage des Kriteriums HQ?

Berechnung über Einfachregression

$$R^2 = \frac{s_{\hat{Y}}^2}{s_Y^2} = \frac{\sum_{m=1}^{n}(\hat{y}_m - \overline{y})^2}{\sum_{m=1}^{n}(y_m - \overline{y})^2} = r_{XY}^2 \qquad \hat{y} = b_0 + b_1 \cdot x$$

$$b_1 = r_{XY} \cdot \frac{s_Y}{s_X} = \frac{s_{XY}}{s_X^2} = \frac{1,611}{2,139} = 0,753$$

$$b_0 = \overline{y} - b_1 \cdot \overline{x} = 3,333 - (0,753) \cdot 6,167 = 3,333 - 4,644 = -1,311$$

$$R^2 = r_{XY}^2 = (0,482)^2 = 0,232 \qquad \hat{y} = -1,311 - 0,753 \cdot x$$

Berechnung mittels ALM
Reduzieren von X'X und X'y auf die relevanten Variablen

$$X'X = \begin{bmatrix} 6 & 37 \\ 37 & 241 \end{bmatrix} \qquad X'y = \begin{bmatrix} 20 \\ 133 \end{bmatrix}$$

Bilden von $(X'X)^{-1}$
Zuerst Determinante: Det = a $\cdot$ d - b $\cdot$ c = 6 $\cdot$ 241 - 37 $\cdot$ 37 = 1446 - 1369 = 77
Bilden einer Kofaktorenmatrix

$$K = \begin{bmatrix} 241 & -37 \\ -37 & 6 \end{bmatrix} = K'; \quad (X'X)^{-1} = \frac{1}{77} \begin{bmatrix} 241 & -37 \\ -37 & 6 \end{bmatrix}$$

b-Vektor:

$$b = (X'X)^{-1} \cdot X'y = \frac{\begin{bmatrix} 20 \\ 133 \end{bmatrix}}{\frac{1}{77}\begin{bmatrix} 241 & -37 \\ -37 & 6 \end{bmatrix}} \begin{bmatrix} -1,312 \\ 0,753 \end{bmatrix} = \begin{bmatrix} b_0 \\ b_1 \end{bmatrix} = b$$

$$b'X'y = \frac{\begin{bmatrix} 20 \\ 133 \end{bmatrix}}{\begin{bmatrix} -1,312 & 0,753 \end{bmatrix} \begin{vmatrix} 73,909 \end{vmatrix}}$$

$$QS_{det} = 73,909 - 66,667 = 7,242$$

$$R^2 = \frac{QS_{det}}{QS_{total}} = \frac{7,242}{31,33} = 0,231$$

Prüfung des Multiplen Determinationskoeffizienten

$H_0: b_2 = 0$

$H_1: b_2 \neq 0$

$$F = \frac{n-k-1}{k} \cdot \frac{R^2}{(1-R^2)} = \frac{R^2/k}{(1-R^2)/(n-k-1)} = \frac{\left(\sum_{m=1}^{n}(\hat{y}_m - \overline{y})^2\right)/k}{\left(\sum_{m=1}^{n}(y_m - \hat{y}_m)^2\right)/(n-k-1)}$$

n = 6 k = Anzahl unabhängige Variablen = 1

bzw.

$$F = \frac{\left(R_U^2 - R_E^2\right)/df_h}{\left(1-R_U^2\right)/df_e}$$

R_U^2 : Determinationskoeffizient des uneingeschränkten Modells
R_E^2 : Determinationskoeffizient des eingeschränkten Modells
df_h : Hypothesenfreiheitsgrade = Anzahl der Null gesetzten b-Gewichte
df_e : Fehlerfreiheitsgrade = n – Anzahl der b-Gewichte inklusive b_0

$$F = \frac{\left(R_U^2 - R_E^2\right)/df_h}{\left(1-R_U^2\right)/df_e} = \frac{(0,232-0)/1}{(1-0,232)/4} = \frac{0,232}{0,192} = 1,21$$

$F_{(0,95;1;4)} = 7,7086$

Der empirische F-Wert ist nicht extremer als der kritische, also nicht signifikant, also H_0. Es kann nicht behauptet werden, dass »Weisheit« einen statistisch bedeutsamen Beitrag zur Vorhersage des Kriteriums »Häuptlingsqualität« leistet.

e) Erbringt die Hinzunahme von »Weisheit« zusätzlich zu »Schnelligkeit« eine (signifikante) Verbesserung des Vorhersagemodells?

Zuerst Hypothesen:
H_0: b_1 = beliebig und $b_2 = 0$
H_1: b_1 = beliebig und $b_2 \neq 0$

$$F = \frac{\left(R_U^2 - R_E^2\right)/df_h}{\left(1 - R_U^2\right)/df_e} = \frac{(0{,}882 - 0{,}701)/1}{(1 - 0{,}882)/3} = \frac{0{,}181}{0{,}0393} = 4{,}61$$

R_U^2 : Determinationskoeffizient des uneingeschränkten Modells
R_E^2 : Determinationskoeffizient des eingeschränkten Modells
df_h : Hypothesenfreiheitsgrade = Anzahl der Null gesetzten b-Gewichte
df_e : Fehlerfreiheitsgrade = n – Anzahl der b-Gewichte inklusive b_0

$F_{(0{,}95;1;3)} = 10{,}128$

Der empirische F-Wert ist nicht extremer als der kritische, also nicht signifikant, also H_0. Es kann nicht behauptet werden, dass die Hinzunahme des Prädiktors WE zusätzlich zum Prädiktor SC eine signifikante Verbesserung des Modells erbringt.

f) Erbringt die Hinzunahme von »Schnelligkeit« zusätzlich zu »Weisheit« eine (signifikante) Verbesserung des Vorhersagemodells?
Zuerst Hypothesen:
H_0: $b_1 = 0$ und b_2 = beliebig
H_1: $b_1 \neq 0$ und b_2 = beliebig

$$F = \frac{\left(R_U^2 - R_E^2\right)/df_h}{\left(1 - R_U^2\right)/df_e} = \frac{(0{,}882 - 0{,}232)/1}{(1 - 0{,}882)/3} = \frac{0{,}65}{0{,}0393} = 16{,}54$$

R_U^2 : Determinationskoeffizient des uneingeschränkten Modells
R_E^2 : Determinationskoeffizient des eingeschränkten Modells
df_h : Hypothesenfreiheitsgrade = Anzahl der Null gesetzten b-Gewichte
df_e : Fehlerfreiheitsgrade = n – Anzahl der b-Gewichte inklusive b_0

$F_{(0{,}95;1;3)} = 10{,}128$

Der empirische F-Wert ist extremer als der kritische, also signifikant, also H_1. Mit einer Irrtumswahrscheinlichkeit von 5 % kann behauptet werden, dass die Hinzunahme des Prädiktors SC zusätzlich zum Prädiktor WE eine signifikante Verbesserung des Modells erbringt.

g) Berechnen Sie die Fehlerquadratsumme QS_e.

$$QS_e = QS_{tot} - QS_{det} = \sum_{m=1}^{n} \left(y_m - \hat{y}_m\right)^2 = 31{,}333 - 27{,}625 = 3{,}708$$

h) Berechnen Sie den Standardschätzfehler $\hat{\sigma}_e$.

$$\hat{\sigma}_e = \sqrt{\frac{QS_e}{df_e}} = \sqrt{\frac{\sum\limits_{m=1}^{n}(y_m - \hat{y}_m)^2}{n-k-1}} \sqrt{\frac{3,708}{3}} = \sqrt{1,236} = 1,112$$

i) Berechnen Sie für »Häuptlingsqualität« (HQ), »Schnelligkeit« (SC) und »Weisheit« (WE) die geschätzten Populations-Standardabweichungen $\hat{\sigma}$.

$$\hat{\sigma}_x = \sqrt{\frac{\sum\limits_{m=1}^{n}(x_m - \bar{x})^2}{n-1}} = \sqrt{\frac{\sum\limits_{m=1}^{n}x_m^2 - \dfrac{\left(\sum\limits_{m=1}^{n}x_m\right)^2}{n}}{n-1}}$$

$$HQ: \quad \hat{\sigma}_Y = \sqrt{\frac{98 - \dfrac{20^2}{6}}{6-1}} = \sqrt{\frac{98 - \dfrac{400}{6}}{5}} = \sqrt{\frac{98 - 66,67}{5}} = \sqrt{\frac{31,33}{5}} = 2,50$$

$$SC: \quad \hat{\sigma}_{X_1} = \sqrt{\frac{716 - \dfrac{62^2}{6}}{6-1}} = \sqrt{\frac{716 - \dfrac{3844}{6}}{5}} = \sqrt{\frac{716 - 640,67}{5}} = \sqrt{\frac{75,33}{5}} = 3,88$$

$$WE: \quad \hat{\sigma}_{X_2} = \sqrt{\frac{241 - \dfrac{37^2}{6}}{6-1}} = \sqrt{\frac{241 - \dfrac{1369}{6}}{5}} = \sqrt{\frac{241 - 228,17}{5}} = \sqrt{\frac{12,83}{5}} = 1,60$$

j) Berechnen Sie die standardisierten Einflussgewichte β für »Schnelligkeit« (SC) und »Weisheit« (WE).

$$\beta_j = b_j \cdot \frac{\hat{\sigma}_{X_j}}{\hat{\sigma}_Y};$$

$$SC: \quad \beta_{SC} = b_{1s} = -0,978 \cdot \frac{3,88}{2,50} = -1,518$$

$$WE: \quad \beta_{WE} = b_{2s} = -1,255 \cdot \frac{1,60}{2,50} = -0,803$$

Der Einfluss des Prädiktors »Schnelligkeit« ist nahezu doppelt so groß wie der Einfluss des Prädiktors »Weisheit«.

k) Erstellen Sie für den unter b) geschätzten Wert für »Häuptlingsqualität« (HQ) ein 95 %-Konfidenzintervall!
Allgemeine Formel: $\hat{y} - t_{\alpha/2} \cdot \hat{\sigma}_e \leq \hat{y} \leq \hat{y} + t_{\alpha/2} \cdot \hat{\sigma}_e$

$$\hat{y} = 5,971 \quad \hat{\sigma}_e = 1,112 \quad \alpha = 0,05 \quad t_{(\alpha/2=0,975;3)} = 3,1824$$

Untergrenze: 5,971 – 3,1824 · 1,112 = 5,971 – 3,539 = 2,432
Obergrenze: 5,971 + 3,1824 · 1,112 = 5,971 + 3,539 = 9,51

Tabelle 142 Ergebnisse der multiplen Regressionsanalyse »Steinzeit«

Modell	R_U^2	R_ε^2	b-Gewichte	beta-Gewichte	$df_{Zähler}$	F_{emp}	sig.
x_1 und x_2	0,882	0	b_0: 21,178 b_1: -0,978 b_2: -1,255	β_1=-1,517 β_2=-0,803	2	11,22	sig.
nur x_1	0,701	0	b_0: 8,913 b_1: -0,540		1	9,35	sig.
nur x_2	0,232	0	b_0: -1,311 b_2: 0,753		1	1,21	n.s.
x_2 zusätzlich zu x_1	0,882	0,701			1	4,61	n.s.
x_1 zusätzlich zu x_2	0,882	0,232			1	16,54	sig.

2.57 Brown-Nosing

Für die Berechnung Multipler Regressionsanalysen existieren verschiedene Metho-den, von denen zwei hier dargestellt werden sollen: Spezifische Formeln für zwei Prädiktoren sowie die Berechnung anhand des Allgemeinen Linearen Modells (ALM). Zum Schluss werden die verschiedenen Ergebnisse in einer Tabelle zusam-mengefasst. Es sei vorweggenommen, dass verschiedene Rechenmethoden auf Grund von Rundungsungenauigkeiten zu leicht verschiedenen Ergebnissen führen.

a) Kann man über BNI und GWS (signifikant) auf BP schätzen? Wie gut ist so ein Schätzmodell?

Berechnung über spezifische Formeln

$$R^2 = \frac{s_{\hat{Y}}^2}{s_Y^2} = \frac{\sum_{m=1}^{n}\left(\hat{y}_m - \overline{y}\right)^2}{\sum_{m=1}^{n}\left(y_m - \overline{y}\right)^2} \qquad \hat{y} = b_0 + b_1 \cdot x_1 + b_2 \cdot x_2$$

$$b_1 = b_{1s} \cdot \frac{s_Y}{s_{X_1}} \quad b_{1s} = \frac{r_{YX_1} - r_{YX_2} \cdot r_{X_1 X_2}}{1 - r_{X_1 X_2}^2} \quad b_2 = b_{2s} \cdot \frac{s_Y}{s_{X_2}} \quad b_{2s} = \frac{r_{YX_2} - r_{YX_1} \cdot r_{X_1 X_2}}{1 - r_{X_1 X_2}^2}$$

$$b_0 = \overline{y} - b_1 \cdot \overline{x}_1 - b_2 \cdot \overline{x}_2$$

Deskriptive Kennwerte

$\overline{y} = 3,4$	$\overline{x}_1 = 2,2$	$\overline{x}_2 = 1,6$
$s_y^2 = 1,040$	$s_{x_1}^2 = 1,360$	$s_{x_2}^2 = 0,640$
$s_y = 1,020$	$s_{x_1} = 1,166$	$s_{x_2} = 0,800$

Tabelle 143 Werte zur Berechnung von R^2

BP (y)	$(y - \overline{y})^2$	$\hat{y}$	$(\hat{y} - \overline{y})^2$	$(y - \hat{y})^2$	BNI (x_1)	GWS (x_2)
4	0,360	3,752	0,124	0,062	3	1
5	2,560	5,151	3,066	0,023	4	3
2	1,960	2,350	1,103	0,123	1	1
3	0,160	2,699	0,491	0,091	1	2
3	0,160	3,051	0,122	0,003	2	1
Summe	5,200	17,003	4,906	0,300		

Tabelle 144 Produkt-Moment-Korrelationen (Kovarianzen)

	x_1	x_2
y	0,942	0,686
	(1,120)	(0,560)
x_1		0,514
		(0,480)

$$b_{1s} = \frac{0,942 - (0,686) \cdot (0,514)}{1 - (0,514)^2} = 0,801 \quad b_1 = 0,801 \cdot \frac{1,020}{1,166} = 0,701$$

$$b_{2s} = \frac{0,686 - (0,942) \cdot (0,514)}{1 - (0,514)^2} = 0,274 \qquad b_2 = 0,274 \cdot \frac{1,020}{0,800} = 0,349$$

$$b_0 = 3,4 - (0,701) \cdot 2,2 - (0,349) \cdot 1,6 = 3,4 - 1,5422 - 0,5584 = 1,30$$

$$\hat{y} = 1,3 + 0,701 \cdot x_1 + 0,349 \cdot x_2$$

$$R^2 = \frac{4,906}{5,200} = 0,943$$

Berechnung mittels ALM

Formeln:

$$b = (X'X)^{-1} \cdot X'y$$

$$QS_{tot} = y'y - n\bar{y}^2 \qquad QS_{det} = b'X'y - n\bar{y}^2$$

$$R^2 = \frac{QS_{det}}{QS_{tot}}$$

$$y = \begin{bmatrix} 4 \\ 5 \\ 2 \\ 3 \\ 3 \end{bmatrix} \qquad X = \begin{bmatrix} 1 & 3 & 1 \\ 1 & 4 & 3 \\ 1 & 1 & 1 \\ 1 & 1 & 2 \\ 1 & 2 & 1 \end{bmatrix} \qquad X'X = \begin{bmatrix} 5 & 11 & 8 \\ 11 & 31 & 20 \\ 8 & 20 & 16 \end{bmatrix} \qquad X'y = \begin{bmatrix} 17 \\ 43 \\ 30 \end{bmatrix}$$

$$y'y = 63$$

Determinante von X'X

$$\begin{array}{ccc} & & = 8 \cdot 31 \cdot 8 \cdot (-1) = -1984 \\ 5 & 11 & 8 \\ & & = 5 \cdot 20 \cdot 20 \cdot (-1) = -2000 \\ 11 & 31 & 20 \\ & & = 11 \cdot 11 \cdot 16 \cdot (-1) = -1936 \\ 8 & 20 & 16 \rightarrow & \overline{} \\ 5 & 11 & 8 & = 5 \cdot 31 \cdot 16 = 2480 \\ & & = 11 \cdot 20 \cdot 8 = 1760 \\ 11 & 31 & 20 & = 8 \cdot 11 \cdot 20 = 1760 \end{array}$$

Det = -1984 - 2000 - 1936 + 2480 + 1760 + 1760 = 80

Kofaktorenmatrix K

$$K = \begin{bmatrix} a & b & c \\ d & e & f \\ g & h & i \end{bmatrix} \quad \begin{array}{lll} a = 31 \cdot 16 - 20 \cdot 20 & b = 11 \cdot 16 - 20 \cdot 8 & c = 11 \cdot 20 - 31 \cdot 8 \\ d = 11 \cdot 16 - 8 \cdot 20 & e = 5 \cdot 16 - 8 \cdot 8 & f = 5 \cdot 20 - 11 \cdot 8 \\ g = 11 \cdot 20 - 8 \cdot 31 & h = 5 \cdot 20 - 11 \cdot 8 & i = 5 \cdot 31 - 11 \cdot 11 \end{array}$$

b, d, f, h jeweils noch mit (−1) multiplizieren!

$$K = \begin{bmatrix} a = 96 & b = -16 & c = -28 \\ d = -16 & e = 16 & f = -12 \\ g = -28 & h = -12 & i = 34 \end{bmatrix} = K'$$

Inverse (X'X)$^{-1}$

$$Inverse(X'X) = (X'X)^{-1} = \frac{1}{Det(X'X)} \cdot K'$$

$$(X'X)^{-1} = \frac{1}{80} \cdot \begin{bmatrix} 96 & -16 & -28 \\ -16 & 16 & -12 \\ -28 & -12 & 34 \end{bmatrix}$$

(Noch nicht ausrechnen, weil sonst zu große Rundungsungenauigkeiten auftreten!)
b-Vektor:

$$b = (X'X)^{-1} \cdot X'y = \frac{\begin{bmatrix} 17 \\ 43 \\ 30 \end{bmatrix}}{\frac{1}{80} \begin{bmatrix} 96 & -16 & -28 \\ -16 & 16 & -12 \\ -28 & -12 & 34 \end{bmatrix}} = \begin{bmatrix} 1,30 \\ 0,70 \\ 0,35 \end{bmatrix} = \begin{bmatrix} b_0 \\ b_1 \\ b_2 \end{bmatrix} = b$$

$$b'X'y = \frac{\begin{bmatrix} 17 \\ 43 \\ 30 \end{bmatrix}}{\begin{bmatrix} 1,30 & 0,70 & 0,35 \end{bmatrix} \Big| 62,7} \qquad n = 5 \quad \bar{y} = 3,4 \quad n \cdot (\bar{y})^2 = 57,80$$

$$QS_{tot} = y'y - n\bar{y}^2 = 63 - 57,80 = 5,20$$

$$QS_{det} = b'X'y - n\bar{y}^2 = 62,70 - 57,80 = 4,90$$

$$R^2 = \frac{QS_{det}}{QS_{tot}} = \frac{4,90}{5,20} = 0,942$$

Prüfung des Multiplen Determinationskoeffizienten

H_0: $b_1 = 0$ und $b_2 = 0$
H_1: $b_1 \neq 0$ und/oder $b_2 \neq 0$

$$F = \frac{n-k-1}{k} \cdot \frac{R^2}{\left(1-R^2\right)} = \frac{R^2/k}{\left(1-R^2\right)/(n-k-1)} = \frac{\left(\sum\limits_{m=1}^{n}\left(\hat{y}_m - \overline{y}\right)^2\right)/k}{\left(\sum\limits_{m=1}^{n}\left(y_m - \hat{y}_m\right)^2\right)/(n-k-1)}$$

n = 5 k = Anzahl unabhängige Variablen = 2
bzw.

$$F = \frac{\left(R_U^2 - R_E^2\right)/df_h}{\left(1-R_U^2\right)/df_e}$$

R_U^2 : Determinationskoeffizient des uneingeschränkten Modells
R_E^2 : Determinationskoeffizient des eingeschränkten Modells
df_h : Hypothesenfreiheitsgrade = Anzahl der Null gesetzten b-Gewichte
df_e : Fehlerfreiheitsgrade = n – Anzahl der b-Gewichte inklusive b_0

$$F = \frac{\left(R_U^2 - R_E^2\right)/df_h}{\left(1-R_U^2\right)/df_e} = \frac{(0,943-0)/2}{(1-0,943)/2} = \frac{0,4715}{0,0285} = 16,54$$

$F_{(0,95;2;2)} = 19,00$

Der empirische F-Wert ist nicht extremer als der kritische, also nicht signifikant, also H_0. Es kann nicht behauptet werden, dass mittels BNI und GWS auf BP geschätzt werden kann.

b) Wie sieht es für Karl-Heinz W. mit Bonuspunkten aus?
Regressionsgleichung:

$$\hat{y} = b_0 + b_1 \cdot x_1 + b_2 \cdot x_2$$
$$\hat{y} = 1,30 + 0,701 \cdot x_1 + 0,349 \cdot x_2$$
$$\hat{y} = 1,30 + 0,701 \cdot (-3) + 0,349 \cdot (-2) = 1,30 - 2,103 - 0,698 = -1,501$$

Vielleicht sollte man bei ihm eher von Maluspunkten sprechen …

c) Wie gut kann alleine mit BNI eine Vorhersage auf BP getroffen werden? Leistet der Prädiktor BNI einen (signifikanten) Beitrag zur Vorhersage des Kriteriums BP?

Berechnung über Einfachregression

$$R^2 = \frac{s_{\hat{Y}}^2}{s_Y^2} = \frac{\sum_{m=1}^{n}\left(\hat{y}_m - \overline{y}\right)^2}{\sum_{m=1}^{n}\left(y_m - \overline{y}\right)^2} = r_{XY}^2 \qquad \hat{y} = b_0 + b_1 \cdot x$$

$$b_1 = r_{XY} \cdot \frac{s_Y}{s_X} = \frac{s_{XY}}{s_X^2} = \frac{1,120}{1,360} = 0,824$$

$$b_0 = \overline{y} - b_1 \cdot \overline{x} = 3,4 - \left(0,824\right)\cdot 2,2 = 3,4 - 1,813 = 1,587$$

$$R^2 = r_{XY}^2 = \left(0,943\right)^2 = 0,889 \qquad \hat{y} = 1,587 + 0,824 \cdot x$$

Berechnung mittels ALM
Reduzieren von X'X und X'y auf die relevanten Variablen

$$X'X = \begin{bmatrix} 5 & 11 \\ 11 & 31 \end{bmatrix} \quad X'y = \begin{bmatrix} 17 \\ 43 \end{bmatrix}$$

Bilden von $(X'X)^{-1}$
Zuerst Determinante: Det $= a \cdot d - b \cdot c = 5 \cdot 31 - 11 \cdot 11 = 155 - 121 = 34$
Bilden einer Kofaktorenmatrix

$$K = \begin{bmatrix} 31 & -11 \\ -11 & 5 \end{bmatrix} = K' \quad \left(X'X\right)^{-1} = \frac{1}{34} \cdot \begin{bmatrix} 31 & -11 \\ -11 & 5 \end{bmatrix}$$

b-Vektor:

$$b = \left(X'X\right)^{-1} \cdot X'y = \cfrac{\begin{vmatrix} 17 \\ 43 \end{vmatrix}}{\frac{1}{34}\cdot\begin{bmatrix} 31 & -11 \\ -11 & 5 \end{bmatrix}} \begin{bmatrix} 1,588 \\ 0,824 \end{bmatrix} = \begin{bmatrix} b_0 \\ b_1 \end{bmatrix} = b$$

$$b'X'y = \cfrac{\begin{vmatrix} 17 \\ 43 \end{vmatrix}}{\begin{bmatrix} 1,588 & 0,824 \end{bmatrix}\, 62,428}$$

$$QS_{det} = 62,428 - 5780 = 4,628$$

$$R^2 = \frac{QS_{det}}{QS_{total}} = \frac{4,628}{5,20} = 0,89$$

Prüfung des Multiplen Determinationskoeffizienten

$H_0: b_1 = 0$

$H_1: b_1 \neq 0$

$$F = \frac{n-k-1}{k} \cdot \frac{R^2}{\left(1-R^2\right)} = \frac{R^2/k}{\left(1-R^2\right)/\left(n-k-1\right)} = \frac{\left(\sum_{m=1}^{n}\left(\hat{y}_m - \overline{y}\right)^2\right)/k}{\left(\sum_{m=1}^{n}\left(y_m - \hat{y}_m\right)^2\right)/\left(n-k-1\right)}$$

n = 5 k = Anzahl unabhängige Variablen = 1

bzw.

$$F = \frac{\left(R_U^2 - R_E^2\right)/df_h}{\left(1-R_U^2\right)/df_e}$$

R_U^2 : Determinationskoeffizient des uneingeschränkten Modells
R_E^2 : Determinationskoeffizient des eingeschränkten Modells
df_h : Hypothesenfreiheitsgrade = Anzahl der Null gesetzten b-Gewichte
df_e : Fehlerfreiheitsgrade = n – Anzahl der b-Gewichte inklusive b_0

$$F = \frac{\left(R_U^2 - R_E^2\right)/df_h}{\left(1-R_U^2\right)/df_e} = \frac{\left(0,889-0\right)/1}{\left(1-0,889\right)/3} = \frac{0,889}{0,037} = 24,03$$

$F_{(0,95;1;3)} = 10,128$

Der empirische F-Wert ist extremer als der kritische, also signifikant, also H_1. Mit einer Irrtumswahrscheinlichkeit von 5 % kann behauptet werden, dass der »Brown-Nosing-Index« einen signifikanten Beitrag zur Vorhersage der »Bonuspunkte« leistet.

d) Wie gut kann alleine mit GWS eine Vorhersage auf BP getroffen werden? Leistet der Prädiktor GWS einen (signifikanten) Beitrag zur Vorhersage des Kriteriums BP?

Berechnung über Einfachregression

$$R^2 = \frac{s_{\hat{Y}}^2}{s_Y^2} = \frac{\sum_{m=1}^{n}\left(\hat{y}_m - \overline{y}\right)^2}{\sum_{m=1}^{n}\left(y_m - \overline{y}\right)^2} = r_{XY}^2 \qquad \hat{y} = b_0 + b_1 \cdot x$$

$$b_1 = r_{XY} \cdot \frac{s_Y}{s_X} = \frac{s_{XY}}{s_X^2} = \frac{0,560}{0,640} = 0,875$$

$$b_0 = \bar{y} - b_1 \cdot \bar{x} = 3{,}4 - (0{,}875) \cdot 1{,}6 = 3{,}4 - 1{,}4 = 2{,}0$$

$$R^2 = r_{XY}^2 = (0{,}686)^2 = 0{,}471 \qquad \hat{y} = 2{,}0 + 0{,}875 \cdot x$$

Berechnung mittels ALM

Reduzieren von X'X und X'y auf die relevanten Variablen

$$X'X = \begin{bmatrix} 5 & 8 \\ 8 & 16 \end{bmatrix} \quad X'y = \begin{bmatrix} 17 \\ 30 \end{bmatrix}$$

Bilden von $(X'X)^{-1}$

Zuerst Determinante: Det = a · d - b · c = 5 · 16 – 8 · 8 = 80 – 64 = 16

Bilden einer Kofaktorenmatrix

$$K = \begin{bmatrix} 16 & -8 \\ -8 & 5 \end{bmatrix} = K' \quad (X'X)^{-1} = \frac{1}{16} \begin{bmatrix} 16 & -8 \\ -8 & 5 \end{bmatrix}$$

b-Vektor:

$$b = (X'X)^{-1} \cdot X'y = \cfrac{\begin{bmatrix} 17 \\ 30 \end{bmatrix}}{\frac{1}{16} \begin{bmatrix} 16 & -8 \\ -8 & 5 \end{bmatrix}} \quad \begin{bmatrix} 2{,}00 \\ 0{,}875 \end{bmatrix} = \begin{bmatrix} b_0 \\ b_2 \end{bmatrix} = b$$

$$b'X'y = \cfrac{\begin{bmatrix} 17 \\ 30 \end{bmatrix}}{\begin{bmatrix} 2{,}00 & 0{,}875 \end{bmatrix} \quad 60{,}25}$$

$$QS_{det} = 60{,}25 - 57{,}80 = 2{,}45$$

$$R^2 = \frac{QS_{det}}{QS_{tot}} = \frac{2{,}45}{5{,}20} = 0{,}471$$

Prüfung des Multiplen Determinationskoeffizienten

H_0: $b_2 = 0$

H_1: $b_2 \neq 0$

$$F = \frac{n-k-1}{k} \cdot \frac{R^2}{(1-R^2)} = \frac{R^2/k}{(1-R^2)/(n-k-1)} = \frac{\left(\sum\limits_{m=1}^{n} (\hat{y}_m - \bar{y})^2 \right)/k}{\left(\sum\limits_{m=1}^{n} (y_m - \hat{y}_m)^2 \right)/(n-k-1)}$$

n = 5 k = Anzahl unabhängige Variablen = 1

bzw.

$$F = \frac{\left(R_U^2 - R_E^2\right)/df_h}{\left(1 - R_U^2\right)/df_e}$$

R_U^2 : Determinationskoeffizient des uneingeschränkten Modells
R_E^2 : Determinationskoeffizient des eingeschränkten Modells
df_h : Hypothesenfreiheitsgrade = Anzahl der Null gesetzten b-Gewichte
df_e : Fehlerfreiheitsgrade = n – Anzahl der b-Gewichte inklusive b_0

$$F = \frac{\left(R_U^2 - R_E^2\right)/df_h}{\left(1 - R_U^2\right)/df_e} = \frac{\left(0,471 - 0\right)/1}{\left(1 - 0,471\right)/3} = \frac{0,471}{0,1763} = 2,67$$

$F_{(0,95;1;3)} = 10,128$

Der empirische F-Wert ist nicht extremer als der kritische, also nicht signifikant, also H_0. Es kann nicht behauptet werden, dass die »Ground-Worshipping-Scale« einen signifikanten Beitrag zur Vorhersage der »Bonuspunkte« leistet.

e) Erbringt die Hinzunahme von GWS zusätzlich zu BNI eine (signifikante) Verbesserung des Vorhersagemodells?
Zuerst Hypothesen:
H_0: b_1 = beliebig und $b_2 = 0$
H_1: b_1 = beliebig und $b_2 \neq 0$

$$F = \frac{\left(R_U^2 - R_E^2\right)/df_h}{\left(1 - R_U^2\right)/df_e} = \frac{\left(0,943 - 0,889\right)/1}{\left(1 - 0,943\right)/2} = \frac{0,054}{0,0285} = 1,89$$

R_U^2 : Determinationskoeffizient des uneingeschränkten Modells
R_E^2 : Determinationskoeffizient des eingeschränkten Modells
df_h : Hypothesenfreiheitsgrade = Anzahl der Null gesetzten b-Gewichte
df_e : Fehlerfreiheitsgrade = n – Anzahl der b-Gewichte inklusive b_0

$F_{(0,95;1;2)} = 18,513$

Der empirische F-Wert ist nicht extremer als der kritische, also nicht signifikant, also H_0. Es kann nicht behauptet werden, dass die Hinzunahme des Prädiktors GWS zusätzlich zum Prädiktor BNI eine signifikante Verbesserung des Modells erbringt.

f) Erbringt die Hinzunahme von BNI zusätzlich zu GWS eine (signifikante) Verbesserung des Vorhersagemodells?
Zuerst Hypothesen:
H_0: $b_1 = 0$ und b_2 = beliebig
H_1: $b_1 \neq 0$ und b_2 = beliebig

$$F = \frac{\left(R_U^2 - R_E^2\right)/df_h}{\left(1 - R_U^2\right)/df_e} = \frac{(0,943 - 0,471)/1}{(1 - 0,943)/2} = \frac{0,472}{0,0285} = 16,56$$

R_U^2 : Determinationskoeffizient des uneingeschränkten Modells
R_E^2 : Determinationskoeffizient des eingeschränkten Modells
df_h : Hypothesenfreiheitsgrade = Anzahl der Null gesetzten b-Gewichte
df_e : Fehlerfreiheitsgrade = n – Anzahl der b-Gewichte inklusive b_0

$$F_{(0,95;1;2)} = 18,513$$

Der empirische F-Wert ist nicht extremer als der kritische, also nicht signifikant, also H_0. Es kann nicht behauptet werden, dass die Hinzunahme des Prädiktors BNI zusätzlich zum Prädiktor GWS eine signifikante Verbesserung des Modells erbringt.

g) Berechnen Sie die Fehlerquadratsumme QS_e.

$$QS_e = QS_{tot} - QS_{det} = \sum_{m=1}^{n}\left(y_m - \hat{y}_m\right)^2 = 5,200 - 4,906 = 0,294$$

h) Berechnen Sie den Standardschätzfehler $\hat{\sigma}_e$.

$$\hat{\sigma}_e = \sqrt{\frac{QS_e}{df_e}} = \sqrt{\frac{\sum_{m=1}^{n}\left(y_m - \hat{y}_m\right)^2}{n-k-1}} = \sqrt{\frac{0,294}{2}} = \sqrt{0,147} = 0,383$$

i) Berechnen Sie für BP, BNI und GWS die geschätzten Populations-Standardabweichungen $\hat{\sigma}$.

$$\hat{\sigma}_x = \sqrt{\frac{\sum_{m=1}^{n}\left(x_m - \bar{x}\right)^2}{n-1}} = \sqrt{\frac{\sum_{m=1}^{n} x_m^2 - \dfrac{\left(\sum_{m=1}^{n} x_m\right)^2}{n}}{n-1}}$$

$$BP:\quad \hat{\sigma}_Y = \sqrt{\frac{63 - \dfrac{17^2}{5}}{5-1}} = \sqrt{\frac{63 - \dfrac{289}{5}}{4}} = \sqrt{\frac{63 - 57,8}{4}} = \sqrt{\frac{5,2}{4}} = 1,14$$

$$BNI:\quad \hat{\sigma}_{X_1} = \sqrt{\frac{31 - \dfrac{11^2}{5}}{5-1}} = \sqrt{\frac{31 - \dfrac{121}{5}}{4}} = \sqrt{\frac{31 - 24,2}{4}} = \sqrt{\frac{6,8}{4}} = 1,30$$

$$GWS : \hat{\sigma}_{X_2} = \sqrt{\frac{16 - \frac{8^2}{5}}{5-1}} = \sqrt{\frac{16 - \frac{64}{5}}{4}} = \sqrt{\frac{16 - 12,8}{4}} = \sqrt{\frac{3,2}{4}} = 0,89$$

j) Berechnen Sie die standardisierten Einflussgewichte β für BNI und GWS.

$$\beta_j = b_j \cdot \frac{\hat{\sigma}_{X_j}}{\hat{\sigma}_Y};$$

$$BNI : \quad \beta_{BNI} = b_{1s} = 0,701 \cdot \frac{1,3}{1,14} = 0,799$$

$$GWS : \beta_{GWS} = b_{2s} = 0,349 \cdot \frac{0,89}{1,14} = 0,272$$

Der Einfluss des BNI-Wertes ist mehr als doppelt so groß wie der Einfluss des GWS-Wertes.

k) Bilden Sie für den unter b) geschätzten Wert für BP ein 95 %-Konfidenzintervall!
Allgemeine Formel: $\hat{y} - t_{\alpha/2} \cdot \hat{\sigma}_e \leq \hat{y} \leq \hat{y} + t_{\alpha/2} \cdot \hat{\sigma}_e$

$$\hat{y} = -1,501 \quad \hat{\sigma}_e = 0,383 \quad \alpha = 0,05 \quad t_{(\alpha/2 = 0,975; 2)} = 4,3027$$

Untergrenze: -1,501 − 4,3027 · 0,383 = -1,501 − 1,648 = -3,149
Obergrenze: -1,501 + 4,3027 · 0,383 = -1,501 + 1,648 = 0,147

Tabelle 145 Ergebnisse der multiplen Regressionsanalyse »Brown-Nosing«

Modell	R_U^2	R_E^2	b-Gewichte	beta-Gewichte	df$_{Zähler}$	F$_{emp}$	sig.
x_1 und x_2	0,943	0	b_0: 1,30 b_1: 0,701 b_2: 0,349	$\beta_1 = 0,801$ $\beta_2 = 0,274$	2	16,54	n.s.
nur x_1	0,889	0	b_0: 1,587 b_1: 0,824		1	24,03	sig.
nur x_2	0,471	0	b_0: 2,00 b_2: 0,875		1	2,67	ns.
x_2 zusätzlich zu x_1	0,943	0,889			1	1,89	n.s
x_1 zusätzlich zu x_2	0,943	0,471			1	16,56	n.s.

2.58   Erfolgsmission

Für die Berechnung Multipler Regressionsanalysen existieren verschiedene Methoden, von denen zwei hier dargestellt werden sollen: Spezifische Formeln für zwei Prädiktoren sowie die Berechnung anhand des Allgemeinen Linearen Modells (ALM). Zum Schluss werden die verschiedenen Ergebnisse in einer Tabelle zusammengefasst. Es sei vorweggenommen, dass verschiedene Rechenmethoden auf Grund von Rundungsungenauigkeiten zu leicht verschiedenen Ergebnissen führen.

a) Kann man über die »Güte der Mannschaft« (GM, x_1) und die »Güte des Schiffs« (GS, x_2) (signifikant) auf den »Erfolg der Mission« (EM, y) schätzen? Wie gut ist so ein Schätzmodell?

Berechnung über spezifische Formeln

$$R^2 = \frac{s_{\hat{Y}}^2}{s_Y^2} = \frac{\sum_{m=1}^{n}\left(\hat{y}_m - \overline{y}\right)^2}{\sum_{m=1}^{n}\left(y_m - \overline{y}\right)^2} \qquad \hat{y} = b_0 + b_1 \cdot x_1 + b_2 \cdot x_2$$

$$b_1 = b_{1s} \cdot \frac{s_Y}{s_{X_1}} \qquad b_{1s} = \frac{r_{YX_1} - r_{YX_2} \cdot r_{X_1 X_2}}{1 - r_{X_1 X_2}^2} \qquad b_2 = b_{2s} \cdot \frac{s_Y}{s_{X_2}} \qquad b_{2s} = \frac{r_{YX_2} - r_{YX_1} \cdot r_{X_1 X_2}}{1 - r_{X_1 X_2}^2}$$

$$b_0 = \overline{y} - b_1 \cdot \overline{x}_1 - b_2 \cdot \overline{x}_2$$

Deskriptive Kennwerte

$$\overline{y} = 5 \qquad \overline{x}_1 = 6,889 \qquad \overline{x}_2 = 6,111$$
$$s_y^2 = 10,222 \qquad s_{x_1}^2 = 6,988 \qquad s_{x_2}^2 = 3,432$$
$$s_y = 3,1972 \qquad s_{x_1} = 2,6434 \qquad s_{x_2} = 1,8526$$

Tabelle 146 Werte zur Berechnung von R^2

EM (y)	$(y-\bar{y})^2$	$\hat{y}$	$(\hat{y}-\bar{y})^2$	$(y-\hat{y})^2$	GM (x_1)	GS (x_2)
0	25,000	0,364	21,492	0,132	3	4
1	16,000	0,856	17,173	0,021	3	6
3	4,000	3,292	2,917	0,085	6	3
4	1,000	3,464	2,359	0,287	5	8
5	0,000	5,900	0,810	0,810	8	5
6	1,000	7,696	7,268	2,876	9	8
7	4,000	6,146	1,313	0,729	8	6
9	16,000	7,204	4,858	3,226	9	6
10	25,000	10,058	25,583	0,003	11	9
Summe	92,000	44,98	83,775	8,171		

Tabelle 147 Produkt-Moment-Korrelationen (Kovarianzen)

	x_1	x_2
y	0,9466 (8,000)	0,5815 (3,444)
x_1		0,5017 (2,457)

$$b_{1s} = \frac{0,9466 - (0,5815) \cdot (0,5017)}{1 - (0,5017)^2} = 0,875 \qquad b_1 = 0,875 \cdot \frac{3,1972}{2,6434} = 1,058$$

$$b_{2s} = \frac{0,5815 - (0,9466) \cdot (0,5017)}{1 - (0,5017)^2} = 0,142 \qquad b_2 = 0,142 \cdot \frac{3,1972}{1,8526} = 0,245$$

$$b_0 = 5 - (1,058) \cdot 6,889 - (0,245) \cdot 6,111 = 5 - 7,2886 - 1,4972 = -3,7858$$

$$\hat{y} = -3,7858 + 1,058 \cdot x_1 + 0,245 \cdot x_2$$

$$R^2 = \frac{83,775}{92} = 0,911$$

Berechnung mittels ALM

Formeln:

$$b = \left(X'X \right)^{-1} \cdot X'y$$

$$QS_{tot} = y'y - n\bar{y}^2 \quad QS_{det} = b'X'y - n\bar{y}^2$$

$$R^2 = \frac{QS_{det}}{QS_{tot}}$$

$$y = \begin{bmatrix} 0 \\ 1 \\ 3 \\ 4 \\ 5 \\ 6 \\ 7 \\ 9 \\ 10 \end{bmatrix} \quad X = \begin{bmatrix} 1 & 3 & 4 \\ 1 & 3 & 6 \\ 1 & 6 & 3 \\ 1 & 5 & 8 \\ 1 & 8 & 5 \\ 1 & 9 & 8 \\ 1 & 8 & 6 \\ 1 & 9 & 6 \\ 1 & 11 & 9 \end{bmatrix} \quad X'X = \begin{bmatrix} 9 & 62 & 55 \\ 62 & 490 & 401 \\ 55 & 401 & 367 \end{bmatrix} \quad X'y = \begin{bmatrix} 45 \\ 382 \\ 306 \end{bmatrix}$$

$$y'y = 317$$

Determinante von X'X

$$
\begin{matrix}
9 & 62 & 55 \\
62 & 490 & 401 \\
55 & 401 & 367
\end{matrix} \rightarrow
\quad
\begin{aligned}
&= 55 \cdot 490 \cdot 55 \cdot (-1) = -1482250 \\
&= 9 \cdot 401 \cdot 401 \cdot (-1) = -1447209 \\
&= 62 \cdot 62 \cdot 367 \cdot (-1) = -1410748 \\
\hline
\end{aligned}
$$

$$
\begin{matrix}
9 & 62 & 55 \\
62 & 490 & 401
\end{matrix}
\quad
\begin{aligned}
&= 9 \cdot 490 \cdot 367 = 1618470 \\
&= 62 \cdot 401 \cdot 55 = 1367410 \\
&= 55 \cdot 62 \cdot 401 = 1367410
\end{aligned}
$$

Det = -1482250 - 1447209 - 1410748 + 1618470 + 1367410 + 1367410 = 13083

Kofaktorenmatrix K

$$K = \begin{bmatrix} a & b & c \\ d & e & f \\ g & h & i \end{bmatrix}$$

$$
\begin{aligned}
a &= 490 \cdot 367 - 401 \cdot 401 & b &= 62 \cdot 367 - 401 \cdot 55 & c &= 62 \cdot 401 - 490 \cdot 55 \\
d &= 62 \cdot 367 - 55 \cdot 401 & e &= 9 \cdot 367 - 55 \cdot 55 & f &= 9 \cdot 401 - 62 \cdot 55 \\
g &= 62 \cdot 401 - 55 \cdot 490 & h &= 9 \cdot 401 - 55 \cdot 62 & i &= 9 \cdot 490 - 62 \cdot 62
\end{aligned}
$$

b, d, f, h jeweils noch mit (−1) multiplizieren!

$$K = \begin{bmatrix} a = 19029 & b = -699 & c = -2088 \\ d = -699 & e = 278 & f = -199 \\ g = -2088 & h = -199 & i = 566 \end{bmatrix} = K'$$

Inverse $(X'X)^{-1}$

$$Inverse\left(X'X\right)=\left(X'X\right)^{-1}=\frac{1}{Det\left(X'X\right)}\cdot K'$$

$$\left(X'X\right)^{-1}=\frac{1}{13083}\cdot\begin{bmatrix}19029 & -699 & -2088\\ -699 & 278 & -199\\ -2088 & -199 & 566\end{bmatrix}$$

(Noch nicht ausrechnen, weil sonst zu große Rundungsungenauigkeiten auftreten!)
b-Vektor:

$$b=\left(X'X\right)^{-1}\cdot X'y=\cfrac{\begin{bmatrix}45\\382\\306\end{bmatrix}}{\dfrac{1}{13083}\cdot\begin{bmatrix}19029 & -699 & -2088\\ -699 & 278 & -199\\ -2088 & -199 & 566\end{bmatrix}}=\begin{bmatrix}-3,7943\\1,0584\\0,2460\end{bmatrix}=\begin{bmatrix}b_0\\b_1\\b_2\end{bmatrix}=b$$

$$b'X'y=\cfrac{\begin{bmatrix}45\\382\\306\end{bmatrix}}{\begin{bmatrix}-3,7943 & 1,0584 & 0,2460\end{bmatrix}\Big| 308,8413} \qquad n=9 \quad \overline{y}=5 \quad n\cdot\left(\overline{y}\right)^2=225$$

$$QS_{tot}=y'y-n\overline{y}^2=317-225=92$$

$$QS_{det}=b'X'y-n\overline{y}^2=308,8413-225=83,8413$$

$$R^2=\frac{QS_{det}}{QS_{tot}}=\frac{83,8413}{92}=0,911$$

Prüfung des Multiplen Determinationskoeffizienten

H_0: $b_1 = 0$ und $b_2 = 0$
H_1: $b_1 \neq 0$ und/oder $b_2 \neq 0$

$$F=\frac{n-k-1}{k}\cdot\frac{R^2}{\left(1-R^2\right)}=\frac{R^2/k}{\left(1-R^2\right)/\left(n-k-1\right)}=\frac{\left(\sum\limits_{m=1}^{n}\left(\hat{y}_m-\overline{y}\right)^2\right)/k}{\left(\sum\limits_{m=1}^{n}\left(y_m-\hat{y}_m\right)^2\right)/\left(n-k-1\right)}$$

n = 9 k = Anzahl unabhängige Variablen = 2
bzw.

$$F = \frac{\left(R_U^2 - R_E^2\right) / df_h}{\left(1 - R_U^2\right) / df_e}$$

R_U^2 : Determinationskoeffizient des uneingeschränkten Modells
R_E^2 : Determinationskoeffizient des eingeschränkten Modells
df_h : Hypothesenfreiheitsgrade = Anzahl der Null gesetzten b-Gewichte
df_e : Fehlerfreiheitsgrade = n – Anzahl der b-Gewichte inklusive b_0

$$F = \frac{\left(R_U^2 - R_E^2\right) / df_h}{\left(1 - R_U^2\right) / df_e} = \frac{(0,911 - 0) / 2}{(1 - 0,911) / 6} = \frac{0,4555}{0,0148} = 30,78$$

$$F_{(0,95;2;6)} = 5,1433$$

Der empirische F-Wert ist extremer als der kritische, also signifikant, also H_1. Mit einer Irrtumswahrscheinlichkeit von 5 % kann behauptet werden, dass »Güte der Mannschaft« und/oder »Güte des Schiffs« einen signifikanten Beitrag zur Vorhersage des »Erfolgs der Mission« leisten.

b) Wie sieht es für Cap McKay mit dem Erfolg der Mission aus?
Regressionsgleichung:

$$\hat{y} = b_0 + b_1 \cdot x_1 + b_2 \cdot x_2$$
$$\hat{y} = -3,7858 + 1,058 \cdot x_1 + 0,245 \cdot x_2$$
$$\hat{y} = -3,7858 + 1,058 \cdot (10) + 0,349 \cdot (7) = -3,7858 + 10,58 + 2,443 = 9,237$$

Das sieht doch ganz gut aus für den Erfolg der Mission …

c) Wie gut kann alleine mit GM eine Vorhersage auf EM getroffen werden? Leistet der Prädiktor GM einen (signifikanten) Beitrag zur Vorhersage des Kriteriums EM?

Berechnung über Einfachregression

$$R^2 = \frac{s_{\hat{Y}}^2}{s_Y^2} = \frac{\sum_{m=1}^{n} \left(\hat{y}_m - \overline{y}\right)^2}{\sum_{m=1}^{n} \left(y_m - \overline{y}\right)^2} = r_{XY}^2 \qquad \hat{y} = b_0 + b_1 \cdot x$$

$$b_1 = r_{XY} \cdot \frac{s_Y}{s_X} = \frac{s_{XY}}{s_X^2} = \frac{8}{6,988} = 1,145$$

$$b_0 = \overline{y} - b_1 \cdot \overline{x} = 5 - (1,145) \cdot 6,889 = 5 - 7,888 = -2,888$$

$$R^2 = r_{XY}^2 = (0,9466)^2 = 0,896 \qquad \hat{y} = -2,888 + 1,145 \cdot x$$

Berechnung mittels ALM

Reduzieren von X'X und X'y auf die relevanten Variablen

$$X'X = \begin{bmatrix} 9 & 62 \\ 62 & 490 \end{bmatrix} \quad X'y = \begin{bmatrix} 45 \\ 382 \end{bmatrix}$$

Bilden von $(X'X)^{-1}$

Zuerst Determinante: Det $= a \cdot d - b \cdot c = 9 \cdot 490 - 62 \cdot 62 = 4410 - 3844 = 566$

Bilden einer Kofaktorenmatrix

$$K = \begin{bmatrix} 490 & -62 \\ -62 & 9 \end{bmatrix} = K' \quad (X'X)^{-1} = \frac{1}{566} \cdot \begin{bmatrix} 490 & -62 \\ -62 & 9 \end{bmatrix}$$

b-Vektor:

$$b = (X'X)^{-1} \cdot X'y = \cfrac{\begin{bmatrix} 45 \\ 382 \end{bmatrix}}{\dfrac{1}{566}\begin{bmatrix} 490 & -62 \\ -62 & 9 \end{bmatrix}}\; \begin{bmatrix} -2,887 \\ 1,145 \end{bmatrix} = \begin{bmatrix} b_0 \\ b_1 \end{bmatrix} = b$$

$$b'X'y = \cfrac{\begin{bmatrix} 45 \\ 382 \end{bmatrix}}{\begin{bmatrix} -2,887 & 1,145 \end{bmatrix}\; 307,475}$$

$$QS_{det} = 307,475 - 225 = 82,475$$

$$R^2 = \frac{QS_{det}}{QS_{tot}} = \frac{82,475}{92} = 0,896$$

Prüfung des Multiplen Determinationskoeffizienten

$H_0: b_1 = 0$

$H_1: b_1 \neq 0$

$$F = \frac{n-k-1}{k} \cdot \frac{R^2}{(1-R^2)} = \frac{R^2/k}{(1-R^2)/(n-k-1)} = \frac{\left(\sum_{m=1}^{n}(\hat{y}_m - \overline{y})^2\right)/k}{\left(\sum_{m=1}^{n}(y_m - \hat{y}_m)^2\right)/(n-k-1)}$$

n = 9 k = Anzahl unabhängige Variablen = 1

bzw.

$$F = \frac{\left(R_U^2 - R_E^2\right)/df_h}{\left(1 - R_U^2\right)/df_e}$$

R_U^2 : Determinationskoeffizient des uneingeschränkten Modells
R_E^2 : Determinationskoeffizient des eingeschränkten Modells
df_h : Hypothesenfreiheitsgrade = Anzahl der Null gesetzten b-Gewichte
df_e : Fehlerfreiheitsgrade = n – Anzahl der b-Gewichte inklusive b_0

$$F = \frac{\left(R_U^2 - R_E^2\right)/df_h}{\left(1 - R_U^2\right)/df_e} = \frac{(0,896 - 0)/1}{(1 - 0,896)/7} = \frac{0,896}{0,0149} = 60,13$$

$F_{(0,95;1;7)} = 5,5914$

Der empirische F-Wert ist extremer als der kritische, also signifikant, also H_1. Mit einer Irrtumswahrscheinlichkeit von 5 % kann behauptet werden, dass die »Güte der Mannschaft« einen signifikanten Beitrag zur Vorhersage des »Erfolgs der Mission« leistet.

d) Wie gut kann alleine mit GS eine Vorhersage auf EM getroffen werden? Leistet der Prädiktor GS einen (signifikanten) Beitrag zur Vorhersage des Kriteriums EM?

Berechnung über Einfachregression

$$R^2 = \frac{s_{\hat{Y}}^2}{s_Y^2} = \frac{\sum_{m=1}^{n}\left(\hat{y}_m - \bar{y}\right)^2}{\sum_{m=1}^{n}\left(y_m - \bar{y}\right)^2} = r_{XY}^2 \qquad \hat{y} = b_0 + b_1 \cdot x$$

$$b_1 = r_{XY} \cdot \frac{s_Y}{s_X} = \frac{s_{XY}}{s_X^2} = \frac{3,444}{3,4321} = 1,003$$

$$b_0 = \bar{y} - b_1 \cdot \bar{x} = 5 - (1,003) \cdot 6,111 = 5 - 6,129 = -1,129$$

$$R^2 = r_{XY}^2 = (0,5815)^2 = 0,338 \qquad \hat{y} = -1,129 + 1,003 \cdot x$$

Berechnung mittels ALM
Reduzieren von X'X und X'y auf die relevanten Variablen

$$X'X = \begin{bmatrix} 9 & 55 \\ 55 & 367 \end{bmatrix} \qquad X'y = \begin{bmatrix} 45 \\ 306 \end{bmatrix}$$

Bilden von $(X'X)^{-1}$
Zuerst Determinante: Det = a · d - b · c = 9 · 367 – 55 · 55 = 3303 – 3025 = 278

Bilden einer Kofaktorenmatrix

$$K = \begin{bmatrix} 367 & -55 \\ -55 & 9 \end{bmatrix} = K' \quad (X'X)^{-1} = \frac{1}{278} \cdot \begin{bmatrix} 367 & -55 \\ -55 & 9 \end{bmatrix}$$

b-Vektor:

$$b = (X'X)^{-1} \cdot X'y = \frac{\left| \begin{bmatrix} 45 \\ 306 \end{bmatrix} \right.}{\frac{1}{278} \cdot \begin{bmatrix} 367 & -55 \\ -55 & 9 \end{bmatrix}} \left| \begin{bmatrix} -1{,}133 \\ 1{,}004 \end{bmatrix} = \begin{bmatrix} b_0 \\ b_2 \end{bmatrix} = b \right.$$

$$b'X'y = \frac{\left| \begin{bmatrix} 45 \\ 306 \end{bmatrix} \right.}{\begin{bmatrix} -1{,}133 & 1{,}004 \end{bmatrix} \left| 256{,}239 \right.}$$

$$QS_{det} = 256{,}239 - 225 = 31{,}239$$

$$R^2 = \frac{QS_{det}}{QS_{tot}} = \frac{31{,}239}{92} = 0{,}340$$

Prüfung des Multiplen Determinationskoeffizienten
H_0: $b_2 = 0$
H_1: $b_2 \neq 0$

$$F = \frac{n-k-1}{k} \cdot \frac{R^2}{(1-R^2)} = \frac{R^2/k}{(1-R^2)/(n-k-1)} = \frac{\left(\sum_{m=1}^{n} (\hat{y}_m - \overline{y})^2 \right)/k}{\left(\sum_{m=1}^{n} (y_m - \hat{y}_m)^2 \right)/(n-k-1)}$$

n = 9   k = Anzahl unabhängige Variablen = 1
bzw.

$$F = \frac{\left(R_U^2 - R_E^2 \right)/df_h}{\left(1 - R_U^2 \right)/df_e}$$

R_U^2 : Determinationskoeffizient des uneingeschränkten Modells
R_E^2 : Determinationskoeffizient des eingeschränkten Modells
df_h : Hypothesenfreiheitsgrade = Anzahl der Null gesetzten b-Gewichte
df_e : Fehlerfreiheitsgrade = n – Anzahl der b-Gewichte inklusive b_0

$$F = \frac{\left(R_U^2 - R_E^2 \right)/df_h}{\left(1 - R_U^2 \right)/df_e} = \frac{(0{,}338 - 0)/1}{(1 - 0{,}338)/7} = \frac{0{,}338}{0{,}0946} = 3{,}57$$

$F_{(0,95;1;7)}=5,5914$

Der empirische F-Wert ist nicht extremer als der kritische, also nicht signifikant, also H_0. Es kann nicht behauptet werden, dass die »Güte des Schiffs« einen signifikanten Beitrag zur Vorhersage des »Erfolgs der Mission« leistet.

e) Erbringt die Hinzunahme von GS zusätzlich zu GM eine (signifikante) Verbesserung des Vorhersagemodells?

Zuerst Hypothesen:

H_0: b_1 = beliebig und $b_2 = 0$

H_1: b_1 = beliebig und $b_2 \neq 0$

$$F = \frac{\left(R_U^2 - R_E^2\right)/df_h}{\left(1-R_U^2\right)/df_e} = \frac{(0,911-0,896)/1}{(1-0,911)/6} = \frac{0,015}{0,0148} = 1,014$$

R_U^2 : Determinationskoeffizient des uneingeschränkten Modells
R_E^2 : Determinationskoeffizient des eingeschränkten Modells
df_h : Hypothesenfreiheitsgrade = Anzahl der Null gesetzten b-Gewichte
df_e : Fehlerfreiheitsgrade = n – Anzahl der b-Gewichte inklusive b_0

$F_{(0,95;1;6)}=5,9874$

Der empirische F-Wert ist nicht extremer als der kritische, also nicht signifikant, also H_0. Es kann nicht behauptet werden, dass die Hinzunahme des Prädiktors GS zusätzlich zum Prädiktor GM eine signifikante Verbesserung des Modells erbringt.

f) Erbringt die Hinzunahme von GM zusätzlich zu GS eine (signifikante) Verbesserung des Vorhersagemodells?

Zuerst Hypothesen:

H_0: $b_1 = 0$ und b_2 = beliebig

H_1: $b_1 \neq 0$ und b_2 = beliebig

$$F = \frac{\left(R_U^2 - R_E^2\right)/df_h}{\left(1-R_U^2\right)/df_e} = \frac{(0,911-0,338)/1}{(1-0,911)/6} = \frac{0,573}{0,0148} = 38,72$$

R_U^2 : Determinationskoeffizient des uneingeschränkten Modells
R_E^2 : Determinationskoeffizient des eingeschränkten Modells
df_h : Hypothesenfreiheitsgrade = Anzahl der Null gesetzten b-Gewichte
df_e : Fehlerfreiheitsgrade = n – Anzahl der b-Gewichte inklusive b_0

$F_{(0,95;1;6)}=5,9874$

Der empirische F-Wert ist extremer als der kritische, also signifikant, also H_1. Mit einer Irrtumswahrscheinlichkeit von 5 % kann behauptet werden, dass die Hinzunahme des Prädiktors GM zusätzlich zum Prädiktor GS eine signifikante Verbesserung des Modells erbringt.

g) Berechnen Sie die Fehlerquadratsumme QS_e.

$$QS_e = QS_{tot} - QS_{det} = \sum_{m=1}^{n}\left(y_m - \hat{y}_m\right)^2 = 92 - 83{,}775 = 8{,}225$$

h) Berechnen Sie den Standardschätzfehler $\hat{\sigma}_e$.

$$\hat{\sigma}_e = \sqrt{\frac{QS_e}{df_e}} = \sqrt{\frac{\sum_{m=1}^{n}\left(y_m - \hat{y}_m\right)^2}{n-k-1}} = \sqrt{\frac{8{,}225}{6}} = \sqrt{1{,}371} = 1{,}171$$

i) Berechnen Sie für EM, GM und GS die geschätzten Populations-Standardabweichungen $\hat{\sigma}$.

$$\hat{\sigma}_x = \sqrt{\frac{\sum_{m=1}^{n}\left(x_m - \bar{x}\right)^2}{n-1}} = \sqrt{\frac{\sum_{m=1}^{n} x_m^2 - \dfrac{\left(\sum_{m=1}^{n} x_m\right)^2}{n}}{n-1}}$$

$$EM:\ \hat{\sigma}_Y = \sqrt{\frac{317 - \dfrac{45^2}{9}}{9-1}} = \sqrt{\frac{317 - \dfrac{2025}{9}}{8}} = \sqrt{\frac{317 - 225}{8}} = \sqrt{\frac{92}{8}} = 3{,}39$$

$$GM:\ \hat{\sigma}_{X_1} = \sqrt{\frac{490 - \dfrac{62^2}{9}}{9-1}} = \sqrt{\frac{490 - \dfrac{3844}{9}}{8}} = \sqrt{\frac{490 - 427{,}11}{8}} = \sqrt{\frac{62{,}89}{8}} = 2{,}80$$

$$GS:\ \hat{\sigma}_{X_2} = \sqrt{\frac{367 - \dfrac{55^2}{9}}{9-1}} = \sqrt{\frac{367 - \dfrac{3025}{9}}{8}} = \sqrt{\frac{367 - 336{,}11}{8}} = \sqrt{\frac{30{,}89}{8}} = 1{,}96$$

j) Berechnen Sie die standardisierten Einflussgewichte β für GM und GS.

$$\beta_j = b_j \cdot \frac{\hat{\sigma}_{X_j}}{\hat{\sigma}_Y};$$

$$GM: \beta_{GM} = 1{,}058 \cdot \frac{2{,}80}{3{,}39} = 0{,}874$$

$$GS: \quad \beta_{GS} = 0{,}245 \cdot \frac{1{,}96}{3{,}39} = 0{,}142$$

Die »Güte der Mannschaft« ist für den Erfolg einer Mission circa 6-mal bedeutsamer als die »Güte des Schiffs«.

k) Bilden Sie ein 95 %-Konfidenzintervall für den unter b) geschätzten Erfolgswert.
Allgemeine Formel: $\hat{y} - t_{\alpha/2} \cdot \hat{\sigma}_e \leq \hat{y} \leq \hat{y} + t_{\alpha/2} \cdot \hat{\sigma}_e$

$$\hat{y} = 9{,}237 \quad \hat{\sigma}_e = 1{,}171 \quad \alpha = 0{,}05 \quad t_{(\alpha/2 = 0{,}975; 6)} = 2{,}4469$$

Untergrenze: $9{,}237 - 2{,}4469 \cdot 1{,}171 = 9{,}237 - 2{,}865 = 6{,}372$
Obergrenze: $9{,}237 + 2{,}4469 \cdot 1{,}171 = 9{,}237 + 2{,}865 = 12{,}102$

Tabelle 148 Ergebnisse der multiplen Regressionsanalyse »Erfolgsmission«

Modell	R_U^2	R_E^2	b-Gewichte	beta-Gewichte	$df_{Zähler}$	F_{emp}	sig.
x_1 und x_2	0,911	0	b_0: -3,7858	$\beta_1 = 0{,}875$	2	30,78	sig.
			b_1: 1,058	$\beta_2 = 0{,}142$			
			b_2: 0,245				
nur x_1	0,896	0	b_0: -2,888		1	60,13	sig.
			b_1: 1,145				
nur x_2	0,338	0	b_0: -1,129		1	3,57	ns.
			b_2: 1,003				
x_2 zusätzlich zu x_1	0,911	0,896			1	1,014	n.s
x_1 zusätzlich zu x_2	0,911	0,338			1	38,72	sig.

2.59 Interviewereffekte

Da kein Intervallskalenniveau angenommen werden kann, die Werte aber durchaus nach größer/kleiner unterschieden werden können, wird ein Ordinalskalenniveau angenommen. Daraus folgt, dass die Werte zuerst in Rangplätze transformiert werden müssen. Um die Rangplätze von mehr als zwei Gruppen zu vergleichen, kann der Kruskal-Wallis-H-Test verwendet werden.

$$H = \frac{12}{n \cdot (n+1)} \cdot \sum_{j=1}^{p} \frac{RS_j^2}{n_j} - 3 \cdot (n+1)$$

Hypothesen

H_0: Die Interviewer unterscheiden sich hinsichtlich der Bewertung nicht
H_1: Die Interviewer unterscheiden sich hinsichtlich der Bewertung
H_0: $\eta_i = \eta_j$ für alle Paare (i, j), i ≠ j
H_1: $\eta_i \neq \eta_j$ für mindestens ein Paar (i, j), i ≠ j

Tabelle 149 Rohwerte und Rangplätze der Interviewer

Interviewer 1		Interviewer 2		Interviewer 3	
Punkte	Rang	Punkte	Rang	Punkte	Rang
24	4,5.	10	17.	22	7.
12	15.	16	13.	21	8.
19	10.	17	12.	26	2.
20	9.	18	11.	23	6.
24	4,5.	15	14.	11	16.
29	1.	9	18.	25	3.

Rangplatzsummen

$RS_{\text{Interviewer 1}} = 44$; $RS^2 = 1936$
$RS_{\text{Interviewer 2}} = 85$; $RS^2 = 7225$
$RS_{\text{Interviewer 3}} = 42$; $RS^2 = 1764$

$$H = \frac{12}{18 \cdot 19} \cdot \left(\frac{1936}{6} + \frac{7225}{6} + \frac{1764}{6} \right) - 3 \cdot 19$$

$$H = \frac{12}{342} \cdot 1820,833 - 57 = 63,889 - 57 = 6,889$$

df = 3 – 1 = 2
H ist approximativ χ^2-verteilt.

Als kritischer Wert kann in Tabelle C.4 abgelesen werden:

$H_{(0,95;2)} = 5{,}991$

Der empirische H-Wert ist extremer als der kritische H-Wert, also signifikant, es folgt eine Entscheidung für H_1.

Mit einer Irrtumswahrscheinlichkeit von 5 % kann behauptet werden, dass sich die Rangplätze der drei Interviewer statistisch bedeutsam voneinander unterscheiden. Das spricht dann doch für Interviewereffekte …

2.60 Faktorenanalyse, allgemein

a) Berechnen Sie bitte eine Matrix R als Produkt von A · A'.

$$
A = \begin{bmatrix} 0,80 & 0,40 \\ 0,90 & 0,20 \\ 0,20 & 0,90 \\ 0,30 & 0,80 \end{bmatrix}
\qquad
\begin{bmatrix} 0,80 & 0,90 & 0,20 & 0,30 \\ 0,40 & 0,20 & 0,90 & 0,80 \end{bmatrix} = A'
$$

$$
\begin{bmatrix} 0,80 & 0,80 & 0,52 & 0,56 \\ 0,80 & 0,85 & 0,36 & 0,43 \\ 0,52 & 0,36 & 0,85 & 0,78 \\ 0,56 & 0,43 & 0,78 & 0,73 \end{bmatrix} = AA'
$$

b) Berechnen Sie bitte die Eigenwerte der beiden Faktoren I und II.

FI: $0{,}80^2 + 0{,}90^2 + 0{,}20^2 + 0{,}30^2 = 0{,}64 + 0{,}81 + 0{,}04 + 0{,}09 = 1{,}58$

FII: $0{,}40^2 + 0{,}20^2 + 0{,}90^2 + 0{,}80^2 = 0{,}16 + 0{,}04 + 0{,}81 + 0{,}64 = 1{,}65$

c) Eine Faktorenanalyse über einen Fragebogen mit 15 Items erbrachte folgenden Eigenwerte-Verlauf (Scree-Plot, vgl. Abb. 3).

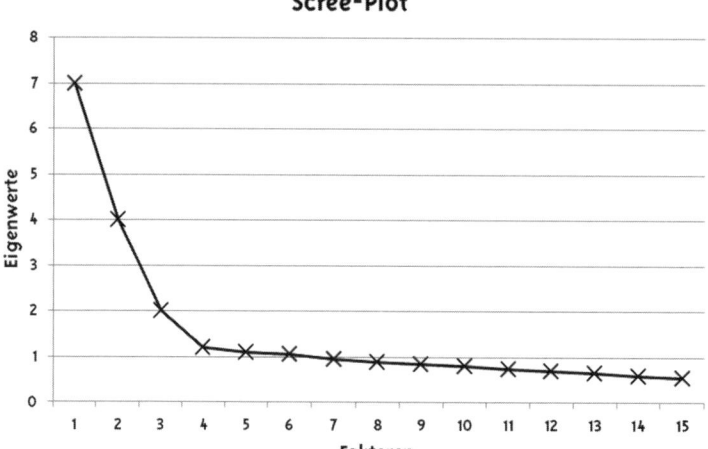

Abbildung 3 Eigenwerteverlauf

Wie viele Faktoren wären nach dem Kaiser-Kriterium zu extrahieren?
Sieben Faktoren haben einen Eigenwert größer als 1.
Wie viele Faktoren wären nach dem Scree-Kriterium zu extrahieren?
Der Knick befindet sich bei Faktor 4; da nur Faktoren VOR dem Knick Beachtung finden sollten, wären hier nach dem Scree-Kriterium drei Faktoren zu extrahieren.

2.61 Oh je, Mensa!

Für die Berechnung Multipler Regressionsanalysen existieren verschiedene Methoden, von denen zwei hier dargestellt werden sollen: Spezifische Formeln für zwei Prädiktoren sowie die Berechnung anhand des Allgemeinen Linearen Modells (ALM). Zum Schluss werden die verschiedenen Ergebnisse in einer Tabelle zusammengefasst. Es sei vorweggenommen, dass verschiedene Rechenmethoden aufgrund von Rundungsungenauigkeiten zu leicht verschiedenen Ergebnissen führen.

a) Kann man über die »Anzahl der Karohemden« (AK, x_1) und die »Anzahl der sozialen Kontakte« (ASK, x_2) (signifikant) auf das »Einstiegsgehalt« (EG, y) schätzen? Wie gut ist so ein Schätzmodell?

Berechnung über spezifische Formeln

$$R^2 = \frac{s_{\hat{Y}}^2}{s_Y^2} = \frac{\sum\limits_{m=1}^{n}\left(\hat{y}_m - \overline{y}\right)^2}{\sum\limits_{m=1}^{n}\left(y_m - \overline{y}\right)^2} \qquad \hat{y} = b_0 + b_1 \cdot x_1 + b_2 \cdot x_2$$

$$b_1 = b_{1s} \cdot \frac{s_Y}{s_{X_1}} \qquad b_{1s} = \frac{r_{YX_1} - r_{YX_2} \cdot r_{X_1 X_2}}{1 - r_{X_1 X_2}^2} \qquad b_2 = b_{2s} \cdot \frac{s_Y}{s_{X_2}} \qquad b_{2s} = \frac{r_{YX_2} - r_{YX_1} \cdot r_{X_1 X_2}}{1 - r_{X_1 X_2}^2}$$

$$b_0 = \overline{y} - b_1 \cdot \overline{x}_1 - b_2 \cdot \overline{x}_2$$

Deskriptive Kennwerte

$$\overline{y} = 3{,}25 \qquad \overline{x}_1 = 3{,}5 \qquad \overline{x}_2 = 5$$
$$s_y^2 = 1{,}4375 \qquad s_{x_1}^2 = 14 \qquad s_{x_2}^2 = 6{,}5$$
$$s_y = 1{,}199 \qquad s_{x_1} = 3{,}7417 \qquad s_{x_2} = 2{,}5495$$

$$b_{1s} = \frac{0{,}3344 - \left(-0{,}0818\right) \cdot \left(-0{,}249\right)}{1 - \left(-0{,}249\right)^2} = 0{,}335 \qquad b_1 = 0{,}335 \cdot \frac{1{,}199}{3{,}7417} = 0{,}107$$

$$b_{2s} = \frac{-0{,}0818 - \left(0{,}3344\right) \cdot \left(-0{,}249\right)}{1 - \left(-0{,}249\right)^2} = 0{,}002 \qquad b_2 = 0{,}002 \cdot \frac{1{,}199}{2{,}5495} = 0{,}001$$

$$b_0 = 3{,}25 - \left(0{,}107\right) \cdot 3{,}5 - \left(0{,}001\right) \cdot 5 = 3{,}25 - 0{,}3745 - 0{,}005 = 2{,}871$$

$$\hat{y} = 2{,}871 + 0{,}107 \cdot x_1 + 0{,}001 \cdot x_2$$

$$R^2 = \frac{1{,}278}{11{,}5} = 0{,}111$$

Tabelle 150 Werte zur Berechnung von R^2

EG (y)	$(y-\overline{y})^2$	$\hat{y}$	$(\hat{y}-\overline{y})^2$	$(y-\hat{y})^2$	AK (x_1)	ASK (x_2)
2	1,563	3,193	0,003	1,423	3	1
4	0,563	3,518	0,072	0,232	6	5
3	0,063	2,877	0,139	0,015	0	6
1	5,063	3,094	0,024	4,385	2	9
5	3,063	3,304	0,003	2,876	4	5
3	0,063	2,980	0,073	0,000	1	2
4	0,563	4,159	0,826	0,025	12	4
4	0,563	2,879	0,138	1,257	0	8
Summe	11,500	26,004	1,278	10,214		

Tabelle 151 Produkt-Moment-Korrelationen (Kovarianzen)

	x_1	x_2
y	0,3344	-0,0818
	(1,50)	(-0,25)
x_1		-0,2490
		(-2,375)

Berechnung mittels ALM
Formeln:

$$b = \left(X'X\right)^{-1} \cdot X'y$$

$$QS_{tot} = y'y - n\overline{y}^2 \quad QS_{det} = b'X'y - n\overline{y}^2$$

$$R^2 = \frac{QS_{det}}{QS_{tot}}$$

$$y = \begin{bmatrix} 2 \\ 4 \\ 3 \\ 1 \\ 5 \\ 3 \\ 4 \\ 4 \end{bmatrix} \quad X = \begin{bmatrix} 1 & 3 & 1 \\ 1 & 6 & 5 \\ 1 & 0 & 6 \\ 1 & 2 & 9 \\ 1 & 4 & 5 \\ 1 & 1 & 2 \\ 1 & 12 & 4 \\ 1 & 0 & 8 \end{bmatrix} \quad X'X = \begin{bmatrix} 8 & 28 & 40 \\ 28 & 210 & 121 \\ 40 & 121 & 252 \end{bmatrix} \quad X'y = \begin{bmatrix} 26 \\ 103 \\ 128 \end{bmatrix}$$

$y'y = 96$

Determinante von X'X

$$\begin{matrix} 8 & 28 & 40 \\ 28 & 210 & 121 \\ 40 & 121 & 252 \end{matrix} \rightarrow$$

$\begin{aligned} &= 40 \cdot 210 \cdot 40 \cdot (-1) = -336000 \\ &= 8 \cdot 121 \cdot 121 \cdot (-1) = -117128 \\ &= 28 \cdot 28 \cdot 252 \cdot (-1) = -197568 \end{aligned}$

$$\begin{matrix} 8 & 28 & 40 \\ 28 & 210 & 121 \end{matrix}$$

$\begin{aligned} &= 8 \cdot 210 \cdot 252 = 423360 \\ &= 28 \cdot 121 \cdot 40 = 135520 \\ &= 40 \cdot 28 \cdot 121 = 135520 \end{aligned}$

Det = -336000 - 117128 - 197568 + 423360 + 135520 + 135520 = 43704

Kofaktorenmatrix K

$$K = \begin{bmatrix} a & b & c \\ d & e & f \\ g & h & i \end{bmatrix}$$

$\begin{aligned} a &= 210 \cdot 252 - 121 \cdot 121 & b &= 28 \cdot 252 - 121 \cdot 40 & c &= 28 \cdot 121 - 210 \cdot 40 \\ d &= 28 \cdot 252 - 40 \cdot 1211 & e &= 8 \cdot 252 - 40 \cdot 40 & f &= 8 \cdot 121 - 28 \cdot 40 \\ g &= 28 \cdot 121 - 40 \cdot 210 & h &= 8 \cdot 121 - 40 \cdot 28 & i &= 8 \cdot 210 - 28 \cdot 28 \end{aligned}$

b, d, f, h jeweils noch mit (−1) multiplizieren!

$$K = \begin{bmatrix} a = 38279 & b = -2216 & c = -5012 \\ d = -2216 & e = 416 & f = 152 \\ g = -5012 & h = 152 & i = 896 \end{bmatrix} = K'$$

Inverse (X'X)⁻¹

$$Inverse(X'X) = (X'X)^{-1} = \frac{1}{Det(X'X)} \cdot K'$$

$$(X'X)^{-1} = \frac{1}{43704} \cdot \begin{bmatrix} 38279 & -2216 & -5012 \\ -2216 & 416 & 152 \\ -5012 & 152 & 896 \end{bmatrix}$$

(Noch nicht ausrechnen, weil sonst zu große Rundungsungenauigkeiten auftreten!)

b-Vektor:

$$b = \left(X' X \right)^{-1} \cdot X' y = \cfrac{\left. \begin{bmatrix} 26 \\ 103 \\ 128 \end{bmatrix} \right|}{\cfrac{1}{43704} \cdot \begin{bmatrix} 38279 & -2216 & -5012 \\ -2216 & 416 & 152 \\ -5012 & 152 & 896 \end{bmatrix} \left. \begin{bmatrix} 2{,}871 \\ 0{,}107 \\ 0{,}001 \end{bmatrix} \right| = \begin{bmatrix} b_0 \\ b_1 \\ b_2 \end{bmatrix} = b}$$

$$b' X' y = \cfrac{\left. \begin{bmatrix} 26 \\ 103 \\ 128 \end{bmatrix} \right|}{\begin{bmatrix} 2{,}871 & 0{,}107 & 0{,}001 \end{bmatrix} \left| 85{,}795 \right.} \quad n = 8 \quad \overline{y} = 3{,}25 \quad n \cdot \left(\overline{y} \right)^2 = 84{,}5$$

$$QS_{tot} = y' y - n\overline{y}^2 = 96 - 84{,}5 = 11{,}5$$

$$QS_{det} = b' X' y - n\overline{y}^2 = 85{,}795 - 84{,}5 = 1{,}295$$

$$R^2 = \frac{QS_{det}}{QS_{tot}} = \frac{1{,}295}{11{,}5} = 0{,}113$$

Prüfung des Multiplen Determinationskoeffizienten

H_0: $b_1 = 0$ und $b_2 = 0$

H_1: $b_1 \neq 0$ und/oder $b_2 \neq 0$

$$F = \frac{n-k-1}{k} \cdot \frac{R^2}{\left(1 - R^2 \right)} = \frac{R^2 / k}{\left(1 - R^2 \right) / \left(n - k - 1 \right)} = \frac{\left(\displaystyle\sum_{m=1}^{n} \left(\hat{y}_m - \overline{y} \right)^2 \right) / k}{\left(\displaystyle\sum_{m=1}^{n} \left(y_m - \hat{y}_m \right)^2 \right) / \left(n - k - 1 \right)}$$

n = 8 k = Anzahl unabhängige Variablen = 2

bzw.

$$F = \frac{\left(R_U^2 - R_E^2 \right) / df_h}{\left(1 - R_U^2 \right) / df_e}$$

R_U^2 : Determinationskoeffizient des uneingeschränkten Modells

R_E^2 : Determinationskoeffizient des eingeschränkten Modells

df_h : Hypothesenfreiheitsgrade = Anzahl der Null gesetzten b-Gewichte

df_e : Fehlerfreiheitsgrade = n – Anzahl der b-Gewichte inklusive b_0

$$F = \frac{\left(R_U^2 - R_E^2 \right) / df_h}{\left(1 - R_U^2 \right) / df_e} = \frac{\left(0{,}111 - 0 \right) / 2}{\left(1 - 0{,}111 \right) / 5} = \frac{0{,}0555}{0{,}1778} = 0{,}312$$

$F_{(0,95;2;5)}=5{,}7861$

Der empirische F-Wert ist nicht extremer als der kritische, also nicht signifikant, also H$_0$. Es kann nicht behauptet werden, dass »Anzahl der Karohemden« und/oder »Anzahl der sozialen Kontakte« einen signifikanten Beitrag zur Vorhersage des »Einstiegsgehalts« leisten.

b) Eine Person hat folgende Werte: »Anzahl der Karohemden« AK = 10 und »Anzahl der sozialen Kontakte« ASK = 2. Was für ein Wert für EG kann geschätzt werden?

Regressionsgleichung:

$$\hat{y}=b_0+b_1 \cdot x_1+b_2 \cdot x_2$$
$$\hat{y}=2{,}871+0{,}107 \cdot x_1+0{,}001 \cdot x_2$$
$$\hat{y}=2{,}871+0{,}107 \cdot (10)+0{,}001 \cdot (2)=2{,}871+1{,}07+0{,}002=3{,}88$$

Tja, was soll man dazu sagen? Als Einstiegsgehalt wahrlich nicht schlecht!

c) Wie gut kann alleine mit AK eine Vorhersage auf EG getroffen werden? Leistet der Prädiktor AK einen (signifikanten) Beitrag zur Vorhersage des Kriteriums EG?

Berechnung über Einfachregression

$$R^2=\frac{s_{\hat{Y}}^2}{s_Y^2}=\frac{\displaystyle\sum_{m=1}^{n}(\hat{y}_m-\overline{y})^2}{\displaystyle\sum_{m=1}^{n}(y_m-\overline{y})^2}=r_{XY}^2 \qquad \hat{y}=b_0+b_1 \cdot x$$

$$b_1=r_{XY} \cdot \frac{s_Y}{s_X}=\frac{s_{XY}}{s_X^2}=\frac{1{,}5}{14}=0{,}107$$

$$b_0=\overline{y}-b_1 \cdot \overline{x}=3{,}25-(0{,}107) \cdot 3{,}5=3{,}25-0{,}3745=2{,}8755$$

$$R^2=r_{XY}^2=(0{,}3344)^2=0{,}111 \qquad \hat{y}=2{,}8755+0{,}107 \cdot x$$

Berechnung mittels ALM

Reduzieren von X'X und X'y auf die relevanten Variablen

$$X'X = \begin{bmatrix} 8 & 28 \\ 28 & 210 \end{bmatrix} \quad X'y = \begin{bmatrix} 26 \\ 103 \end{bmatrix}$$

Bilden von $(X'X)^{-1}$

Zuerst Determinante: Det $= a \cdot d - b \cdot c = 8 \cdot 210 - 28 \cdot 28 = 1680 - 784 = 896$

Bilden einer Kofaktorenmatrix

$$K = \begin{bmatrix} 210 & -28 \\ -28 & 8 \end{bmatrix} = K' \quad (X'X)^{-1} = \frac{1}{896} \cdot \begin{bmatrix} 210 & -28 \\ -28 & 8 \end{bmatrix}$$

b-Vektor:

$$b = (X'X)^{-1} \cdot X'y = \cfrac{\left| \begin{bmatrix} 26 \\ 103 \end{bmatrix} \right.}{\frac{1}{896} \cdot \begin{bmatrix} 210 & -28 \\ -28 & 8 \end{bmatrix}} \quad \begin{bmatrix} 2{,}875 \\ 0{,}107 \end{bmatrix} = \begin{bmatrix} b_0 \\ b_1 \end{bmatrix} = b$$

$$b'X'y = \cfrac{\left| \begin{bmatrix} 26 \\ 103 \end{bmatrix} \right.}{\begin{bmatrix} 2{,}875 & 0{,}107 \end{bmatrix} \; \middle| \; 85{,}771}$$

$$QS_{det} = 85{,}771 - 84{,}5 = 1{,}271$$

$$R^2 = \frac{QS_{det}}{QS_{total}} = \frac{1{,}271}{11{,}5} = 0{,}111$$

Prüfung des Multiplen Determinationskoeffizienten

$H_0: b_1 = 0$

$H_1: b_1 \neq 0$

$$F = \frac{n-k-1}{k} \cdot \frac{R^2}{(1-R^2)} = \frac{R^2/k}{(1-R^2)/(n-k-1)} = \frac{\left(\sum\limits_{m=1}^{n} (\hat{y}_m - \overline{y})^2 \right)/k}{\left(\sum\limits_{m=1}^{n} (y_m - \hat{y}_m)^2 \right)/(n-k-1)}$$

n = 8 k = Anzahl unabhängige Variablen = 1

bzw.

$$F = \frac{\left(R_U^2 - R_E^2\right)/df_h}{\left(1 - R_U^2\right)/df_e}$$

R_U^2 : Determinationskoeffizient des uneingeschränkten Modells
R_E^2 : Determinationskoeffizient des eingeschränkten Modells
df_h : Hypothesenfreiheitsgrade = Anzahl der Null gesetzten b-Gewichte
df_e : Fehlerfreiheitsgrade = n – Anzahl der b-Gewichte inklusive b_0

$$F = \frac{\left(R_U^2 - R_E^2\right)/df_h}{\left(1 - R_U^2\right)/df_e} = \frac{(0,111-0)/1}{(1-0,111)/6} = \frac{0,111}{0,1482} = 0,749$$

$F_{(0,95;1;6)} = 5,9874$

Der empirische F-Wert ist nicht extremer als der kritische, also nicht signifikant, also H_0. Es kann nicht behauptet werden, dass die »Anzahl der Karohemden« einen signifikanten Beitrag zur Vorhersage des »Einstiegsgehalts« leistet.

d) Wie gut kann alleine mit ASK eine Vorhersage auf EG getroffen werden? Leistet der Prädiktor ASK einen (signifikanten) Beitrag zur Vorhersage des Kriteriums EG?

Berechnung über Einfachregression

$$R^2 = \frac{s_{\hat{Y}}^2}{s_Y^2} = \frac{\sum_{m=1}^{n}\left(\hat{y}_m - \bar{y}\right)^2}{\sum_{m=1}^{n}\left(y_m - \bar{y}\right)^2} = r_{XY}^2 \qquad \hat{y} = b_0 + b_1 \cdot x$$

$$b_1 = r_{XY} \cdot \frac{s_Y}{s_X} = \frac{s_{XY}}{s_X^2} = \frac{-0,25}{6,5} = -0,038$$

$$b_0 = \bar{y} - b_1 \cdot \bar{x} = 3,25 - (-0,038) \cdot 5 = 3,25 + 0,19 = 3,44$$

$$R^2 = r_{XY}^2 = (-0,0818)^2 = 0,007 \qquad \hat{y} = 3,44 - 0,038 \cdot x$$

Berechnung mittels ALM
Reduzieren von X'X und X'y auf die relevanten Variablen

$$X'X = \begin{bmatrix} 8 & 40 \\ 40 & 252 \end{bmatrix}; \quad X'y = \begin{bmatrix} 26 \\ 128 \end{bmatrix}$$

Bilden von $(X'X)^{-1}$
Zuerst Determinante: Det = a · d - b · c = 8 · 252 – 40 · 40 = 2016 – 1600 = 416

Bilden einer Kofaktorenmatrix

$$K = \begin{bmatrix} 252 & -40 \\ -40 & 8 \end{bmatrix} = K' \quad (X'X)^{-1} = \frac{1}{416} \cdot \begin{bmatrix} 252 & -40 \\ -40 & 8 \end{bmatrix}$$

b-Vektor:

$$b = (X'X)^{-1} \cdot X' y = \cfrac{\begin{bmatrix} 26 \\ 128 \end{bmatrix}}{\cfrac{1}{416} \cdot \begin{bmatrix} 252 & -40 \\ -40 & 8 \end{bmatrix} \begin{bmatrix} 3,44 \\ -0,038 \end{bmatrix} = \begin{bmatrix} b_0 \\ b_2 \end{bmatrix} = b}$$

$$b' X' y = \cfrac{\begin{bmatrix} 26 \\ 128 \end{bmatrix}}{\begin{bmatrix} 3,44 & -0,038 \end{bmatrix} \quad 84,576}$$

$$QS_{det} = 84,576 - 84,5 = 0,076$$

$$R^2 = \frac{QS_{det}}{QS_{total}} = \frac{0,076}{11,5} = 0,007$$

Prüfung des Multiplen Determinationskoeffizienten

H_0: $b_2 = 0$

H_1: $b_2 \neq 0$

$$F = \frac{n-k-1}{k} \cdot \frac{R^2}{(1-R^2)} = \frac{R^2/k}{(1-R^2)/(n-k-1)} = \frac{\left(\sum_{m=1}^{n} (\hat{y}_m - \overline{y})^2\right)/k}{\left(\sum_{m=1}^{n} (y_m - \hat{y}_m)^2\right)/(n-k-1)}$$

n = 8 k = Anzahl unabhängige Variablen = 1

bzw.

$$F = \frac{(R_U^2 - R_E^2)/df_h}{(1-R_U^2)/df_e}$$

R_U^2 : Determinationskoeffizient des uneingeschränkten Modells
R_E^2 : Determinationskoeffizient des eingeschränkten Modells
df_h : Hypothesenfreiheitsgrade = Anzahl der Null gesetzten b-Gewichte
df_e : Fehlerfreiheitsgrade = n − Anzahl der b-Gewichte inklusive b_0

$$F = \frac{(R_U^2 - R_E^2)/df_h}{(1-R_U^2)/df_e} = \frac{(0,007-0)/1}{(1-0,007)/6} = \frac{0,007}{0,1655} = 0,042$$

$F_{(0,95;1;6)}=5{,}9874$

Der empirische F-Wert ist nicht extremer als der kritische, also nicht signifikant, also H_0. Es kann nicht behauptet werden, dass die »Anzahl der sozialen Kontakte« einen signifikanten Beitrag zur Vorhersage des »Einstiegsgehalts« leistet.

e) Erbringt die Hinzunahme von ASK zusätzlich zu AK eine (signifikante) Verbesserung des Vorhersagemodells?
Zuerst Hypothesen:
H_0: b_1 = beliebig und $b_2 = 0$
H_1: b_1 = beliebig und $b_2 \neq 0$

$$F = \frac{\left(R_U^2 - R_E^2\right)/df_h}{\left(1 - R_U^2\right)/df_e} = \frac{\left(0{,}111 - 0{,}111\right)/1}{\left(1 - 0{,}111\right)/5} = \frac{0}{0{,}1778} = 0$$

R_U^2 : Determinationskoeffizient des uneingeschränkten Modells
R_E^2 : Determinationskoeffizient des eingeschränkten Modells
df_h : Hypothesenfreiheitsgrade = Anzahl der Null gesetzten b-Gewichte
df_e : Fehlerfreiheitsgrade = n – Anzahl der b-Gewichte inklusive b_0

$F_{(0,95;1;5)}=6{,}6079$

Der empirische F-Wert ist nicht extremer als der kritische, also nicht signifikant, also H_0. Es kann nicht behauptet werden, dass die Hinzunahme des Prädiktors ASK zusätzlich zum Prädiktor AK eine signifikante Verbesserung des Modells erbringt.

f) Erbringt die Hinzunahme von AK zusätzlich zu ASK eine (signifikante) Verbesserung des Vorhersagemodells?
Zuerst Hypothesen:
H_0: $b_1 = 0$ und b_2 = beliebig
H_1: $b_1 \neq 0$ und b_2 = beliebig

$$F = \frac{\left(R_U^2 - R_E^2\right)/df_h}{\left(1 - R_U^2\right)/df_e} = \frac{\left(0{,}111 - 0{,}007\right)/1}{\left(1 - 0{,}111\right)/5} = \frac{0{,}104}{0{,}1778} = 0{,}585$$

R_U^2 : Determinationskoeffizient des uneingeschränkten Modells
R_E^2 : Determinationskoeffizient des eingeschränkten Modells
df_h : Hypothesenfreiheitsgrade = Anzahl der Null gesetzten b-Gewichte
df_e : Fehlerfreiheitsgrade = n – Anzahl der b-Gewichte inklusive b_0

$F_{(0,95;1;5)}=6{,}6079$

Der empirische F-Wert ist nicht extremer als der kritische, also nicht signifikant, also H_0. Es kann nicht behauptet werden, dass die Hinzunahme von AK zusätzlich zu ASK eine Verbesserung des Vorhersagemodells erbringt.

g) Berechnen Sie die Fehlerquadratsumme QS$_e$.

$$QS_e = QS_{tot} - QS_{det} = \sum_{m=1}^{n} \left(y_m - \hat{y}_m \right)^2 = 11,5 - 1,295 = 10,205$$

h) Berechnen Sie den Standardschätzfehler $\hat{\sigma}_e$.

$$\hat{\sigma}_e = \sqrt{\frac{QS_e}{df_e}} = \sqrt{\frac{\sum_{m=1}^{n} \left(y_m - \hat{y}_m \right)^2}{n-k-1}} \sqrt{\frac{10,205}{5}} = \sqrt{2,041} = 1,429$$

i) Berechnen Sie für EG, AK und ASK die geschätzten Populations-Standardabweichungen $\hat{\sigma}$.

$$\hat{\sigma}_x = \sqrt{\frac{\sum_{m=1}^{n} \left(x_m - \bar{x} \right)^2}{n-1}} = \sqrt{\frac{\sum_{m=1}^{n} x_m^2 - \dfrac{\left(\sum_{m=1}^{n} x_m \right)^2}{n}}{n-1}}$$

$$EG: \quad \hat{\sigma}_Y = \sqrt{\frac{96 - \dfrac{26^2}{8}}{8-1}} = \sqrt{\frac{96 - \dfrac{676}{8}}{7}} = \sqrt{\frac{96 - 84,5}{7}} = \sqrt{\frac{11,5}{7}} = 1,282$$

$$AK: \quad \hat{\sigma}_{X_1} = \sqrt{\frac{210 - \dfrac{28^2}{8}}{7-1}} = \sqrt{\frac{210 - \dfrac{784}{8}}{7}} = \sqrt{\frac{210 - 98}{7}} = \sqrt{\frac{112}{7}} = 4$$

$$ASK: \hat{\sigma}_{X_2} = \sqrt{\frac{252 - \dfrac{40^2}{8}}{8-1}} = \sqrt{\frac{252 - \dfrac{1600}{8}}{7}} = \sqrt{\frac{252 - 200}{7}} = \sqrt{\frac{52}{7}} = 2,726$$

j) Berechnen Sie die standardisierten Einflussgewichte β für AK und ASK.

$$\beta_j = b_j \cdot \frac{\hat{\sigma}_{X_j}}{\hat{\sigma}_Y};$$

$$AK: \quad \beta_{AK} = 0,107 \cdot \frac{4}{1,282} = 0,334$$

$$ASK: \quad \beta_{ASK} = 0,001 \cdot \frac{2,726}{1,282} = 0,002$$

Die »Anzahl der Karohemden« wäre für das »Einstiegsgehalt« wesentlich bedeutsamer als die »Anzahl der sozialen Kontakte«, gäbe es bei dieser Aufgabe irgendwelche signifikanten Ergebnisse …

k) Erstellen Sie für den unter b) geschätzten Wert für EG ein 95%-Konfidenzintervall!

Allgemeine Formel: $\hat{y} - t_{\alpha/2} \cdot \hat{\sigma}_e \leq \hat{y} \leq \hat{y} + t_{\alpha/2} \cdot \hat{\sigma}_e$

$\hat{y} = 3,88 \quad \hat{\sigma}_e = 1,429 \quad \alpha = 0,05 \quad t_{(\alpha/2=0,975;5)} = 2,5706$

Untergrenze: $3,88 - 2,5706 \cdot 1,429 = 3,88 - 3,674 = 0,206$
Obergrenze: $3,88 + 2,5706 \cdot 1,429 = 3,88 + 3,674 = 7,554$

Tabelle 152 Ergebnisse der multiplen Regressionsanalyse »Oh je, Mensa«

Modell	R_U^2	R_E^2	b-Gewichte	beta-Gewichte	$df_{Zähler}$	F_{emp}	sig.
x_1 und x_2	0,111	0	b_0: 2,871 b_1: 0,107 b_2: 0,001	β_1= 0,335 β_2= 0,002	2	0,312	n. s.
nur x_1	0,111	0	b_0: 2,8755 b_1: 0,107		1	0,749	n. s.
nur x_2	0,007	0	b_0: 3,44 b_2: -0,038		1	0,042	n. s.
x_2 zusätzlich zu x_1	0,111	0,111			1	0,0	n. s.
x_1 zusätzlich zu x_2	0,111	0,007			1	0,585	n. s.

2.62 Neulich auf der Pferderennbahn (2)

Für die Berechnung Multipler Regressionsanalysen existieren verschiedene Methoden, von denen zwei hier dargestellt werden sollen: Spezifische Formeln für zwei Prädiktoren sowie die Berechnung anhand des Allgemeinen Linearen Modells (ALM). Zum Schluss werden die verschiedenen Ergebnisse in einer Tabelle zusammengefasst. Es sei vorweggenommen, dass verschiedene Rechenmethoden auf Grund von Rundungsungenauigkeiten zu leicht verschiedenen Ergebnissen führen.

a) Kann man über WP und SJ (signifikant) auf GP schätzen? Wie gut ist so ein Schätzmodell?

Berechnung über spezifische Formeln

$$R^2 = \frac{s_{\hat{Y}}^2}{s_Y^2} = \frac{\sum_{m=1}^{n}(\hat{y}_m - \bar{y})^2}{\sum_{m=1}^{n}(y_m - \bar{y})^2} \qquad \hat{y} = b_0 + b_1 \cdot x_1 + b_2 \cdot x_2$$

$$b_1 = b_{1s} \cdot \frac{s_Y}{s_{X_1}} \qquad b_{1s} = \frac{r_{YX_1} - r_{YX_2} \cdot r_{X_1 X_2}}{1 - r_{X_1 X_2}^2} \qquad b_2 = b_{2s} \cdot \frac{s_Y}{s_{X_2}} \qquad b_{2s} = \frac{r_{YX_2} - r_{YX_1} \cdot r_{X_1 X_2}}{1 - r_{X_1 X_2}^2}$$

$$b_0 = \bar{y} - b_1 \cdot \bar{x}_1 - b_2 \cdot \bar{x}_2$$

Deskriptive Kennwerte

$$\bar{y} = 17 \qquad \bar{x}_1 = 7 \qquad \bar{x}_2 = 3$$
$$s_y^2 = 2,667 \qquad s_{x_1}^2 = 2,889 \qquad s_{x_2}^2 = 1,111$$
$$s_y = 1,633 \qquad s_{x_1} = 1,700 \qquad s_{x_2} = 1,054$$

$$b_{1s} = \frac{0,6405 - (0,7746) \cdot (0,2481)}{1 - (0,2481)^2} = 0,4777 \qquad b_1 = 0,4777 \cdot \frac{1,633}{1,700} = 0,459$$

$$b_{2s} = \frac{0,7746 - (0,6405) \cdot (0,2481)}{1 - (0,2481)^2} = 0,6561 \qquad b_2 = 0,6561 \cdot \frac{1,633}{1,054} = 1,016$$

$$b_0 = 17 - (0,459) \cdot 7 - (1,016) \cdot 3 = 17 - 3,213 - 3,048 = 10,739$$

$$\hat{y} = 10,739 + 0,459 \cdot x_1 + 1,016 \cdot x_2$$

$$R^2 = \frac{19,531}{24} = 0,814$$

Tabelle 153 Werte zur Berechnung von R^2

GP (y)	$(y-\bar{y})^2$	$\hat{y}$	$(\hat{y}-\bar{y})^2$	$(y-\hat{y})^2$	WP (x_1)	SJ (x_2)
15	4,000	15,525	2,176	0,276	6	2
20	9,000	18,475	2,176	2,326	8	4
15	4,000	14,607	5,726	0,154	4	2
19	4,000	19,393	5,726	0,154	10	4
16	1,000	17,000	0,000	1,000	7	3
17	0,000	16,902	0,010	0,010	9	2
18	1,000	18,573	2,474	0,328	6	5
17	0,000	16,541	0,211	0,211	6	3
16	1,000	15,984	1,032	0,000	7	2
Summe	24,000	153	19,531	4,459		

Tabelle 154 Produkt-Moment-Korrelationen (Kovarianzen)

	x_1	x_2
y	0,6405 (1,778)	0,7746 (1,333)
x_1		-0,2481 (0,444)

Berechnung mittels ALM
Formeln:

$$b = \left(X'X\right)^{-1} \cdot X'y$$

$$QS_{tot} = y'y - n\bar{y}^2 \quad QS_{det} = b'X'y - n\bar{y}^2$$

$$R^2 = \frac{QS_{det}}{QS_{tot}}$$

$$y = \begin{bmatrix} 15 \\ 20 \\ 15 \\ 19 \\ 16 \\ 17 \\ 18 \\ 17 \\ 16 \end{bmatrix} \qquad X = \begin{bmatrix} 1 & 6 & 2 \\ 1 & 8 & 4 \\ 1 & 4 & 2 \\ 1 & 10 & 4 \\ 1 & 7 & 3 \\ 1 & 9 & 2 \\ 1 & 6 & 5 \\ 1 & 6 & 3 \\ 1 & 7 & 2 \end{bmatrix} \qquad X'X = \begin{bmatrix} 9 & 63 & 27 \\ 63 & 467 & 193 \\ 27 & 193 & 91 \end{bmatrix} \qquad X'y = \begin{bmatrix} 153 \\ 1087 \\ 471 \end{bmatrix}$$

$$y'y = 2625$$

Determinante von X'X

$$\begin{matrix} 9 & 63 & 27 \\ 63 & 467 & 193 \\ 27 & 193 & 91 \\ 9 & 63 & 27 \\ 63 & 467 & 193 \end{matrix} \rightarrow \begin{aligned} &= 27 \cdot 467 \cdot 27 \cdot (-1) = -340443 \\ &= 9 \cdot 193 \cdot 193 \cdot (-1) = -335241 \\ &= 63 \cdot 63 \cdot 91 \cdot (-1) = -361179 \\ &\rule{6cm}{0.4pt} \\ &= 9 \cdot 467 \cdot 91 = 382473 \\ &= 63 \cdot 193 \cdot 27 = 328293 \\ &= 27 \cdot 63 \cdot 193 = 328293 \end{aligned}$$

Det = -340443 - 335241 - 361179 + 382473 + 328293 + 328293 = 2196

Kofaktorenmatrix K

$$K = \begin{bmatrix} a & b & c \\ d & e & f \\ g & h & i \end{bmatrix}$$

$a = 467 \cdot 91 - 193 \cdot 193 \qquad b = 63 \cdot 91 - 193 \cdot 27 \qquad c = 63 \cdot 193 - 467 \cdot 27$
$d = 63 \cdot 91 - 27 \cdot 193 \qquad e = 9 \cdot 91 - 27 \cdot 27 \qquad f = 9 \cdot 193 - 63 \cdot 27$
$g = 63 \cdot 193 - 27 \cdot 467 \qquad h = 9 \cdot 193 - 27 \cdot 63 \qquad i = 9 \cdot 467 - 63 \cdot 63$

b, d, f, h jeweils noch mit (−1) multiplizieren!

$$K = \begin{bmatrix} a = 5248 & b = -522 & c = -450 \\ d = -522 & e = 90 & f = -36 \\ g = -450 & h = -36 & i = 234 \end{bmatrix} = K'$$

Inverse (X'X)⁻¹

$$Inverse(X'X) = (X'X)^{-1} = \frac{1}{Det(X'X)} \cdot K'$$

$$\left(X'X\right)^{-1} = \frac{1}{2196} \cdot \begin{bmatrix} 5248 & -522 & -450 \\ -522 & 90 & -36 \\ -450 & -36 & 234 \end{bmatrix}$$

(Noch nicht ausrechnen, weil sonst zu große Rundungsungenauigkeiten auftreten!)
b-Vektor:

$$b = \left(X'X\right)^{-1} \cdot X' y = \cfrac{\begin{bmatrix} 153 \\ 1087 \\ 471 \end{bmatrix}}{\frac{1}{2196} \cdot \begin{bmatrix} 5248 & -522 & -450 \\ -522 & 90 & -36 \\ -450 & -36 & 234 \end{bmatrix} \begin{bmatrix} 10{,}738 \\ 0{,}459 \\ 1{,}016 \end{bmatrix} = \begin{bmatrix} b_0 \\ b_1 \\ b_2 \end{bmatrix} = b}$$

$$b' X' y = \cfrac{\begin{bmatrix} 153 \\ 1087 \\ 471 \end{bmatrix}}{\begin{bmatrix} 10{,}738 & 0{,}459 & 1{,}016 \end{bmatrix} \quad 2620{,}383} \qquad n = 9 \quad \overline{y} = 17 \quad n \cdot \left(\overline{y}\right)^2 = 2601$$

$$QS_{tot} = y' y - n\overline{y}^2 = 2625 - 2601 = 24$$

$$QS_{det} = b' X' y - n\overline{y}^2 = 2620{,}383 - 2601 = 19{,}383$$

$$R^2 = \frac{QS_{det}}{QS_{tot}} = \frac{19{,}383}{24} = 0{,}808$$

Prüfung des Multiplen Determinationskoeffizienten

H_0: $b_1 = 0$ und $b_2 = 0$
H_1: $b_1 \neq 0$ und/oder $b_2 \neq 0$

$$F = \frac{n-k-1}{k} \cdot \frac{R^2}{\left(1-R^2\right)} = \frac{R^2 / k}{\left(1-R^2\right)/\left(n-k-1\right)} = \frac{\left(\sum_{m=1}^{n}\left(\hat{y}_m - \overline{y}\right)^2\right)/k}{\left(\sum_{m=1}^{n}\left(y_m - \hat{y}_m\right)^2\right)/\left(n-k-1\right)}$$

n = 9   k = Anzahl unabhängige Variablen = 2
bzw.

$$F = \frac{\left(R_U^2 - R_E^2\right) / df_h}{\left(1 - R_U^2\right) / df_e}$$

R_U^2 : Determinationskoeffizient des uneingeschränkten Modells
R_E^2 : Determinationskoeffizient des eingeschränkten Modells
df_h : Hypothesenfreiheitsgrade = Anzahl der Null gesetzten b-Gewichte
df_e : Fehlerfreiheitsgrade = n – Anzahl der b-Gewichte inklusive b_0

$$F = \frac{\left(R_U^2 - R_E^2\right) / df_h}{\left(1 - R_U^2\right) / df_e} = \frac{(0,814 - 0)/2}{(1 - 0,814)/6} = \frac{0,407}{0,031} = 13,13$$

$F_{(0,95;2;6)} = 5,1433$

Der empirische F-Wert ist extremer als der kritische, also signifikant, also H_1. Mit einer Irrtumswahrscheinlichkeit von 5 % kann behauptet werden, dass die Prädiktoren »Wuchs Pferd« (WP) und »Selbstsicherheit Jockey« (SJ) einen Beitrag zur Vorhersage des Kriteriums »Geschwindigkeit Pferd« (GP) leisten.

b) Für das nächste Rennen wird ein Pferd vorgeführt, dessen Wuchs Sie mit 8 bewerten und dessen Jockey eine geringe Selbstsicherheit von 1 ausstrahlt. Bitte schätzen Sie die Geschwindigkeit y.
Regressionsgleichung:

$$\hat{y} = b_0 + b_1 \cdot x_1 + b_2 \cdot x_2$$
$$\hat{y} = 10,739 + 0,459 \cdot x_1 + 1,016 \cdot x_2$$
$$\hat{y} = 10,739 + 0,459 \cdot (8) + 1,016 \cdot (1) = 10,739 + 3,672 + 1,016 = 15,427$$

Das wäre ja vergleichsweise schnell …

c) Wie gut kann alleine mit WP eine Vorhersage auf GP getroffen werden? Leistet der Prädiktor WP einen (signifikanten) Beitrag zur Vorhersage des Kriteriums GP?

Berechnung über Einfachregression

$$R^2 = \frac{s_{\hat{Y}}^2}{s_Y^2} = \frac{\sum_{m=1}^{n} \left(\hat{y}_m - \overline{y}\right)^2}{\sum_{m=1}^{n} \left(y_m - \overline{y}\right)^2} = r_{XY}^2 \qquad \hat{y} = b_0 + b_1 \cdot x$$

$$b_1 = r_{XY} \cdot \frac{s_Y}{s_X} = \frac{s_{XY}}{s_X^2} = \frac{1,778}{2,889} = 0,615$$

$$b_0 = \overline{y} - b_1 \cdot \overline{x} = 17 - (0,615) \cdot 7 = 17 - 4,305 = 12,695$$

$$R^2 = r_{XY}^2 = (0,6405)^2 = 0,410 \qquad \hat{y} = 12,695 + 0,615 \cdot x$$

Berechnung mittels ALM

Reduzieren von X'X und X'y auf die relevanten Variablen

$$X'X = \begin{bmatrix} 9 & 63 \\ 63 & 467 \end{bmatrix} \quad X'y = \begin{bmatrix} 153 \\ 1087 \end{bmatrix}$$

Bilden von $(X'X)^{-1}$

Zuerst Determinante: $\text{Det} = a \cdot d - b \cdot c = 9 \cdot 467 - 63 \cdot 63 = 4203 - 3969 = 234$

Bilden einer Kofaktorenmatrix

$$K = \begin{bmatrix} 467 & -63 \\ -63 & 9 \end{bmatrix} = K' \quad (X'X)^{-1} = \frac{1}{234} \cdot \begin{bmatrix} 467 & -63 \\ -63 & 9 \end{bmatrix}$$

b-Vektor:

$$b = (X'X)^{-1} \cdot X'y = \cfrac{\begin{vmatrix} 153 \\ 1087 \end{vmatrix}}{\frac{1}{234} \begin{bmatrix} 467 & -63 \\ -63 & 9 \end{bmatrix}} \begin{bmatrix} 12,692 \\ 0,615 \end{bmatrix} = \begin{bmatrix} b_0 \\ b_1 \end{bmatrix} = b$$

$$b'X'y = \cfrac{\begin{vmatrix} 153 \\ 1087 \end{vmatrix}}{\begin{bmatrix} 12,692 & 0,615 \end{bmatrix}} 2610,381$$

$$QS_{det} = 2610,381 - 2601 = 9,381$$

$$R^2 = \frac{QS_{det}}{QS_{tot}} = \frac{9,381}{24} = 0,391$$

Prüfung des Multiplen Determinationskoeffizienten

H_0: $b_1 = 0$

H_1: $b_1 \neq 0$

$$F = \frac{n-k-1}{k} \cdot \frac{R^2}{(1-R^2)} = \frac{R^2/k}{(1-R^2)/(n-k-1)} = \frac{\left(\sum\limits_{m=1}^{n}(\hat{y}_m - \overline{y})^2\right)/k}{\left(\sum\limits_{m=1}^{n}(y_m - \hat{y}_m)^2\right)/(n-k-1)}$$

n = 9 k = Anzahl unabhängige Variablen = 1

bzw.

$$F = \frac{\left(R_U^2 - R_E^2\right) / df_h}{\left(1 - R_U^2\right) / df_e}$$

R_U^2 : Determinationskoeffizient des uneingeschränkten Modells
R_E^2 : Determinationskoeffizient des eingeschränkten Modells
df_h : Hypothesenfreiheitsgrade = Anzahl der Null gesetzten b-Gewichte
df_e : Fehlerfreiheitsgrade = n – Anzahl der b-Gewichte inklusive b_0

$$F = \frac{\left(R_U^2 - R_E^2\right) / df_h}{\left(1 - R_U^2\right) / df_e} = \frac{(0,410 - 0)/1}{(1 - 0,410)/7} = \frac{0,410}{0,0829} = 4,95$$

$F_{(0,95;1;7)} = 5,5914$

Der empirische F-Wert ist nicht extremer als der kritische, also nicht signifikant, also H_0. Es kann nicht behauptet werden, dass »Wuchs Pferd« einen signifikanten Beitrag zur Vorhersage der »Geschwindigkeit Pferd« leistet.

d) Wie gut kann alleine mit SJ eine Vorhersage auf GP getroffen werden? Leistet der Prädiktor SJ einen (signifikanten) Beitrag zur Vorhersage des Kriteriums GP?

Berechnung über Einfachregression

$$R^2 = \frac{s_{\hat{Y}}^2}{s_Y^2} = \frac{\sum_{m=1}^{n}\left(\hat{y}_m - \overline{y}\right)^2}{\sum_{m=1}^{n}\left(y_m - \overline{y}\right)^2} = r_{XY}^2 \qquad \hat{y} = b_0 + b_1 \cdot x$$

$$b_1 = r_{XY} \cdot \frac{s_Y}{s_X} = \frac{s_{XY}}{s_X^2} = \frac{1,333}{1,111} = 1,2$$

$$b_0 = \overline{y} - b_1 \cdot \overline{x} = 17 - (1,2) \cdot 3 = 17 - 3,6 = 13,4$$

$$R^2 = r_{XY}^2 = (0,7746)^2 = 0,6 \qquad \hat{y} = 13,4 + 1,2 \cdot x$$

Berechnung mittels ALM

Reduzieren von X'X und X'y auf die relevanten Variablen

$$X'X = \begin{bmatrix} 9 & 27 \\ 27 & 91 \end{bmatrix} \qquad X'y = \begin{bmatrix} 153 \\ 471 \end{bmatrix}$$

Bilden von $(X'X)^{-1}$

Zuerst Determinante: Det = a · d – b · c = 9 · 91 – 27 · 27 = 819 – 729 = 90

Bilden einer Kofaktorenmatrix

$$K = \begin{bmatrix} 91 & -27 \\ -27 & 9 \end{bmatrix} = K' \quad (X'X)^{-1} = \frac{1}{90} \cdot \begin{bmatrix} 91 & -27 \\ -27 & 9 \end{bmatrix}$$

b-Vektor:

$$b = (X'X)^{-1} \cdot X'y = \frac{\begin{vmatrix} 153 \\ 471 \end{vmatrix}}{\frac{1}{90} \begin{bmatrix} 91 & -27 \\ -27 & 9 \end{bmatrix} \begin{vmatrix} 13,4 \\ 1,2 \end{vmatrix}} = \begin{bmatrix} b_0 \\ b_1 \end{bmatrix} = b$$

$$b'X'y = \frac{\begin{vmatrix} 153 \\ 471 \end{vmatrix}}{\begin{bmatrix} 13,4 & 1,2 \end{bmatrix} \begin{vmatrix} 2615,4 \end{vmatrix}}$$

$$QS_{det} = 2615,4 - 2601 = 14,4$$

$$R^2 = \frac{QS_{det}}{QS_{tot}} = \frac{14,4}{24} = 0,6$$

Prüfung des Multiplen Determinationskoeffizienten
H_0: $b_2 = 0$
H_1: $b_2 \neq 0$

$$F = \frac{n-k-1}{k} \cdot \frac{R^2}{(1-R^2)} = \frac{R^2/k}{(1-R^2)/(n-k-1)} = \frac{\left(\sum_{m=1}^{n}(\hat{y}_m - \overline{y})^2\right)/k}{\left(\sum_{m=1}^{n}(y_m - \hat{y}_m)^2\right)/(n-k-1)}$$

n = 9 k = Anzahl unabhängige Variablen = 1

bzw.
$$F = \frac{(R_U^2 - R_E^2)/df_h}{(1-R_U^2)/df_e}$$

R_U^2 : Determinationskoeffizient des uneingeschränkten Modells
R_E^2 : Determinationskoeffizient des eingeschränkten Modells
df_h : Hypothesenfreiheitsgrade = Anzahl der Null gesetzten b-Gewichte
df_e : Fehlerfreiheitsgrade = n – Anzahl der b-Gewichte inklusive b_0

$$F = \frac{(R_U^2 - R_E^2)/df_h}{(1-R_U^2)/df_e} = \frac{(0,6-0)/1}{(1-0,6)/7} = \frac{0,6}{0,0571} = 10,51$$

$F_{(0,95;1;7)} = 5,5914$

Der empirische F-Wert ist extremer als der kritische, also signifikant, also H_1. Mit einer Irrtumswahrscheinlichkeit von 5 % kann behauptet werden, dass »Selbstsicherheit Jockey« einen signifikanten Beitrag zur Vorhersage der »Geschwindigkeit Pferd« leistet.

e) Erbringt die Hinzunahme von SJ zusätzlich zu WP eine (signifikante) Verbesserung des Vorhersagemodells?

Zuerst Hypothesen:

H_0: b_1 = beliebig und b_2 = 0

H_1: b_1 = beliebig und $b_2 \neq 0$

$$F = \frac{\left(R_U^2 - R_E^2\right)/df_h}{\left(1 - R_U^2\right)/df_e} = \frac{(0{,}814 - 0{,}410)/1}{(1 - 0{,}814)/6} = \frac{0{,}404}{0{,}031} = 13{,}03$$

R_U^2 : Determinationskoeffizient des uneingeschränkten Modells
R_E^2 : Determinationskoeffizient des eingeschränkten Modells
df_h : Hypothesenfreiheitsgrade = Anzahl der Null gesetzten b-Gewichte
df_e : Fehlerfreiheitsgrade = n – Anzahl der b-Gewichte inklusive b_0

$F_{(0,95;1;6)} = 5{,}9874$

Der empirische F-Wert ist extremer als der kritische, also signifikant, also H_1. Mit einer Irrtumswahrscheinlichkeit von 5 % kann behauptet werden, dass die Hinzunahme des Prädiktors SJ zusätzlich zum Prädiktor WP eine signifikante Verbesserung des Modells erbringt.

f) Erbringt die Hinzunahme von WP zusätzlich zu SJ eine (signifikante) Verbesserung des Vorhersagemodells?

Zuerst Hypothesen:

H_0: b_1 = 0 und b_2 = beliebig

H_1: $b_1 \neq 0$ und b_2 = beliebig

$$F = \frac{\left(R_U^2 - R_E^2\right)/df_h}{\left(1 - R_U^2\right)/df_e} = \frac{(0{,}814 - 0{,}6)/1}{(1 - 0{,}814)/6} = \frac{0{,}214}{0{,}031} = 6{,}90$$

R_U^2 : Determinationskoeffizient des uneingeschränkten Modells
R_E^2 : Determinationskoeffizient des eingeschränkten Modells
df_h : Hypothesenfreiheitsgrade = Anzahl der Null gesetzten b-Gewichte
df_e : Fehlerfreiheitsgrade = n – Anzahl der b-Gewichte inklusive b_0

$F_{(0,95;1;6)} = 5{,}9874$

Der empirische F-Wert ist extremer als der kritische, also signifikant, also H_1. Mit einer Irrtumswahrscheinlichkeit von 5 % kann behauptet werden, dass die Hinzunahme des Prädiktors WP zusätzlich zum Prädiktor SJ eine signifikante Verbesserung des Modells erbringt.

g) Berechnen Sie die Fehlerquadratsumme QS$_e$ und den Standardschätzfehler $\hat{\sigma}_e$.

$$QS_e = QS_{tot} - QS_{det} = \sum_{m=1}^{n}(y_m - \hat{y}_m)^2 = 24 - 19,531 = 4,469$$

$$\hat{\sigma}_e = \sqrt{\frac{QS_e}{df_e}} = \sqrt{\frac{\sum_{m=1}^{n}(y_m - \hat{y}_m)^2}{n-k-1}} = \sqrt{\frac{4,469}{6}} = \sqrt{0,745} = 0,863$$

h) Berechnen Sie für GP, WP und SJ die geschätzten Populations-Standardabweichungen $\hat{\sigma}$.

$$\hat{\sigma}_x = \sqrt{\frac{\sum_{m=1}^{n}(x_m - \overline{x})^2}{n-1}} = \sqrt{\frac{\sum_{m=1}^{n}x_m^2 - \dfrac{\left(\sum_{m=1}^{n}x_m\right)^2}{n}}{n-1}}$$

$$GP: \quad \hat{\sigma}_Y = \sqrt{\frac{2625 - \dfrac{153^2}{9}}{9-1}} = \sqrt{\frac{2625 - \dfrac{23409}{9}}{8}} = \sqrt{\frac{2625 - 2601}{8}} = \sqrt{\frac{24}{8}} = 1,732$$

$$WP: \quad \hat{\sigma}_{X_1} = \sqrt{\frac{467 - \dfrac{63^2}{9}}{9-1}} = \sqrt{\frac{467 - \dfrac{3969}{9}}{8}} = \sqrt{\frac{467 - 441}{8}} = \sqrt{\frac{26}{8}} = 1,803$$

$$SJ: \quad \hat{\sigma}_{X_2} = \sqrt{\frac{91 - \dfrac{27^2}{9}}{9-1}} = \sqrt{\frac{91 - \dfrac{729}{9}}{8}} = \sqrt{\frac{91 - 81}{8}} = \sqrt{\frac{10}{8}} = 1,118$$

i) Berechnen Sie die standardisierten Einflussgewichte β für WP und SJ.

$$\beta_j = b_j \cdot \frac{\hat{\sigma}_{X_j}}{\hat{\sigma}_Y};$$

$$WP: \quad \beta_{WP} = 0,459 \cdot \frac{1,803}{1,732} = 0,478$$

$$SJ: \quad \beta_{SJ} = 1{,}016 \cdot \frac{1{,}118}{1{,}732} = 0{,}656$$

j) Bilden Sie für den unter b) geschätzten GP-Wert ein 95 %-Konfidenzintervall!

Allgemeine Formel: $\hat{y} - t_{\alpha/2} \cdot \hat{\sigma}_e \leq \hat{y} \leq \hat{y} + t_{\alpha/2} \cdot \hat{\sigma}_e$

$$\hat{y} = 15{,}427 \quad \hat{\sigma}_e = 0{,}863 \quad \alpha = 0{,}05 \quad t_{(\alpha/2 = 0{,}975; 6)} = 2{,}4469$$

Untergrenze: $15{,}427 - 2{,}4469 \cdot 0{,}863 = 15{,}427 - 2{,}112 = 13{,}315$

Obergrenze: $15{,}427 + 2{,}4469 \cdot 0{,}863 = 15{,}427 + 2{,}112 = 17{,}539$

Tabelle 155 Ergebnisse der multiplen Regressionsanalyse »Neulich auf der Pferderennbahn (2)«

Modell	R_U^2	R_E^2	b-Gewichte	beta-Gewichte	$df_{Zähler}$	F_{emp}	sig.
x_1 und x_2	0,814	0	b_0: 10,739 b_1: 0,459 b_2: 1,016	$\beta_1 = 0{,}478$ $\beta_2 = 0{,}656$	2	13,13	sig.
nur x_1	0,410	0	b_0: 12,695 b_1: 0,615		1	4,95	n.s.
nur x_2	0,6	0	b_0: 13,4 b_2: 1,2		1	10,51	sig.
x_2 zusätzlich zu x_1	0,814	0,410			1	13,03	sig.
x_1 zusätzlich zu x_2	0,814	0,6			1	6,90	sig.

2.63 Qualitätssicherung: Lehrevaluation

Um Partialkorrelationen zu berechnen, existieren eigene Formeln:

$$r_{XY \bullet Z} = \frac{r_{XY} - r_{XZ} \cdot r_{YZ}}{\sqrt{1 - r_{XZ}^2} \cdot \sqrt{1 - r_{YZ}^2}}$$

$$r_{X_1 X_2} = 0{,}6; \quad r_{X_1 X_3} = 0{,}7; \quad r_{X_2 X_3} = 0{,}3$$

Na dann:

$$r_{XY \bullet Z} = \frac{0,6-0,7 \cdot 0,3}{\sqrt{1-0,49} \cdot \sqrt{1-0,09}} = \frac{0,6-0,21}{\sqrt{0,51} \cdot \sqrt{0,91}} = \frac{0,39}{0,714 \cdot 0,954} = 0,573$$

Aha, anscheinend spielt die Attraktivität der/des Dozentin/Dozenten keine allzu große Rolle (vgl. Coladarci & Kornfield, 2007)!

2.64 Metzger, Dreher und Frisöre

a) Besteht für die gesamte Stichprobe ein Zusammenhang zwischen »Motivation« und »Fehltagen«?
Die Tabelle der Rohwerte wird zuerst um einige Spalten erweitert.

Tabelle 156 Hilfstabelle zum Berechnen der Formeln

m	x_m	y_m	$(x_m - \overline{x})$	$(y_m - \overline{y})$	$(x_m - \overline{x})^2$	$(y_m - \overline{y})^2$	$(x_m - \overline{x}) \cdot (y_m - \overline{y})$
1	3	2	-1,83	-2,08	3,36	4,34	3,82
1	2	3	-2,83	-1,08	8,03	1,17	3,07
1	3	1	-1,83	-3,08	3,36	9,51	5,65
1	2	1	-2,83	-3,08	8,03	9,51	8,74
2	5	4	0,17	-0,08	0,03	0,01	-0,01
2	4	3	-0,83	-1,08	0,69	1,17	0,90
2	6	3	1,17	-1,08	1,36	1,17	-1,26
2	4	4	-0,83	-0,08	0,69	0,01	0,07
3	7	8	2,17	3,92	4,69	15,34	8,49
3	6	7	1,17	2,92	1,36	8,51	3,40
3	8	6	3,17	1,92	10,03	3,67	6,07
3	8	7	3,17	2,92	10,03	8,51	9,24
Summe	58	49			51,67	62,92	48,17

Hiermit können jetzt die Mittelwerte und Standardabweichungen von x und y berechnet werden sowie die Kovarianz.

$$\overline{x} = \frac{\sum\limits_{m=1}^{n} x_m}{n} = \frac{58}{12} = 4,83 \quad s_X = \sqrt{\frac{\sum\limits_{m=1}^{n}(x_m - \overline{x})^2}{n}} = \sqrt{\frac{51,67}{12}} = \sqrt{4,31} = 2,08$$

$$\bar{y} = \frac{\sum_{m=1}^{n} y_m}{n} = \frac{49}{12} = 4,08 \quad s_Y = \sqrt{\frac{\sum_{m=1}^{n}(y_m - \bar{y})^2}{n}} = \sqrt{\frac{62,92}{12}} = \sqrt{5,24} = 2,29$$

$$s_{XY} = \frac{\sum_{m=1}^{n}(x_m - \bar{x}) \cdot (y_m - \bar{y})}{n} = \frac{48,17}{12} = 4,01$$

$$r_{XY} = \frac{s_{XY}}{s_X \cdot s_Y} = \frac{4,01}{2,08 \cdot 2,29} = \frac{4,01}{4,7632} = 0,84$$

b) Ist dieser Zusammenhang signifikant?
Da in der Frage keine Richtung angegeben wird, werden hier ungerichtete Hypothesen erstellt:

$$H_0 : \rho_{XY} = 0$$
$$H_1 : \rho_{XY} \neq 0$$

t-Test für Korrelationen

$$t = \frac{r \cdot \sqrt{n-2}}{\sqrt{1-r^2}} = \frac{0,84 \cdot \sqrt{12-2}}{\sqrt{1-0,7056}} = \frac{0,84 \cdot 3,16}{0,54} = 4,92 \quad df = n-2 = 10$$

$$t_{(0,95;10;zweiseitig)} = 2,2281$$

Der aus den Stichprobendaten ermittelte t-Wert ist extremer als der kritische t-Wert, daher handelt es sich um ein signifikantes Ergebnis; die Entscheidung fällt zugunsten der H_1.
Mit einer Irrtumswahrscheinlichkeit von 5 % kann behauptet werden, dass es einen Zusammenhang zwischen »Motivation« und »Fehltagen« gibt.

c) Berechnen Sie eine Einfachregression von »Motivation« (x) auf »Fehltage« (y).
Die allgemeine Regressionsgleichung (im Rahmen der Einfachregression) lautet:

$$\hat{y}_m = b_0 + b_1 \cdot x_m$$

Die b-Gewichte berechnen sich als:

$$b_1 = r_{XY} \cdot \frac{s_Y}{s_X} = \frac{s_{XY}}{s_X^2} = 0,84 \cdot \frac{2,29}{2,08} = \frac{4,01}{4,31} = 0,93$$

$$b_0 = \bar{y} - b_1 \cdot \bar{x} = 4,08 - 0,93 \cdot 4,83 = -0,41$$

Die Regressionsgleichung lautet:

$$\hat{y}_m = -0,41 + 0,93 \cdot x_m$$

d) Berechnen Sie für jede Berufsschulklasse einzeln die Einfachregression!
Zur Berechnung werden die Mittelwerte, Standardabweichungen und Kovarianzen pro Berufsschulklasse benötigt.

Gruppe 1, Metzger: $\overline{x}_1 = 2,5$; $s_{X1} = 0,5$; $\overline{y}_1 = 1,75$; $s_{Y1} = 0,83$; $s_{XY1} = -0,125$

Gruppe 2, Dreher: $\overline{x}_2 = 4,75$; $s_{X2} = 0,83$; $\overline{y}_2 = 3,5$; $s_{Y2} = 0,5$; $s_{XY2} = -0,125$

Gruppe 3, Frisöre: $\overline{x}_3 = 7,25$; $s_{X3} = 0,83$; $\overline{y}_3 = 7$; $s_{Y3} = 0,71$; $s_{XY3} = -0,25$

Jetzt werden b_0 und b_1 für jede Gruppe berechnet.

Gruppe 1, Metzger:

$$b_1 = \frac{s_{XY}}{s_X^2} = \frac{-0,125}{0,5^2} = -0,5; \quad b_0 = \overline{y} - b_1 \cdot \overline{x} = 1,75 - (-0,5) \cdot 2,5 = 1,75 + 1,25 = 3$$

Gruppe 2, Dreher:

$$b_1 = \frac{s_{XY}}{s_X^2} = \frac{-0,125}{0,83^2} = -0,18; \quad b_0 = \overline{y} - b_1 \cdot \overline{x} = 3,5 - (-0,18) \cdot 4,75 = 3,5 + 0,86 = 4,36$$

Gruppe 3, Frisöre:

$$b_1 = \frac{s_{XY}}{s_X^2} = \frac{-0,25}{0,83^2} = -0,36; \quad b_0 = \overline{y} - b_1 \cdot \overline{x} = 7 - (-0,36) \cdot 7,25 = 7 + 2,61 = 9,61$$

e) Bitte erstellen Sie ein Streudiagramm mit den Achsen »Motivation« (x) und »Fehltage« (y) und zeichnen Sie die Regressionsgerade für die Gesamtstichprobe ein!

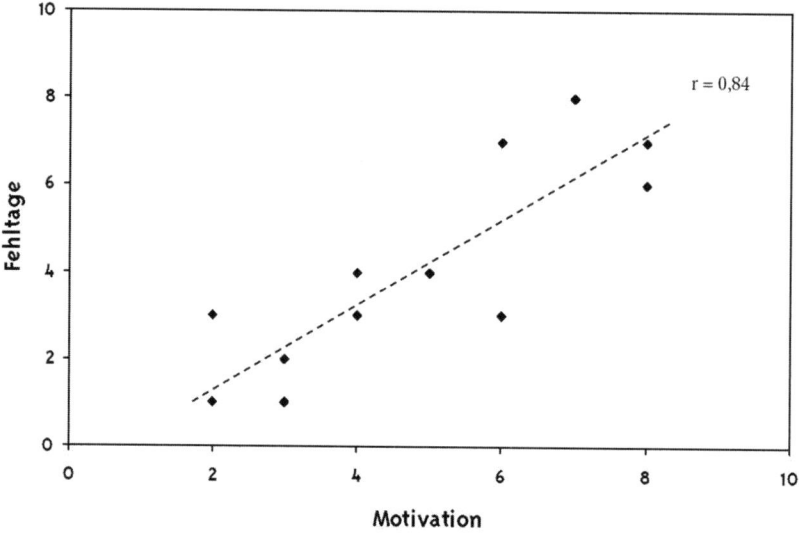

Abbildung 4 Streudiagramm der Gesamtstichprobe, Regressionsgerade

f) Zeichnen Sie die drei berechneten Regressionsgeraden der einzelnen Berufsschulklassen in das Streudiagramm ein!

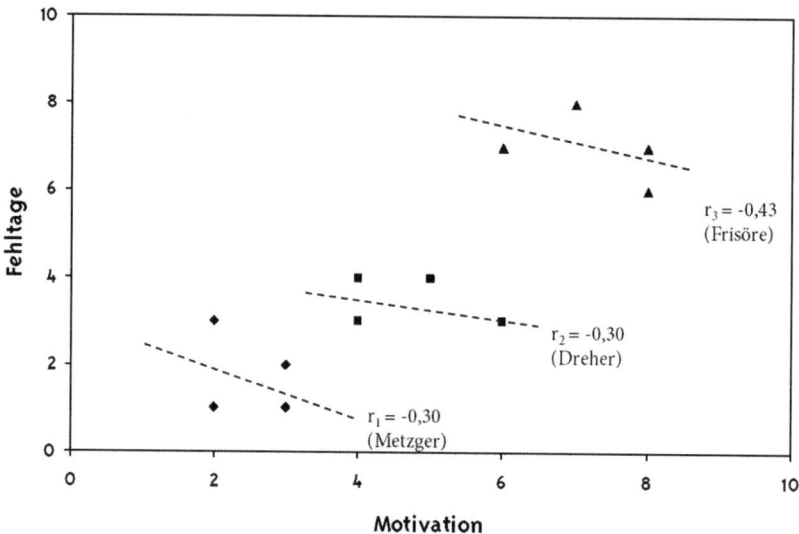

Abbildung 5 Streudiagramm und Regressionsgeraden, getrennt nach Berufsschulklasse

g) Berechnen Sie die geschätzte Populationsvarianz der Gruppenmittelwerte für die Variable »Fehltage«!

$$\hat{\sigma}_{\overline{Y}}^2 = \frac{\sum_{i=1}^{n_{Level-2}} (\overline{y}_i - \overline{y})^2}{n_{Level-2} - 1} = \frac{(1,75-4,08)^2 + (3,5-4,08)^2 + (7-4,08)^2}{3-1}$$

$$\hat{\sigma}_{\overline{Y}}^2 = \frac{5,43 + 0,34 + 8,53}{2} = \frac{14,3}{2} = 7,15$$

h) Berechnen Sie die geschätzte Level-1-Varianz für die Variable »Fehltage«!

$$\hat{\sigma}_{Level-1}^2 = \frac{\sum_{i=1}^{n_{Level-2}} \sum_{m=1}^{n_{Level-1}} (y_{mi} - \overline{y}_i)^2}{(n_{Level-1} - 1) \cdot n_{Level-2}}$$

$$\hat{\sigma}_{Level-1}^2 = \frac{(2-1,75)^2 + (3-1,75)^2 + (1-1,75)^2 + (1-1,75)^2}{(4-1) \cdot 3} +$$

$$\frac{(4-3,5)^2 + (3-3,5)^2 + (3-3,5)^2 + (4-3,5)^2}{(4-1) \cdot 3} +$$

$$\frac{(8-7)^2 + (7-7)^2 + (6-7)^2 + (7-7)^2}{(4-1) \cdot 3}$$

$$\hat{\sigma}_{Level-1}^2 = \frac{0,0625 + 1,5625 + 0,5625 + 0,5625}{(4-1) \cdot 3} + \frac{0,25 + 0,25 + 0,25 + 0,25}{(4-1) \cdot 3} + \frac{1 + 0 + 1 + 0}{(4-1) \cdot 3}$$

$$\hat{\sigma}_{Level-1}^2 = \frac{2,75}{9} + \frac{1}{9} + \frac{2}{9} = \frac{5,75}{9} = 0,64$$

i) Berechnen Sie die geschätzte Level-2-Varianz für die Variable »Fehltage«!

$$\hat{\sigma}_{Level-2}^2 = \hat{\sigma}_{\overline{Y}}^2 - \frac{\hat{\sigma}_{Level-1}^2}{n_{Level-1}} = 7,15 - \frac{0,64}{4} = 6,99$$

j) Berechnen Sie die erwartungstreu geschätzte Intraklassen-Korrelation!

$$\hat{\rho} = \frac{\hat{\sigma}_{Level-2}^2}{\hat{\sigma}_{Level-2}^2 + \hat{\sigma}_{Level-1}^2} = \frac{6,99}{6,99 + 0,64} = \frac{6,99}{7,63} = 0,92$$

2.65 Umzugsbereitschaft und Attraktivität des Praktikumsplatzes

a) Besteht für die gesamte Stichprobe ein Zusammenhang zwischen »Umzugsbereitschaft« und »Attraktivität des Praktikumsplatzes«?
Die Tabelle der Rohwerte wird zuerst um einige Spalten erweitert (vgl. Tab. 157).

Tabelle 157 Hilfstabelle zum Berechnen der Formeln

m	x_m	y_m	$(x_m - \bar{x})$	$(y_m - \bar{y})$	$(x_m - \bar{x})^2$	$(y_m - \bar{y})^2$	$(x_m - \bar{x}) \cdot (y_m - \bar{y})$
1	2	9	-4,00	3,00	16,00	9,00	-12,00
1	4	10	-2,00	4,00	4,00	16,00	-8,00
1	3	8	-3,00	2,00	9,00	4,00	-6,00
1	3	7	-3,00	1,00	9,00	1,00	-3,00
1	6	10	0,00	4,00	0,00	16,00	0,00
2	7	7	1,00	1,00	1,00	1,00	1,00
2	5	6	-1,00	0,00	1,00	0,00	0,00
2	8	6	2,00	0,00	4,00	0,00	0,00
2	4	5	-2,00	-1,00	4,00	1,00	2,00
2	6	5	0,00	-1,00	0,00	1,00	0,00
3	6	1	0,00	-5,00	0,00	25,00	0,00
3	8	3	2,00	-3,00	4,00	9,00	-6,00
3	9	3	3,00	-3,00	9,00	9,00	-9,00
3	9	4	3,00	-2,00	9,00	4,00	-6,00
3	10	6	4,00	0,00	16,00	0,00	0,00
Summe	90	90	0	0	86	96	-47

Mit den Werten aus Tabelle 157 können die Mittelwerte und Standardabweichungen von x und y berechnet werden sowie die Kovarianz.
Daran anschließend wird die Produkt-Moment-Korrelation berechnet.

$$\bar{x} = \frac{\sum\limits_{m=1}^{n} x_m}{n} = \frac{90}{15} = 6 \qquad s_X = \sqrt{\frac{\sum\limits_{m=1}^{n}(x_m - \bar{x})^2}{n}} = \sqrt{\frac{86}{15}} = \sqrt{5,73} = 2,39$$

$$\overline{y} = \frac{\sum\limits_{m=1}^{n} y_m}{n} = \frac{90}{15} = 6 \qquad s_Y = \sqrt{\frac{\sum\limits_{m=1}^{n} (y_m - \overline{y})^2}{n}} = \sqrt{\frac{96}{15}} = \sqrt{6,4} = 2,53$$

$$s_{XY} = \frac{\sum\limits_{m=1}^{n} (x_m - \overline{x}) \cdot (y_m - \overline{y})}{n} = \frac{-47}{15} = -3,13$$

$$r_{XY} = \frac{s_{XY}}{s_X \cdot s_Y} = \frac{-3,13}{2,39 \cdot 2,53} = \frac{-3,13}{6,05} = -0,52$$

b) Ist dieser Zusammenhang signifikant?
Da in der Frage keine Richtung angegeben wird, werden hier ungerichtete Hypothesen erstellt:

$$H_0 : \rho_{XY} = 0$$
$$H_1 : \rho_{XY} \neq 0$$

t-Test für Korrelationen

$$t = \frac{r \cdot \sqrt{n-2}}{\sqrt{1-r^2}} = \frac{-0,52 \cdot \sqrt{15-2}}{\sqrt{1-0,2704}} = \frac{-0,52 \cdot 3,61}{0,85} = 2,21; \quad df = n-2 = 13$$

$$t_{(0,95;13;zweiseitig)} = 2,1604$$

Der aus den Stichprobendaten ermittelte t-Wert ist extremer als der kritische t-Wert, daher handelt es sich um ein signifikantes Ergebnis; die Entscheidung fällt zugunsten der H_1.
Mit einer Irrtumswahrscheinlichkeit von 5 % kann behauptet werden, dass es einen Zusammenhang zwischen der Attraktivität des Praktikumsplatzes und der Umzugsbereitschaft der Studierenden gibt. Des Weiteren kann festgehalten werden, dass es sich um einen negativen Zusammenhang handelt. Je höher die Attraktivität des Praktikumsplatzes, desto geringer die Umzugsbereitschaft bzw. umgekehrt.

c) Berechnen Sie eine Einfachregression von »Attraktivität des Praktikumsplatzes« (x) auf »Umzugsbereitschaft« (y).
Die allgemeine Regressionsgleichung (im Rahmen der Einfachregression) lautet:

$$\hat{y}_m = b_0 + b_1 \cdot x_m$$

Die b-Gewichte berechnen sich als:

$$b_1 = r_{XY} \cdot \frac{s_Y}{s_X} = \frac{s_{XY}}{s_X^2} = -0,52 \cdot \frac{2,53}{2,39} = \frac{-1,32}{2,39} = -0,55$$

$$b_0 = \overline{y} - b_1 \cdot \overline{x} = 6 + 0,55 \cdot 6 = 9,3$$

Die Regressionsgleichung lautet:

$$\hat{y}_m = 9,3 - 0,55 \cdot x_m$$

d) Berechnen Sie für jede Stadtgröße einzeln die Einfachregression!
Zur Berechnung werden die Mittelwerte, Standardabweichungen und Kovarianzen pro Stadtgröße benötigt.

Gruppe 1, Metropole:

$$\overline{x}_1 = 3,6; \quad s_{X1} = 1,36; \quad \overline{y}_1 = 8,8; \quad s_{Y1} = 1,17; \quad s_{XY1} = 0,92$$

Gruppe 2, Mittelgroße Stadt:

$$\overline{x}_2 = 6; \quad s_{X2} = 1,41; \quad \overline{y}_2 = 5,8; \quad s_{Y2} = 0,75; \quad s_{XY2} = 0,6$$

Gruppe 3, Kleinstadt:

$$\overline{x}_3 = 8,4; \quad s_{X3} = 1,36; \quad \overline{y}_3 = 3,4; \quad s_{Y3} = 1,62; \quad s_{XY3} = 2,04$$

Jetzt werden b_0 und b_1 für jede Gruppe berechnet.
Gruppe 1, Metropole:

$$b_1 = \frac{s_{XY}}{s_X^2} = \frac{0,92}{1,36^2} = 0,5; \quad b_0 = \overline{y} - b_1 \cdot \overline{x} = 8,8 - 0,5 \cdot 3,6 = 8,8 - 1,8 = 7$$

Gruppe 2, Mittelgroße Stadt:

$$b_1 = \frac{s_{XY}}{s_X^2} = \frac{0,6}{1,41^2} = 0,3; \quad b_0 = \overline{y} - b_1 \cdot \overline{x} = 5,8 - 0,3 \cdot 6 = 5,8 - 1,8 = 4$$

Gruppe 3, Kleinstadt:

$$b_1 = \frac{s_{XY}}{s_X^2} = \frac{2,04}{1,36^2} = 1,1; \quad b_0 = \overline{y} - b_1 \cdot \overline{x} = 3,4 - 1,1 \cdot 8,4 = 3,4 - 9,24 = -5,84$$

e) Bitte erstellen Sie ein Streudiagramm mit den Achsen »Attraktivität des Praktikumsplatzes« (x) und »Umzugsbereitschaft«(y). Zeichnen Sie die Regressionsgerade für die Gesamtstichprobe ein!

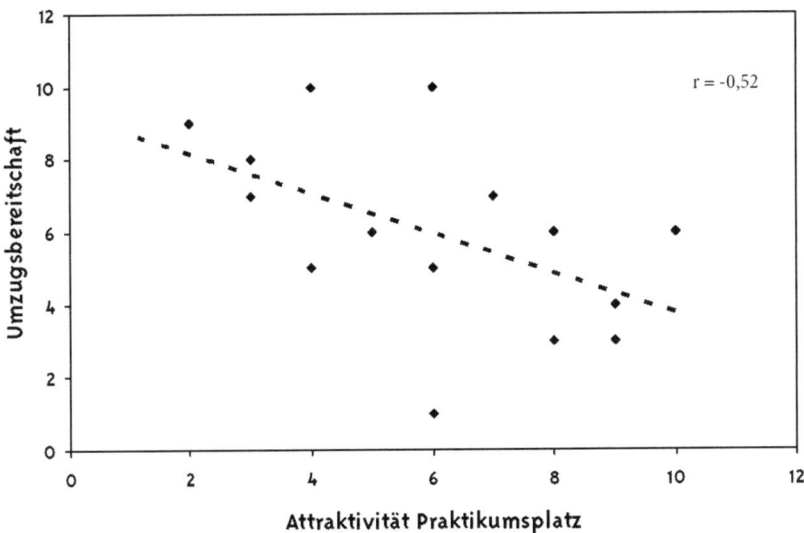

Abbildung 6 Streudiagramm Gesamtstichprobe und Regressionsgerade

f) Zeichnen Sie die Regressionsgeraden je nach Stadtgröße in das Streudiagramm ein!

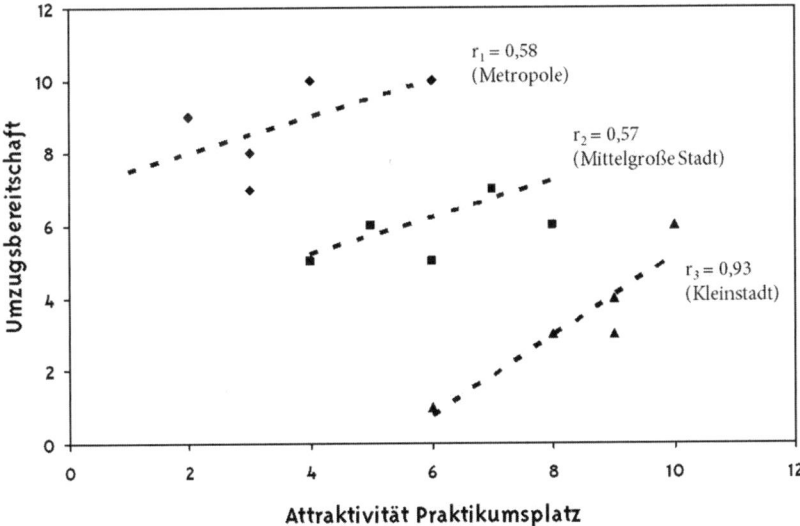

Abbildung 7 Streudiagramm und Regressionsgeraden nach Stadtgröße

g) Berechnen Sie die geschätzte Populationsvarianz der Gruppenmittelwerte für die Variable »Umzugsbereitschaft«!

$$\hat{\sigma}_{\bar{Y}}^2 = \frac{\sum\limits_{i=1}^{n_{Level-2}} \left(\bar{y}_i - \bar{y} \right)^2}{n_{Level-2} - 1} = \frac{\left(8,8-6\right)^2 + \left(5,8-6\right)^2 + \left(3,4-6\right)^2}{3-1}$$

$$\hat{\sigma}_{\bar{Y}}^2 = \frac{7,84 + 0,04 + 6,76}{2} = \frac{14,64}{2} = 7,32$$

h) Berechnen Sie die geschätzte Level-1-Varianz für die Variable »Umzugsbereitschaft«!

$$\hat{\sigma}_{Level-1}^2 = \frac{\sum\limits_{i=1}^{n_{Level-2}} \sum\limits_{m=1}^{n_{Level-1}} \left(y_{mi} - \bar{y}_i \right)^2}{\left(n_{Level-1} - 1 \right) \cdot n_{Level-2}}$$

$$\hat{\sigma}_{Level-1}^2 = \frac{\left(9-8,8\right)^2 + \left(10-8,8\right)^2 + \left(8-8,8\right)^2 + \left(7-8,8\right)^2 + \left(10-8,8\right)^2}{\left(5-1\right) \cdot 3} +$$

$$\frac{\left(7-5,8\right)^2 + \left(6-5,8\right)^2 + \left(6-5,8\right)^2 + \left(5-5,8\right)^2 + \left(5-5,8\right)^2}{\left(5-1\right) \cdot 3} +$$

$$\frac{\left(1-3,4\right)^2 + \left(3-3,4\right)^2 + \left(3-3,4\right)^2 + \left(4-3,4\right)^2 + \left(6-3,4\right)^2}{\left(5-1\right) \cdot 3}$$

$$\hat{\sigma}_{Level-1}^2 = \frac{0,04 + 1,44 + 0,64 + 3,24 + 1,44}{\left(5-1\right) \cdot 3} + \frac{1,44 + 0,04 + 0,04 + 0,64 + 0,64}{\left(5-1\right) \cdot 3} +$$

$$\frac{5,76 + 0,16 + 0,16 + 0,36 + 6,76}{\left(5-1\right) \cdot 3}$$

$$\hat{\sigma}_{Level-1}^2 = \frac{6,8}{12} + \frac{2,8}{12} + \frac{13,2}{12} = \frac{22,8}{12} = 1,9$$

i) Berechnen Sie die geschätzte Level-2-Varianz für die Variable »Umzugsbereitschaft«!

$$\hat{\sigma}_{Level-2}^2 = \hat{\sigma}_{\bar{Y}}^2 - \frac{\hat{\sigma}_{Level-1}^2}{n_{Level-1}} = 7,32 - \frac{1,9}{5} = 6,94$$

j) Berechnen Sie die erwartungstreu geschätzte Intraklassen-Korrelation!

$$\hat{\rho} = \frac{\hat{\sigma}^2_{Level-2}}{\hat{\sigma}^2_{Level-2} + \hat{\sigma}^2_{Level-1}} = \frac{6,94}{6,94 + 1,9} = \frac{6,94}{8,84} = 0,79$$

Die Intraklassen-Korrelation ist sehr hoch, was dahingehend interpretiert werden kann, dass sich die Einheiten innerhalb einer Level-2-Einheit sehr ähnlich sind; die Umzugsbereitschaft innerhalb einer Gruppe ist sich jeweils ziemlich ähnlich.

2.66   Die Notwendigkeit, in den Urlaub fahren zu müssen

Hier handelt es sich um eine zweifaktorielle Varianzanalyse mit Messwiederholung auf einem Faktor. Zur Berechnung werden einige Mittelwerte benötigt.
Und selbstverständlich müssen auch noch Hypothesen gebildet werden.
Die Darstellung der Lösung erfolgt in mehreren Schritten. Zuerst werden allgemeine Angaben aufgelistet, die sich aus der Aufgabenstellung ergeben. Daraufhin werden die Hypothesen für die Fragen a) bis c) dargestellt. Danach erfolgt die Berechnung der Quadratsummen. Anschließend erfolgen die Signifikanzprüfungen. Zum Schluss werden die Ergebnisse in einer Tafel der Varianzanalyse zusammengefasst.

Allgemeine Angaben
Faktor A (Dauer Studium) hat $p = 3$ Stufen
Faktor B (Messzeitpunkte) hat $q = 3$ Stufen
Pro Zelle liegen die Werte von $n_{Zelle} = 4$ Personen vor.
Insgesamt liegen je drei Werte von $n = 12$ Personen vor.

Hypothesen
a) Gibt es einen Haupteffekt für Faktor A (Dauer Studium)? Unterscheiden sich die Mittelwerte der einzelnen Stufen (Erstsemester, Viertsemester, Siebtsemester) voneinander?
$H_0: \mu_{a1} = \mu_{a2} = \mu_{a3}$
$df_A = p - 1 =$ Anzahl Parameterrestriktionen (Gleichzeichen in der Nullhypothese) $= 2$

b) Gibt es einen Haupteffekt für Faktor B (Messzeitpunkte)? Unterscheiden sich die Mittelwerte der einzelnen Stufen (Beginn, Mitte, kurz vor Prüfungen) voneinander?
$H_0: \mu_{b1} = \mu_{b2} = \mu_{b3}$
$df_h = df_B = q - 1 =$ Anzahl Parameterrestriktionen (Gleichzeichen in der Nullhypothese) $= 2$

c) Gibt es eine Wechselwirkung zwischen den Stufen von Faktor A und den Stufen von Faktor B?

Hier wird es mit den Hypothesen schon so aufwändig, dass nur eine Texthypothese aufgestellt wird.

H_0: Es gibt keine Wechselwirkung zwischen den Stufen der Faktoren A und B.

$df_h = df_{AxB} = (p - 1) \cdot (q - 1) = 4$

Tabelle 158 Roh- und Mittelwerte Urlaubsnotwendigkeit von 12 Studierenden zu drei Messzeitpunkten unterteilt nach Dauer des Studiums

Faktor A: Dauer Studium	Faktor B: Messzeitpunkte			Personmittel-werte
	b1	**b2**	**b3**	
1. Semester (a1)	2	4	9	$\bar{x}_{m=1}=5$
	1	6	10	$\bar{x}_{m=2}=5{,}67$
	2	5	8	$\bar{x}_{m=3}=5$
	1	4	8	$\bar{x}_{m=4}=4{,}33$
	$\bar{x}_{j=1;k=1}=1{,}5$	$\bar{x}_{j=1;k=2}=4{,}75$	$\bar{x}_{j=1;k=3}=8{,}75$	$\bar{x}_{j=1}=5$
4. Semester (a2)	5	5	7	$\bar{x}_{m=5}=5{,}67$
	5	6	7	$\bar{x}_{m=6}=6$
	6	7	8	$\bar{x}_{m=7}=7$
	4	5	7	$\bar{x}_{m=8}=5{,}33$
	$\bar{x}_{j=2;k=1}=5$	$\bar{x}_{j=2;k=2}=5{,}75$	$\bar{x}_{j=2;k=3}=7{,}25$	$\bar{x}_{j=2}=6$
7. Semester (a3)	7	6	7	$\bar{x}_{m=9}=6{,}67$
	6	7	7	$\bar{x}_{m=10}=6{,}67$
	7	6	8	$\bar{x}_{m=11}=7$
	8	7	8	$\bar{x}_{m=12}=7{,}67$
	$\bar{x}_{j=3;k=1}=7$	$\bar{x}_{j=3;k=2}=6{,}5$	$\bar{x}_{j=3;k=3}=7{,}5$	$\bar{x}_{j=3}=7$
Bedingungs-mittelwerte	$\bar{x}_{k=1}=4{,}5$	$\bar{x}_{k=2}=5{,}67$	$\bar{x}_{k=3}=7{,}83$	$\bar{x}=6$

$$QS_A = q \cdot n_{Zelle} \cdot \sum_{j=1}^{p} \left(\overline{x}_{\bullet j \bullet} - \overline{x} \right)^2$$

$$QS_A = 3 \cdot 4 \cdot \left[\left(5-6\right)^2 + \left(6-6\right)^2 + \left(7-6\right)^2 \right]$$

$$QS_A = 12 \cdot \left[1+0+1\right] = 12 \cdot 2 = 24$$

$$QS_B = p \cdot n_{Zelle} \cdot \sum_{k=1}^{q} \left(\overline{x}_{\bullet \bullet k} - \overline{x} \right)^2$$

$$QS_B = 3 \cdot 4 \cdot \left[\left(4{,}5-6\right)^2 + \left(5{,}67-6\right)^2 + \left(7{,}83-6\right)^2 \right]$$

$$QS_B = 12 \cdot \left[2{,}25+0{,}111+3{,}361\right] = 12 \cdot 5{,}722 = 68{,}664$$

$$QS_{A \times B} = n_{Zelle} \cdot \sum_{k=1}^{q} \sum_{j=1}^{p} \left(\overline{x}_{\bullet jk} - \overline{x}_{\bullet j \bullet} - \overline{x}_{\bullet \bullet k} + \overline{x} \right)^2$$

$$QS_{A \times B} = 4 \cdot \left[\left(1{,}5-5-4{,}5+6\right)^2 + \left(4{,}75-5-5{,}67+6\right)^2 + \left(8{,}75-5-7{,}83+6\right)^2 + \right.$$
$$\left(5-6-4{,}5+6\right)^2 + \left(5{,}75-6-5{,}67+6\right)^2 + \left(7{,}25-6-7{,}83+6\right)^2 +$$
$$\left. \left(7-7-4{,}5+6\right)^2 + \left(6{,}5-7-5{,}67+6\right)^2 + \left(7{,}5-7-7{,}83+6\right)^2 \right]$$

$$QS_{A \times B} = 4 \cdot \left[4+0{,}0064+3{,}6864+0{,}25+0{,}0064+0{,}3364+2{,}25+0{,}0289+1{,}7689 \right]$$
$$QS_{A \times B} = 4 \cdot 12{,}3334 = 49{,}3336$$

$$QS_{P\_in\_A} = \sum_{k=1}^{q} \sum_{j=1}^{p} \sum_{m=1}^{n_{Zelle}} \left(\overline{x}_{mj\bullet} - \overline{x}_{\bullet j \bullet} \right)^2 = q \cdot \sum_{j=1}^{p} \sum_{m=1}^{n_{Zelle}} \left(\overline{x}_{mj\bullet} - \overline{x}_{\bullet j \bullet} \right)^2$$

$$QS_{P\_in\_A} = 3 \cdot \left[\left(5-5\right)^2 + \left(5{,}67-5\right)^2 + \left(5-5\right)^2 + \left(4{,}33-5\right)^2 + \right.$$
$$\left(5{,}67-6\right)^2 + \left(6-6\right)^2 + \left(7-6\right)^2 + \left(5{,}33-6\right)^2 +$$
$$\left. \left(6{,}67-7\right)^2 + \left(6{,}67-7\right)^2 + \left(7-7\right)^2 + \left(7{,}67-7\right)^2 \right]$$

$$QS_{P\_in\_A} = 3 \cdot \left[0+0{,}444+0+0{,}444+0{,}111+0+ \right.$$
$$\left. 1+0{,}444+0{,}111+0{,}111+0+0{,}444 \right]$$
$$QS_{P\_in\_A} = 3 \cdot 3{,}109 = 9{,}327$$

$$df_{P\_in\_A} = p \cdot \left(n_{Zelle} - 1 \right) = 3 \cdot 3 = 9$$

$$QS_{Res} = \sum_{k=1}^{q} \sum_{j=1}^{p} \sum_{m=1}^{n_{Zelle}} \left(x_{mjk} - \overline{x}_{\bullet jk} - \overline{x}_{mj\bullet} + \overline{x}_{\bullet j\bullet} \right)^2$$

$$
\begin{aligned}
QS_{Res} = {} & \left(2-1,5-5+5\right)^2 + \left(1-1,5-5,67+5\right)^2 + \left(2-1,5-5+5\right)^2 + \\
& \left(1-1,5-4,33+5\right)^2 + \left(4-4,75-5+5\right)^2 + \left(6-4,75-5,67+5\right)^2 + \\
& \left(5-4,75-5+5\right)^2 + \left(4-4,75-4,33+5\right)^2 + \left(9-8,75-5+5\right)^2 + \\
& \left(10-8,75-5,67+5\right)^2 + \left(8-8,75-5+5\right)^2 + \left(8-8,75-4,33+5\right)^2 + \\
& \left(5-5-5,67+6\right)^2 + \left(5-5-6+6\right)^2 + \left(6-5-7+6\right)^2 + \\
& \left(4-5-5,33+6\right)^2 + \left(5-5,75-5,67+6\right)^2 + \left(6-5,75-6+6\right)^2 + \\
& \left(7-5,75-7+6\right)^2 + \left(5-5,75-5,33+6\right)^2 + \left(7-7,25-5,67+6\right)^2 + \\
& \left(7-7,25-6+6\right)^2 + \left(8-7,25-7+6\right)^2 + \left(7-7,25-5,33+6\right)^2 + \\
& \left(7-7-6,67+7\right)^2 + \left(6-7-6,67+7\right)^2 + \left(7-7-7+7\right)^2 + \\
& \left(8-7-7,67+7\right)^2 + \left(6-6,5-6,67+7\right)^2 + \left(7-6,5-6,67+7\right)^2 + \\
& \left(6-6,5-7+7\right)^2 + \left(7-6,5-7,67+7\right)^2 + \left(7-7,5-6,67+7\right)^2 + \\
& \left(7-7,5-6,67+7\right)^2 + \left(8-7,5-7+7\right)^2 + \left(8-7,5-7,67+7\right)^2
\end{aligned}
$$

$$
\begin{aligned}
QS_{Res} = {} & 0,25+1,3689+0,25+0,0289+0,5625+0,3364+0,0625+0,0064+ \\
& 0,0625+0,3364+0,5625+0,0064+0,111+0+0+0,111+0,1764+ \\
& 0,0625+0,0625+0,0064+0,1764+0,0625+0,0625+0,1764+ \\
& 0,111+0,444+0+0,111+0,0289+0,6889+0,25+0,0289+0,0289+ \\
& 0,0289+0,25+0,0289
\end{aligned}
$$

$$QS_{Res} = 6,8404$$

$$df_{Res} = p \cdot (q-1) \cdot (n_{Zelle} - 1) = 3 \cdot 2 \cdot 3 = 18$$

Puh, das ist eine aufwändige Rechnerei. Kann man sich das Ganze einfacher machen? Ja, indem man ein Statistikprogramm verwendet und nicht alles per Hand rechnet …

Signifikanzprüfung

a) Dauer des Studiums

$$F_A = \frac{QS_A / df_A}{QS_{P\_in\_A} / df_{P\_in\_A}} = \frac{MQS_A}{MQS_{P\_in\_A}} = \frac{12}{1,036} = 11,583$$

Der kritische F-Wert beträgt:

$$F_{(0,95;2;9)} = 4,2565$$

Der empirische F-Wert ist extremer als der kritische, also signifikant, also H_1. Mit einer Irrtumswahrscheinlichkeit von 5 % kann behauptet werden, dass sich die Stufen des Faktors A bezüglich der Urlaubsnotwendigkeit voneinander unterscheiden.

b) Messzeitpunkte

$$F_B = \frac{QS_B / df_B}{QS_{Res} / df_{Res}} = \frac{MQS_B}{MQS_B} = \frac{34,332}{0,380} = 90,347$$

Der kritische F-Wert beträgt:

$F_{(0,95;2;18)} = 3,5546$

Der empirische F-Wert ist extremer als der kritische, also signifikant, also H_1. Mit einer Irrtumswahrscheinlichkeit von 5 % kann behauptet werden, dass sich die Stufen des Faktors B bezüglich der Urlaubsnotwendigkeit voneinander unterscheiden.

c) Wechselwirkung

$$F_{A \cdot B} = \frac{QS_{A \cdot B} / df_{A \cdot B}}{QS_{Res} / df_{Res}} = \frac{MQS_{A \cdot B}}{MQS_B} = \frac{12,334}{0,380} = 32,458$$

Der kritische F-Wert beträgt:

$F_{(0,95;4;18)} = 2,9277$

Der empirische F-Wert ist extremer als der kritische, also signifikant, also H_1. Mit einer Irrtumswahrscheinlichkeit von 5 % kann behauptet werden, dass es eine Wechselwirkung zwischen den Stufen der Faktoren A und B gibt.

Tabelle 159 Tafel der Varianzanalyse

Quelle der Variation	QS	df	MQS	F	Sig.
Faktor A	24	2	12	11,583	sig.
Personen innerhalb A	9,327	9	1,036		
Faktor B	68,664	2	34,332	90,347	sig.
Wechselwirkung AxB	49,334	4	12,334	32,458	sig.
Residuum	6,8404	18	0,380		
Total	158	35			

Literatur

Zitierte Literatur

Boswell, W.R., Shipp, A.J., Payne, S.C. & Culbertson, S.S. (2009). *Changes in newcomer job satisfaction over time: examining the pattern of honeymoons and hangovers.* Journal of Applied Psychology, 94(4), 844-858.

Coladarci, T. & Kornfield, I. (2007). *RateMyProfessors.com versus formal in-class student evaluations of teaching.* Practical Assessment, Research & Evaluation, 12 (6), 1-15.

Eid, M., Gollwitzer, M. & Schmitt, M. (2011). *Statistik und Forschungsmethoden, 2. Auflage.* Weinheim: Beltz.

Weiterführende Literatur

Backhaus, K., Erichson, B., Plinke, W. & Weiber, R. (2008). *Multivariate Analysemethoden. Eine anwendungsorientierte Einführung, 12. Auflage.* Berlin: Springer.

Bortz, J. & Schuster, Chr. (2010). *Statistik für Human- und Sozialwissenschaftler, 7. Auflage.* Berlin: Springer.

Guilford, J.P. (1954). *Psychometric Methods, 2nd Edition.* New York: McGraw-Hill.

Jöreskog, K.G. & Sörbom, D. (1989). *Lisrel 7. A Guide to the Program and Applications, 2nd Edition.* Chicago: SPSS Inc.

Lehmann, G. (2002). *Statistik. Einführung in die mathematischen Grundlagen für Psychologen, Wirtschafts- und Sozialwissenschaftler.* Heidelberg: Spektrum.

Mittenecker, E. (1970). *Planung und statistische Auswertung von Experimenten, 8. Auflage.* Wien: Franz Deuticke.

Moosbrugger, H. & Klutky, N. (1987). *Regressions- und Varianzanalysen auf der Basis des Allgemeinen Linearen Modells.* Bern: Huber.

Mould, R.F. (1995). *Introductory Medical Statistics, 3rd Edition.* Bristol and Philadelphia: Institute of Physics Publishing.

Pospeschill, M. (2006). *Statistische Methoden. Strukturen, Grundlagen, Anwendungen in Psychologie und Sozialwissenschaften.* München: Elsevier.

Sachs, L. (1993). *Statistische Methoden. Planung und Auswertung, 7. Auflage.* Berlin: Springer.

Schermelleh-Engel, K., Moosbrugger, H. & Müller, H. (2003). *Evaluating the Fit of Structural Equation Models: Tests of Significance and Descriptive Goodness-of-Fit Measures. Methods of Psychological Research Online,* 8 (2), 23-74.

Siegel, S. (2001). *Nichtparametrische statistische Methoden, 5. Auflage.* Eschborn: Dietmar Klotz.

Zöfel, P. (2003). *Statistik für Psychologen im Klartext.* München: Pearson Studium.

Anhang

A   Griechische Buchstaben

A, α	alpha	a	B, β	beta	b
Γ, γ	gamma	g	Δ, δ	delta	d
E, ε	epsilon	e	Z, ζ	zeta	z
H, η	eta	ä	Θ, θ	theta	th
I, ι	iota	i	K, κ	kappa	k
Λ, λ	lambda	l	M, μ	my	m
N, ν	ny	n	Ξ, ξ	xi	x
O, o	omikron	o (kurz)	Π, π	pi	p
P, ρ	rho	r	Σ, σ	sigma	s
T, τ	tau	t	Y, υ	ypsilon	y
Φ, ϕ	phi	ph	X, χ	chi	ch
Ψ, ψ	psi	ps	Ω, ω	omega	o (lang)

B   Formelsammlung

Binomialverteilung

$$p = \binom{n}{k} \cdot p^k \cdot q^{n-k} = \frac{n!}{k! \cdot (n-k)!} \cdot p^k \cdot q^{n-k}$$

χ^2-Test

Allgemein

$$\chi^2 = \sum_{j=1}^{k} \frac{\left(n_j - \varepsilon_j\right)^2}{\varepsilon_j}$$

Vierfelder

$$\chi^2 = \sum_{i=1}^{2}\sum_{j=1}^{2} \frac{\left(n_{ij} - e_{ij}\right)^2}{e_{ij}} = \frac{n \cdot \left(b \cdot c - a \cdot d\right)^2}{(a+b) \cdot (c+d) \cdot (a+c) \cdot (b+d)}$$

Einfachregression

Allgemeine Schätzgleichung

$$\hat{Y} = b_0 + b_1 \cdot X$$

b-Gewichte

$$b_1 = r_{XY} \cdot \frac{s_Y}{s_X} = \frac{s_{XY}}{s_X^2} = \frac{n \cdot \sum\limits_{m=1}^{n} x_m \cdot y_m - \sum\limits_{m=1}^{n} x_m \cdot \sum\limits_{m=1}^{n} y_m}{n \cdot \sum\limits_{m=1}^{n} x_m^2 - \left(\sum\limits_{m=1}^{n} x_m \right)^2}$$

$$b_0 = \bar{y} - b_1 \cdot \bar{x}$$

Konfidenzintervall

$$\hat{y}_0 \pm t_{\left(1-\frac{\alpha}{2}; n-2\right)} \cdot \hat{\sigma}_{\hat{Y}_0} \qquad \hat{\sigma}_{\hat{Y}_0} = \hat{\sigma}_{\varepsilon} \cdot \sqrt{1 + \frac{1}{n} + \frac{(x_0 - \bar{x})^2}{n \cdot s_X^2}} \qquad \hat{\sigma}_{\varepsilon} = \sqrt{\frac{\sum\limits_{m=1}^{n} (y_m - \hat{y}_m)^2}{n-2}}$$

Exzess

$$Ex = \frac{\sum\limits_{m=1}^{n} (x_m - \bar{x})^4}{n \cdot s_X^4}$$

F-Test

$$F = \frac{\hat{\sigma}_1^2}{\hat{\sigma}_2^2} \qquad \hat{\sigma}^2 = s^2 \cdot \frac{n}{n-1}$$

Fisher-Yates-Test

$$p = \frac{(n_{11} + n_{12})! \cdot (n_{21} + n_{22})! \cdot (n_{11} + n_{21})! \cdot (n_{12} + n_{22})!}{n! \cdot n_{11}! \cdot n_{12}! \cdot n_{21}! \cdot n_{22}!}$$

Hierarchisch Lineare Modelle

Populationsvarianz der Gruppenmittelwerte (geschätzt)

$$\hat{\sigma}_{\bar{Y}}^2 = \frac{\sum\limits_{i=1}^{n_{Level-2}} (\bar{y}_i - \bar{y})^2}{n_{Level-2} - 1}$$

Level-1-Varianz (geschätzt)

$$\hat{\sigma}^2_{Level-1} = \frac{\sum\limits_{i=1}^{n_{Level-2}} \sum\limits_{m=1}^{n_{Level-1}} \left(y_{mi} - \overline{y}_i\right)^2}{\left(n_{Level-1} - 1\right) \cdot n_{Level-2}}$$

Level-2-Varianz (geschätzt)

$$\hat{\sigma}^2_{Level-2} = \hat{\sigma}^2_{\overline{Y}} - \frac{\hat{\sigma}^2_{Level-1}}{n_{Level-1}}$$

Intraklassen-Korrelation (erwartungstreu geschätzt)

$$\hat{\rho} = \frac{\hat{\sigma}^2_{Level-2}}{\hat{\sigma}^2_{Level-2} + \hat{\sigma}^2_{Level-1}}$$

Kruskal-Wallis-H-Test

$$H = \frac{12}{n \cdot (n+1)} \cdot \sum\limits_{j=1}^{p} \frac{RS_j^2}{n_j} - 3 \cdot (n+1) \qquad df = k-1$$

$$Korrekturfaktor = 1 - \frac{\sum\limits_{j=1}^{k} K_j}{n^3 - n}$$

Kolmogorov-Smirnov-Test

$$D_{max} = max\left|F(x) - \Phi(x)\right|$$

Kovarianz

$$s_{XY} = \frac{\sum\limits_{m=1}^{n}\left(x_m - \overline{x}\right) \cdot \left(y_m - \overline{y}\right)}{n}$$

Mittelwert

$$\overline{x} = \frac{\sum\limits_{m=1}^{n} x_m}{n}$$

McNemar-Test

$$\chi^2 = \frac{\left(n_{12} - n_{21}\right)^2}{n_{12} + n_{21}}$$

Multiple Regression (zwei Prädiktoren)

Allgemeine Schätzgleichung

$$\hat{y} = b_0 + b_1 \cdot x_1 + b_2 \cdot x_2$$

Multipler Determinationskoeffizient

$$R^2 = \frac{s_{\hat{Y}}^2}{s_Y^2} = \frac{\sum\limits_{m=1}^{n} \left(\hat{y}_m - \overline{y} \right)^2}{\sum\limits_{m=1}^{n} \left(y_m - \overline{y} \right)^2}$$

b-Gewichte, standardisiert

$$b_{1s} = \frac{r_{YX_1} - r_{YX_2} \cdot r_{X_1 X_2}}{1 - r_{X_1 X_2}^2} \qquad b_{2s} = \frac{r_{YX_2} - r_{YX_1} \cdot r_{X_1 X_2}}{1 - r_{X_1 X_2}^2}$$

b-Gewichte, unstandardisiert

$$b_1 = b_{1s} \cdot \frac{s_Y}{s_{X_1}} \qquad b_2 = b_{2s} \cdot \frac{s_Y}{s_{X_2}}$$

$$b_0 = \overline{y} - b_1 \cdot \overline{x}_1 - b_2 \cdot \overline{x}_2$$

Allgemeines Lineares Modell

$$b = \left(X' X \right)^{-1} \cdot X' y$$

$$QS_{tot} = y' y - n\overline{y}^2 \qquad QS_{det} = b' X' y - n\overline{y}^2$$

$$R^2 = \frac{QS_{det}}{QS_{tot}}$$

Konfidenzintervall

$$\hat{y} - t_{\alpha/2} \cdot \hat{\sigma}_e \leq \hat{y} \leq \hat{y} + t_{\alpha/2} \cdot \hat{\sigma}_e$$

Partialkorrelation

$$r_{XY \bullet Z} = \frac{r_{XY} - r_{XZ} \cdot r_{YZ}}{\sqrt{1 - r_{XZ}^2} \cdot \sqrt{1 - r_{YZ}^2}}$$

Phi-Korrelation

$$\hat{\phi} = \frac{n_{11} \cdot n_{22} - n_{12} \cdot n_{21}}{\sqrt{\left(n_{11} + n_{21} \right) \cdot \left(n_{12} + n_{22} \right) \cdot \left(n_{11} + n_{12} \right) \cdot \left(n_{21} + n_{22} \right)}}$$

Produkt-Moment-Korrelation (Pearson-Korrelation)

$$r_{XY} = \frac{s_{XY}}{s_X \cdot s_Y} = \frac{n \cdot \sum_{m=1}^{n} x_m \cdot y_m - \sum_{m=1}^{n} x_m \cdot \sum_{m=1}^{n} y_m}{\sqrt{\left[n \cdot \sum_{m=1}^{n} x_m^2 - \left(\sum_{m=1}^{n} x_m \right)^2 \right] \cdot \left[n \cdot \sum_{m=1}^{n} y_m^2 - \left(\sum_{m=1}^{n} y_m \right)^2 \right]}}$$

Schiefe

$$Sch = \frac{\sum_{m=1}^{n} \left(x_m - \overline{x} \right)^3}{n \cdot s_X^3}$$

t-Test für abhängige Stichproben

$$t_{\overline{x}_D} = \frac{\overline{x}_D}{\hat{\sigma}_{\overline{x}_D}} \qquad \hat{\sigma}_{\overline{x}_D} = \frac{\hat{\sigma}_D}{\sqrt{n}} \qquad \hat{\sigma}_D = \sqrt{\frac{\sum_{m=1}^{n} \left(d_m - \overline{x}_D \right)^2}{n-1}} = \sqrt{\frac{\sum_{m=1}^{n} d_m^2 - \frac{\left(\sum_{m=1}^{n} d_m \right)^2}{n}}{n-1}}$$

t-Test für Korrelationen

$$t = \frac{r \cdot \sqrt{n-2}}{\sqrt{1-r^2}}$$

$$df = n - 2$$

t-Test für unabhängige Stichproben

a) homogene Varianzen

$$t = \frac{\overline{x}_1 - \overline{x}_2}{\hat{\sigma}_{\overline{x}_1 - \overline{x}_2}} \qquad \hat{\sigma}_{\overline{x}_1 - \overline{x}_2} = \sqrt{\frac{\hat{\sigma}_1^2 \cdot \left(n_1 - 1 \right) + \hat{\sigma}_2^2 \cdot \left(n_2 - 1 \right)}{\left(n_1 - 1 \right) + \left(n_2 - 1 \right)} \cdot \left(\frac{1}{n_1} + \frac{1}{n_2} \right)}$$

$$df = n_1 + n_2 - 2$$

b) heterogene Varianzen

$$t = \frac{\overline{x}_1 - \overline{x}_2}{\sqrt{\frac{\hat{\sigma}_1^2}{n_1} + \frac{\hat{\sigma}_2^2}{n_2}}}$$

$$df_{korr} = \frac{\left(\dfrac{\hat{\sigma}_1^2}{n_1} + \dfrac{\hat{\sigma}_2^2}{n_2}\right)^2}{\dfrac{\left(\dfrac{\hat{\sigma}_1^2}{n_1}\right)^2}{n_1 - 1} + \dfrac{\left(\dfrac{\hat{\sigma}_2^2}{n_2}\right)^2}{n_2 - 1}} = \frac{\left(\dfrac{\hat{\sigma}_1^2}{n_1} + \dfrac{\hat{\sigma}_2^2}{n_2}\right)^2}{\dfrac{\hat{\sigma}_1^4}{n_1^2 \cdot (n_1 - 1)} + \dfrac{\hat{\sigma}_2^4}{n_2^2 \cdot (n_2 - 1)}}$$

Varianzanalyse

unifaktoriell, ohne Messwiederholung

$$QS_{tot} = \sum_{j=1}^{p} \sum_{m=1}^{n_j} \left(x_{mj} - \overline{x}\right)^2$$

$$QS_{zw} = \sum_{j=1}^{p} \sum_{m=1}^{n_j} \left(\overline{x}_j - \overline{x}\right)^2$$

$$QS_{inn} = \sum_{j=1}^{p} \sum_{m=1}^{n_j} \left(x_{mj} - \overline{x}_j\right)^2$$

Allgemeines Lineares Modell

$$QS_{tot} = y'\, y - n \cdot \overline{y}^2$$

$$QS_{det} = QS_{zw} = b'\, X'\, y - n \cdot \overline{y}^2$$

$$QS_{err} = QS_{tot} - QS_{det} = QS_{inn}$$

$$QS_h = Cb'\left(C\left(X'X\right)^{-1} C'\right)^{-1} Cb$$

b = Zellenmittelwertevektor

C = Contrastmatrix = Umsetzung der mathematischen Hypothesen

Effektgröße

$$\textit{Effektgröße } \hat{\eta}^2 = \frac{QS_{zw}}{QS_{tot}}$$

unifaktoriell, mit Messwiederholung

$$QS_{tot} = \sum_{j=1}^{p} \sum_{m=1}^{n_j} \left(x_{mj} - \overline{x}\right)^2$$

$$QS_{zwP} = \sum_{j=1}^{p} \sum_{m=1}^{n} \left(\overline{x}_{m\bullet} - \overline{x}\right)^2$$

$$QS_{zwA} = \sum_{j=1}^{p} \sum_{m=1}^{n} \left(\overline{x}_{\bullet j} - \overline{x} \right)^2$$

$$QS_{Res} = \sum_{j=1}^{p} \sum_{m=1}^{n_j} \left(x_{mj} - \overline{x}_{\bullet j} - \overline{x}_{m\bullet} + \overline{x} \right)^2$$

zweifaktoriell, ohne Messwiederholung

$$QS_{tot} = \sum_{k=1}^{q} \sum_{j=1}^{p} \sum_{m=1}^{n_{Zelle}} \left(x_{mjk} - \overline{x} \right)^2$$

$$QS_{zw} = \sum_{k=1}^{q} \sum_{j=1}^{p} \sum_{m=1}^{n_{Zelle}} \left(\overline{x}_{jk} - \overline{x} \right)^2 = n_{Zelle} \cdot \sum_{k=1}^{q} \sum_{j=1}^{p} \left(\overline{x}_{jk} - \overline{x} \right)^2$$

$$QS_{inn} = \sum_{k=1}^{q} \sum_{j=1}^{p} \sum_{m=1}^{n_{Zelle}} \left(x_{mjk} - \overline{x}_{jk} \right)^2$$

$$QS_{A} = \sum_{k=1}^{q} \sum_{j=1}^{p} \sum_{m=1}^{n_{Zelle}} \left(\overline{x}_{j\bullet} - \overline{x} \right)^2 = q \cdot n_{Zelle} \cdot \sum_{j=1}^{p} \left(\overline{x}_{j\bullet} - \overline{x} \right)^2$$

$$QS_{B} = \sum_{k=1}^{q} \sum_{j=1}^{p} \sum_{m=1}^{n_{Zelle}} \left(\overline{x}_{\bullet k} - \overline{x} \right)^2 = p \cdot n_{Zelle} \cdot \sum_{k=1}^{q} \left(\overline{x}_{\bullet k} - \overline{x} \right)^2$$

$$QS_{A \times B} = \sum_{k=1}^{q} \sum_{j=1}^{p} \sum_{m=1}^{n_{Zelle}} \left(\overline{x}_{jk} - \overline{x}_{j\bullet} - \overline{x}_{\bullet k} + \overline{x} \right)^2 = n_{Zelle} \cdot \sum_{k=1}^{q} \sum_{j=1}^{p} \left(\overline{x}_{jk} - \overline{x}_{j\bullet} - \overline{x}_{\bullet k} + \overline{x} \right)^2$$

zweifaktoriell, mit Messwiederholung auf einem Faktor

$$QS_{A} = q \cdot n_{Zelle} \cdot \sum_{j=1}^{p} \left(\overline{x}_{\bullet j \bullet} - \overline{x} \right)^2$$

$$QS_{B} = p \cdot n_{Zelle} \cdot \sum_{k=1}^{q} \left(\overline{x}_{\bullet \bullet k} - \overline{x} \right)^2$$

$$QS_{A \times B} = n_{Zelle} \cdot \sum_{k=1}^{q} \sum_{j=1}^{p} \left(\overline{x}_{\bullet jk} - \overline{x}_{\bullet j \bullet} - \overline{x}_{\bullet \bullet k} + \overline{x} \right)^2$$

$$QS_{P\_in\_A} = \sum_{k=1}^{q} \sum_{j=1}^{p} \sum_{m=1}^{n_{Zelle}} \left(\overline{x}_{mj\bullet} - \overline{x}_{\bullet j \bullet} \right)^2 = q \cdot \sum_{j=1}^{p} \sum_{m=1}^{n_{Zelle}} \left(\overline{x}_{mj\bullet} - \overline{x}_{\bullet j \bullet} \right)^2$$

$$QS_{Res} = \sum_{k=1}^{q} \sum_{j=1}^{p} \sum_{m=1}^{n_{Zelle}} \left(x_{mjk} - \overline{x}_{\bullet jk} - \overline{x}_{mj\bullet} + \overline{x}_{\bullet j \bullet} \right)^2$$

U-Test

$$u_1 = n_1 \cdot n_2 + \frac{n_1 \cdot (n_1 + 1)}{2} - rs_1 \quad bzw. \quad u_2 = n_1 \cdot n_2 + \frac{n_2 \cdot (n_2 + 1)}{2} - rs_2$$

Varianz

$$s_X^2 = \frac{\sum_{m=1}^{n}(x_m - \overline{x})^2}{n} = \frac{\sum_{m=1}^{n} x_m^2 - \frac{\left(\sum_{m=1}^{n} x_m\right)^2}{n}}{n}$$

Yules Q

$$Q = \frac{n_{11} \cdot n_{22} - n_{12} \cdot n_{21}}{n_{11} \cdot n_{22} + n_{12} \cdot n_{21}}$$

z-Werte

$$z = \frac{x_m - \overline{x}}{s}$$

C Tabellen kritischer Werte

C.1 Standardnormalverteilung

Tabelle C.1 Ausgewählte Werte der Verteilungsfunktion F(z) = P(Z ≤ z) der Standardnormalverteilung

z	0,00	0,01	0,02	0,03	0,04	0,05	0,06	0,07	0,08	0,09
0,0	0,5000	0,5040	0,5080	0,5120	0,5160	0,5199	0,5239	0,5279	0,5319	0,5359
0,1	0,5398	0,5438	0,5478	0,5517	0,5557	0,5596	0,5636	0,5675	0,5714	0,5753
0,2	0,5793	0,5832	0,5871	0,5910	0,5948	0,5987	0,6026	0,6064	0,6103	0,6141
0,3	0,6179	0,6217	0,6255	0,6293	0,6331	0,6368	0,6406	0,6443	0,6480	0,6517
0,4	0,6554	0,6591	0,6628	0,6664	0,6700	0,6736	0,6772	0,6808	0,6844	0,6879
0,5	0,6915	0,6950	0,6985	0,7019	0,7054	0,7088	0,7123	0,7157	0,7190	0,7224
0,6	0,7257	0,7291	0,7324	0,7357	0,7389	0,7422	0,7454	0,7486	0,7517	0,7549
0,7	0,7580	0,7611	0,7642	0,7673	0,7704	0,7734	0,7764	0,7794	0,7823	0,7852
0,8	0,7881	0,7910	0,7939	0,7967	0,7995	0,8023	0,8051	0,8078	0,8106	0,8133
0,9	0,8159	0,8186	0,8212	0,8238	0,8264	0,8289	0,8315	0,8340	0,8365	0,8389
1,0	0,8413	0,8438	0,8461	0,8485	0,8508	0,8531	0,8554	0,8577	0,8599	0,8621
1,1	0,8643	0,8665	0,8686	0,8708	0,8729	0,8749	0,8770	0,8790	0,8810	0,8830
1,2	0,8849	0,8869	0,8888	0,8907	0,8925	0,8944	0,8962	0,8980	0,8997	0,9015
1,3	0,9032	0,9049	0,9066	0,9082	0,9099	0,9115	0,9131	0,9147	0,9162	0,9177
1,4	0,9192	0,9207	0,9222	0,9236	0,9251	0,9265	0,9279	0,9292	0,9306	0,9319
1,5	0,9332	0,9345	0,9357	0,9370	0,9382	0,9394	0,9406	0,9418	0,9429	0,9441
1,6	0,9452	0,9463	0,9474	0,9484	0,9495	0,9505	0,9515	0,9525	0,9535	0,9545
1,7	0,9554	0,9564	0,9573	0,9582	0,9591	0,9599	0,9608	0,9616	0,9625	0,9633
1,8	0,9641	0,9649	0,9656	0,9664	0,9671	0,9678	0,9686	0,9693	0,9699	0,9706
1,9	0,9713	0,9719	0,9726	0,9732	0,9738	0,9744	0,9750	0,9756	0,9761	0,9767
2,0	0,9772	0,9778	0,9783	0,9788	0,9793	0,9798	0,9803	0,9808	0,9812	0,9817
2,1	0,9821	0,9826	0,9830	0,9834	0,9838	0,9842	0,9846	0,9850	0,9854	0,9857
2,2	0,9861	0,9864	0,9868	0,9871	0,9875	0,9878	0,9881	0,9884	0,9887	0,9890
2,3	0,9893	0,9896	0,9898	0,9901	0,9904	0,9906	0,9909	0,9911	0,9913	0,9916
2,4	0,9918	0,9920	0,9922	0,9925	0,9927	0,9929	0,9931	0,9932	0,9934	0,9936

Tabelle C.1 Ausgewählte Werte der Verteilungsfunktion F(z) = P(Z ≤ z) der Standardnormalverteilung (Fortsetzung)

z	0,00	0,01	0,02	0,03	0,04	0,05	0,06	0,07	0,08	0,09
2,5	0,9938	0,9940	0,9941	0,9943	0,9945	0,9946	0,9948	0,9949	0,9951	0,9952
2,6	0,9953	0,9955	0,9956	0,9957	0,9959	0,9960	0,9961	0,9962	0,9963	0,9964
2,7	0,9965	0,9966	0,9967	0,9968	0,9969	0,9970	0,9971	0,9972	0,9973	0,9974
2,8	0,9974	0,9975	0,9976	0,9977	0,9977	0,9978	0,9979	0,9979	0,9980	0,9981
2,9	0,9981	0,9982	0,9982	0,9983	0,9984	0,9984	0,9985	0,9985	0,9986	0,9986
3,0	0,9987	0,9987	0,9987	0,9988	0,9988	0,9989	0,9989	0,9989	0,9990	0,9990
3,1	0,9990	0,9991	0,9991	0,9991	0,9992	0,9992	0,9992	0,9992	0,9993	0,9993
3,2	0,9993	0,9993	0,9994	0,9994	0,9994	0,9994	0,9994	0,9995	0,9995	0,9995
3,3	0,9995	0,9995	0,9995	0,9996	0,9996	0,9996	0,9996	0,9996	0,9996	0,9997
3,4	0,9997	0,9997	0,9997	0,9997	0,9997	0,9997	0,9997	0,9997	0,9997	0,9998
3,5	0,9998	0,9998	0,9998	0,9998	0,9998	0,9998	0,9998	0,9998	0,9998	0,9998
3,6	0,9998	0,9998	0,9999	0,9999	0,9999	0,9999	0,9999	0,9999	0,9999	0,9999
3,7	0,9999	0,9999	0,9999	0,9999	0,9999	0,9999	0,9999	0,9999	0,9999	0,9999
3,8	0,9999	0,9999	0,9999	0,9999	0,9999	0,9999	0,9999	0,9999	0,9999	0,9999
3,9	1,0000	1,0000	1,0000	1,0000	1,0000	1,0000	1,0000	1,0000	1,0000	1,0000

C.2   Zentrale t-Verteilung

Tabelle C2 Wichtige p-Quantile der zentralen t-Verteilung für df Freiheitsgrade

df	\multicolumn{7}{c}{p-Quantil}

df	0,6	0,8	0,9	0,95	0,975	0,99	0,995
1	0,3249	1,3764	3,0777	6,3138	12,7062	31,8205	63,6567
2	0,2887	1,0607	1,8856	2,9200	4,3027	6,9646	9,9248
3	0,2767	0,9785	1,6377	2,3543	3,1824	4,5407	5,8409
4	0,2707	0,9410	1,5332	2,1318	2,7764	3,7469	4,6041
5	0,2672	0,9195	1,4759	2,0150	2,5706	3,3649	4,0321
6	0,2648	0,9057	1,4398	1,9432	2,4469	3,1427	3,7074
7	0,2632	0,8960	1,4149	1,8946	2,3646	2,9980	3,4995
8	0,2619	0,8889	1,3968	1,8595	2,3060	2,8965	3,3554
9	0,2610	0,8834	1,3830	1,8331	2,2622	2,8214	3,2498
10	0,2602	0,8791	1,3722	1,8125	2,2281	2,7638	3,1693
11	0,2596	0,8755	1,3634	1,7959	2,2010	2,7181	3,1058
12	0,2590	0,8726	1,3562	1,7823	2,1788	2,6810	3,0545
13	0,2586	0,8702	1,3502	1,7709	2,1604	2,6503	3,0123
14	0,2582	0,8681	1,3450	1,7613	2,1448	2,6245	2,9768
15	0,2579	0,8662	1,3406	1,7531	2,1314	2,6025	2,9467
16	0,2576	0,8647	1,3368	1,7459	2,1199	2,5835	2,9208
17	0,2573	0,8633	1,3334	1,7396	2,1098	2,5669	2,8982
18	0,2571	0,8620	1,3304	1,7341	2,1009	2,5524	2,8784
19	0,2569	0,8610	1,3277	1,7291	2,0930	2,5395	2,8609
20	0,2567	0,8600	1,3253	1,7247	2,0860	2,5280	2,8453
21	0,2566	0,8591	1,3232	1,7207	2,0796	2,5176	2,8314
22	0,2564	0,8583	1,3212	1,7171	2,0739	2,5083	2,8188
23	0,2563	0,8575	1,3195	1,7139	2,0687	2,4999	2,8073
24	0,2562	0,8569	1,3178	1,7109	2,0639	2,4922	2,7969
25	0,2561	0,8562	1,3163	1,7081	2,0595	2,4851	2,7874
26	0,2560	0,8557	1,3150	1,7056	2,0555	2,4786	2,7787
27	0,2559	0,8551	1,3137	1,7033	2,0518	2,4727	2,7707
28	0,2558	0,8546	1,3125	1,7011	2,0484	2,4671	2,7633
29	0,2557	0,8542	1,3114	1,6991	2,0452	2,4620	2,7564
30	0,2556	0,8538	1,3104	1,6973	2,0423	2,4573	2,7500

C.3 Wilcoxon-Vorzeichen-Rangtest

Tabelle C.3 Wichtige p-Quantile w_p^+ der Prüfgröße W+ für den Wilcoxon-Vorzeichen-Rangtest

n	0,01	0,025	0,05	0,10	0,90	0,95	0,975	0,99
4	0	0	0	1	8	9	10	10
5	0	0	1	3	11	13	14	14
6	0	1	3	4	16	17	19	20
7	1	3	4	6	21	23	24	26
8	2	4	6	9	26	29	31	33
9	4	6	9	11	33	35	38	40
10	6	9	11	15	39	43	45	57
11	8	11	14	18	47	51	54	57
12	10	14	18	22	55	59	62	66
13	13	18	22	27	63	68	72	77
14	16	22	26	32	72	78	82	88
15	20	26	31	37	82	88	93	99
16	24	30	36	43	92	99	105	111
17	28	35	42	49	103	110	117	124
18	33	41	48	56	114	122	129	137
19	38	47	54	63	126	135	142	151
20	44	53	61	70	139	148	156	165

C.4   Zentrale χ^2-Verteilung

Tabelle C.4 Wichtige p-Quantile $\chi^2_{p;df}$ der zentralen χ^2-Verteilung für df Freiheitsgrade (nach Eid, Gollwitzer, Schmitt, 2011)

df					p-Quantil			
	0,01	0,025	0,05	0,1	0,9	0,95	0,975	0,99
1	0,0002	0,0010	0,0039	0,0158	2,7055	3,8415	5,0239	6,6349
2	0,0201	0,0506	0,1026	0,2107	4,6052	5,9915	7,3778	9,2103
3	0,1148	0,2158	0,3518	0,5844	6,2514	7,8147	9,3484	11,345
4	0,2971	0,4844	0,7107	1,0636	7,7794	9,4877	11,143	13,277
5	0,5543	0,8312	1,1455	1,6103	9,2364	11,070	12,833	15,086
6	0,8721	1,2373	1,6354	2,2041	10,645	12,592	14,449	16,812
7	1,2390	1,6899	2,1674	2,8331	12,017	14,067	16,013	18,475
8	1,6465	2,1797	2,7326	3,4895	13,362	15,507	17,535	20,090
9	2,0879	2,7004	3,3251	4,1682	14,684	16,919	19,023	21,666
10	2,5582	3,2470	3,9403	4,8652	15,987	18,307	20,483	23,209
11	3,0535	3,8157	4,5748	5,5778	17,275	19,675	21,920	24,725
12	3,5706	4,4038	5,2260	6,3038	18,549	21,026	23,337	26,217
13	4,1069	5,0088	5,8919	7,0415	19,812	22,362	24,736	27,688
14	4,6604	5,6287	6,5706	7,7895	21,064	23,685	26,119	29,141
15	5,2293	6,2621	7,2609	8,5468	22,307	24,996	27,488	30,578
16	5,8122	6,9077	7,9616	9,3122	23,542	26,296	28,845	32,000
17	6,4078	7,5642	8,6718	10,085	24,769	27,587	30,191	33,409
18	7,0149	8,2307	9,3905	10,865	25,989	28,869	31,526	34,805
19	7,6327	8,9065	10,117	11,651	27,204	30,144	32,852	36,191
20	8,2604	9,5908	10,851	12,443	28,412	31,410	34,170	37,566
21	8,8972	10,283	11,591	13,240	29,615	32,671	35,479	38,932
22	9,5425	10,982	12,338	14,041	30,813	33,924	36,781	40,289
23	10,196	11,689	13,091	14,848	32,007	35,172	38,076	41,638
24	10,856	12,401	13,848	15,659	33,196	36,415	39,364	42,980
25	11,524	13,120	14,611	16,473	34,382	37,652	40,646	44,314
26	12,198	13,844	15,379	17,292	35,563	38,885	41,923	45,642
27	12,879	14,573	16,151	18,114	36,741	40,113	43,195	46,963
28	13,565	15,308	16,928	18,939	37,916	41,337	44,461	48,278
29	14,256	16,047	17,708	19,768	39,087	42,557	45,722	49,588
30	14,953	16,791	18,493	20,599	40,256	43,773	46,979	50,892

C.5 Kritische Werte für den Kolmogorov-Smirnov-Test

Tabelle C.5 Kritische Werte für den Kolmogorov-Smirnov-Test (KS-Anpassungstest) für ausgewählte Stichprobengrößen n und Signifikanzniveaus α (zweiseitig)

n	$\alpha = 0,20$	$\alpha = 0,10$	$\alpha = 0,05$	$\alpha = 0,02$	$\alpha = 0,01$
1	0,900	0,950	0,975	0,990	0,995
2	0,684	0,776	0,842	0,900	0,929
3	0,565	0,636	0,708	0,785	0,829
4	0,493	0,565	0,624	0,689	0,734
5	0,447	0,509	0,563	0,627	0,669
6	0,410	0,468	0,519	0,577	0,617
7	0,381	0,436	0,483	0,538	0,576
8	0,358	0,410	0,454	0,507	0,542
9	0,339	0,387	0,430	0,480	0,513
10	0,323	0,369	0,409	0,457	0,489
11	0,308	0,352	0,391	0,437	0,468
12	0,296	0,338	0,375	0,419	0,449
13	0,285	0,325	0,361	0,404	0,432
14	0,275	0,314	0,349	0,390	0,418
15	0,266	0,304	0,338	0,377	0,404
16	0,258	0,295	0,327	0,366	0,392
17	0,250	0,286	0,318	0,355	0,381
18	0,244	0,279	0,309	0,346	0,371
19	0,237	0,271	0,301	0,337	0,361
20	0,232	0,265	0,294	0,329	0,352
21	0,226	0,259	0,287	0,321	0,344
22	0,221	0,253	0,281	0,314	0,337
23	0,216	0,247	0,275	0,307	0,330
24	0,212	0,242	0,269	0,301	0,323
25	0,208	0,238	0,264	0,295	0,317
26	0,204	0,233	0,259	0,290	0,311
27	0,200	0,229	0,254	0,284	0,305
28	0,197	0,225	0,250	0,279	0,300
29	0,193	0,221	0,246	0,275	0,295

Tabelle C.5 Kritische Werte für den Kolmogorov-Smirnov-Test (KS-Anpassungstest) für ausgewählte Stichprobengrößen n und Signifikanzniveaus α (zweiseitig; Fortsetzung)

n	α = 0,20	α = 0,10	α = 0,05	α = 0,02	α = 0,01
30	0,190	0,218	0,242	0,270	0,290
31	0,187	0,214	0,238	0,266	0,285
32	0,184	0,211	0,234	0,262	0,281
33	0,182	0,208	0,231	0,258	0,277
34	0,179	0,205	0,227	0,254	0,273
35	0,177	0,202	0,224	0,251	0,269
36	0,174	0,199	0,221	0,247	0,265
37	0,172	0,196	0,218	0,244	0,262
38	0,170	0,194	0,215	0,241	0,258
39	0,168	0,191	0,213	0,238	0,255
40	0,165	0,189	0,210	0,235	0,252

C.6 Zentrale F-Verteilung

Tabelle C.6 Wichtige p-Quantile $F_{(p;df_1;df_2)}$ der zentralen F-Verteilung für ausgewählte df_1 Zähler- und df_2 Nennerfreiheitsgrade (nach Eid et al., 2011).

df_1	p	df_2 1	2	3	4	5	6	7	8	9
1	0,9	39,863	8,5263	5,5383	4,5448	4,0604	3,7759	3,5894	3,4579	3,3603
	0,95	161,45	18,513	10,128	7,7086	6,6079	5,9874	5,5914	5,3177	5,1174
	0,975	647,79	38,506	17,443	12,218	10,007	8,8131	8,0727	7,5709	7,2093
	0,99	4052,2	98,502	34,116	21,198	16,258	13,7450	12,246	11,259	10,561
2	0,9	49,500	9,0000	5,4624	4,3246	3,7797	3,4633	3,2574	3,1131	3,0065
	0,95	199,50	19,000	9,5521	6,9443	5,7861	5,1433	4,7374	4,4590	4,2565
	0,975	799,50	39,000	16,044	10,649	8,4336	7,2599	6,5415	6,0595	5,7147
	0,99	4999,5	99,000	30,817	18,000	13,274	10,925	9,5466	8,6491	8,0215
3	0,9	53,593	9,1618	5,3908	4,1909	3,6195	3,2888	3,0741	2,9238	2,8129
	0,95	215,71	19,164	9,2766	6,5914	5,4095	4,7571	4,3468	4,0662	3,8625
	0,975	864,16	39,165	15,439	9,9792	7,7636	6,5988	5,8898	5,4160	5,0781
	0,99	5403,4	99,166	29,457	16,694	12,060	9,7795	8,4513	7,5910	6,9919
4	0,9	55,833	9,2434	5,3426	4,1072	3,5202	3,1808	2,9605	2,8064	2,6927
	0,95	224,58	19,247	9,1172	6,3882	5,1922	4,5337	4,1203	3,8379	3,6331
	0,975	899,58	39,248	15,101	9,6045	7,3879	6,2272	5,5226	5,0526	4,7181
	0,99	5624,6	99,249	28,710	15,977	11,392	9,1483	7,8466	7,0061	6,4221
5	0,9	57,240	9,2926	5,3092	4,0506	3,4530	3,1075	2,8833	2,7264	2,6106
	0,95	230,16	19,296	9,0135	6,2561	5,0503	4,3874	3,9715	3,6875	3,4817
	0,975	921,85	39,298	14,885	9,3645	7,1464	5,9876	5,2852	4,8173	4,4844
	0,99	5763,6	99,299	28,237	15,522	10,967	8,7459	7,4604	6,6318	6,0569
6	0,9	58,204	9,3255	5,2847	4,0097	3,4045	3,0546	2,8274	2,6683	2,5509
	0,95	233,99	19,330	8,9406	6,1631	4,9503	4,2839	3,8660	3,5806	3,3738
	0,975	937,11	39,331	14,735	9,1973	6,9777	5,8198	5,1186	4,6517	4,3197
	0,99	5859,0	99,333	27,911	15,207	10,672	8,4661	7,1914	6,3707	5,8018
7	0,9	58,906	9,3491	5,2662	3,9790	3,3679	3,0145	2,7849	2,6241	2,5053
	0,95	236,77	19,353	8,8867	6,0942	4,8759	4,2067	3,7870	3,5005	3,2927
	0,975	948,22	39,355	14,624	9,0741	6,8531	5,6955	4,9949	4,5286	4,1970
	0,99	5928,4	99,356	27,672	14,976	10,456	8,2600	6,9928	6,1776	5,6129

Tabelle C.6 Wichtige p-Quantile $F_{(p;df_1;df_2)}$ der zentralen F-Verteilung für ausgewählte df_1 Zähler- und df_2 Nennerfreiheitsgrade (nach Eid et al., 2011) (Fortsetzung)

df_1	p	df_2 1	2	3	4	5	6	7	8	9
8	0,9	59,439	9,3668	5,2517	3,9549	3,3393	2,983	2,7516	2,5893	2,4694
	0,95	238,88	19,371	8,8452	6,0410	4,8183	4,1468	3,7257	3,4381	3,2296
	0,975	956,66	39,373	14,540	8,9796	6,7572	5,5996	4,8993	4,4333	4,1020
	0,99	5981,1	99,374	27,489	14,799	10,289	8,1017	6,8400	6,0289	5,4671
9	0,9	59,858	9,3805	5,2400	3,9357	3,3163	2,9577	2,7247	2,5612	2,4403
	0,95	240,54	19,385	8,8123	5,9988	4,7725	4,0990	3,6767	3,3881	3,1789
	0,975	963,28	39,387	14,473	8,9047	6,6811	5,5234	4,8232	4,3572	4,0260
	0,99	6022,5	99,388	27,345	14,659	10,158	7,9761	6,7188	5,9106	5,3511
10	0,9	60,195	9,3916	5,2304	3,9199	3,2974	2,9369	2,7025	2,5380	2,4163
	0,95	241,88	19,369	8,7855	5,9644	4,7351	4,0600	3,6365	3,3472	3,1373
	0,975	968,63	39,398	14,419	8,8439	6,6192	5,4613	4,7611	4,2951	3,9639
	0,99	6055,8	99,399	27,229	14,546	10,051	7,8741	6,6201	5,8143	5,2565
11	0,9	60,473	9,4006	5,2224	3,9067	3,2816	2,9195	2,6839	2,5186	2,3961
	0,95	242,98	19,405	8,7633	5,9358	4,7040	4,0274	3,6030	3,3130	3,1025
	0,975	973,03	39,407	14,374	8,7935	6,5678	5,4098	4,7095	4,2434	3,9121
	0,99	6083,3	99,408	27,133	14,452	9,9626	7,7896	6,5382	5,7343	5,1779
12	0,9	60,705	9,4081	5,2156	3,8955	3,2682	2,9047	2,6681	2,5020	2,3789
	0,95	243,91	19,413	8,7446	5,9117	4,6777	3,9999	3,5747	3,2839	3,0729
	0,975	976,71	39,415	14,337	8,7512	6,5245	5,3662	4,6658	4,1997	3,8682
	0,99	6106,3	99,416	27,052	14,374	9,8883	7,7183	6,4691	5,6667	5,1114
13	0,9	60,903	9,4145	5,2098	3,8859	3,2567	2,8920	2,6545	2,4876	2,3640
	0,95	244,69	19,419	8,7287	5,8911	4,6552	3,9764	3,5503	3,2590	3,0475
	0,975	979,84	39,421	14,304	8,7150	6,4876	5,3290	4,6285	4,1622	3,8306
	0,99	6125,9	99,422	26,983	14,307	9,8248	7,6575	6,4100	5,6089	5,0545
14	0,9	61,073	9,4200	5,2047	3,8776	3,2468	2,8809	2,6426	2,4752	2,3510
	0,95	245,36	19,424	8,7149	5,8733	4,6358	3,9559	3,5292	3,2374	3,0255
	0,975	982,53	39,427	14,277	8,6838	6,4556	5,2968	4,5961	4,1297	3,7980
	0,99	6142,7	99,428	26,924	14,249	9,7700	7,6049	6,3590	5,5589	5,0052
15	0,9	61,220	9,4247	5,2003	3,8704	3,2380	2,8712	2,6322	2,4642	2,3396
	0,95	245,95	19,429	8,7029	5,8578	4,6188	3,9381	3,5107	3,2184	3,0061
	0,975	984,87	39,431	14,253	8,6565	6,4277	5,2687	4,5678	4,1012	3,7694
	0,99	6157,3	99,433	26,872	14,198	9,7222	7,5590	6,3143	5,5151	4,9621

Tabelle C.6 Wichtige p-Quantile $F_{(p;df_1;df_2)}$ der zentralen F-Verteilung für ausgewählte df_1 Zähler-
und df_2 Nennerfreiheitsgrade (nach Eid et al., 2011) (Fortsetzung)

df_1	p	**df_2** 1	2	3	4	5	6	7	8	9
20	0,9	61,740	9,4413	5,1845	3,8443	3,2067	2,8363	2,5947	2,4246	2,2983
	0,95	248,01	19,446	8,6602	5,8025	4,5581	3,8742	3,4445	3,1503	2,9365
	0,975	993,10	39,448	14,167	8,5599	6,3286	5,1684	4,4667	3,9995	3,6669
	0,99	6208,7	99,449	26,690	14,020	9,5526	7,3958	6,1554	5,3591	4,8080
25	0,9	62,055	9,4513	5,1747	3,8283	3,1873	2,8147	2,5714	2,3999	2,2725
	0,95	249,26	19,456	8,6341	5,7687	4,5209	3,8348	3,4036	3,1081	2,8932
	0,975	998,08	39,458	14,115	8,5010	6,2679	5,1069	4,4045	3,9367	3,6035
	0,99	6239,8	99,459	26,579	13,911	9,4491	7,2960	6,0580	5,2631	4,7130
30	0,9	62,265	9,4579	5,1681	3,8174	3,1741	2,8000	2,5555	2,3830	2,2547
	0,95	250,10	19,462	8,6166	5,7459	4,4957	3,8082	3,3758	3,0794	2,8637
	0,975	1001,4	39,465	14,081	8,4613	6,2269	5,0652	4,3624	3,8940	3,5604
	0,99	6260,6	99,466	26,505	13,838	9,3793	7,2285	5,9920	5,1981	4,6486
40	0,9	62,529	9,4662	5,1597	3,8036	3,1573	2,7812	2,5351	2,3614	2,2320
	0,95	251,14	19,471	8,5944	5,7170	4,4638	3,7743	3,3404	3,0428	2,8259
	0,975	1005,6	39,473	14,037	8,4111	6,1750	5,0125	4,3089	3,8398	3,5055
	0,99	6286,8	99,474	26,411	13,745	9,2912	7,1432	5,9084	5,1156	4,5666
50	0,9	62,688	9,4712	5,1546	3,7952	3,1471	2,7697	2,5226	2,3481	2,2180
	0,95	251,77	19,476	8,5810	5,6995	4,4444	3,7537	3,3189	3,0204	2,8028
	0,975	1008,1	39,478	14,010	8,3808	6,1436	4,9804	4,2763	3,8067	3,4719
	0,99	6302,5	99,479	26,354	13,690	9,2378	7,0915	5,8577	5,0654	4,5167
60	0,9	62,794	9,4746	5,1512	3,7896	3,1402	2,7620	2,5142	2,3391	2,2085
	0,95	252,20	19,479	8,5720	5,6877	4,4314	3,7398	3,3043	3,0053	2,7872
	0,975	1009,8	39,481	13,992	8,3604	6,1225	4,9589	4,2544	3,7844	3,4493
	0,99	6313,0	99,482	26,316	13,652	9,2020	7,0567	5,8236	5,0316	4,4831
80	0,9	62,927	9,4787	5,1469	3,7825	3,1316	2,7522	2,5036	2,3277	2,1965
	0,95	252,72	19,483	8,5607	5,6730	4,4150	3,7223	3,2860	2,9862	2,7675
	0,975	1011,9	36,485	13,970	8,3349	6,0960	4,9318	4,2268	3,7563	3,4207
	0,99	6326,2	99,487	26,269	13,605	9,1570	7,0130	5,7806	4,9890	4,4407
100	0,9	63,007	9,4812	5,1443	3,7782	3,1263	2,7463	2,4971	2,3208	2,1892
	0,95	253,04	19,486	8,5539	5,6641	4,4051	3,7117	3,2749	2,9747	2,7556
	0,975	1013,2	39,488	13,956	8,3195	6,0800	4,9154	4,2101	3,7393	3,4034
	0,99	6334,1	99,489	26,240	13,577	9,1299	6,9867	5,7547	4,9633	4,4150

Tabelle C.6 Wichtige p-Quantile $F_{(p;df_1;df_2)}$ der zentralen F-Verteilung für ausgewählte df_1 Zähler- und df_2 Nennerfreiheitsgrade (nach Eid et al., 2011) (Fortsetzung)

df_1	p	df_2 10	12	14	16	18	20	22	24	26
1	0,9	3,2850	3,1765	3,1022	3,0481	3,0070	2,9747	2,9486	2,9271	2,9091
	0,95	4,9646	4,7472	4,6001	4,4940	4,4139	4,3512	4,3009	4,2597	4,2252
	0,975	6,9367	6,5538	6,2979	6,1151	5,9781	5,8715	5,7863	5,7166	5,6586
	0,99	10,044	9,3302	8,8616	8,5310	8,2854	8,0960	7,9454	7,8229	7,7213
2	0,9	2,9245	2,8068	2,7265	2,6682	2,6239	2,5893	2,5613	2,5383	2,5191
	0,95	4,1028	3,8853	3,7389	3,6337	3,5546	3,4928	3,4434	3,4028	3,3690
	0,975	5,4564	5,0959	4,8567	4,6867	4,5597	4,4613	4,3828	4,3187	4,2655
	0,99	7,5594	6,9266	6,5149	6,2262	6,0129	5,8489	5,7190	5,6136	5,5263
3	0,9	2,7277	2,6055	2,5222	2,4618	2,4160	2,3801	2,3512	2,3274	2,3075
	0,95	3,7083	3,4903	3,3439	3,2389	3,1599	3,0984	3,0491	3,0088	2,9752
	0,975	4,8256	4,4742	4,2417	4,0768	3,9539	3,8587	3,7829	3,7211	3,6697
	0,99	6,5523	5,9525	5,5639	5,2922	5,0919	4,9382	4,8166	4,7181	4,6366
4	0,9	2,6053	2,4801	2,3947	2,3327	2,2858	2,2489	2,2193	2,1949	2,1745
	0,95	3,4780	3,2592	3,1122	3,0069	2,9277	2,8661	2,8167	2,7763	2,7426
	0,975	4,4683	4,1212	3,8919	3,7294	3,6083	3,5147	3,4401	3,3794	3,3289
	0,99	5,9943	5,4120	5,0354	4,7726	4,5790	4,4307	4,3134	4,2184	4,1400
5	0,9	2,5216	2,3940	2,3069	2,2438	2,1958	2,1582	2,1279	2,1030	2,0822
	0,95	3,3258	3,1059	2,9582	2,8524	2,7729	2,7109	2,6613	2,6207	2,5868
	0,975	4,2361	3,8911	3,6634	3,5021	3,3820	3,2891	3,2151	3,1548	3,1048
	0,99	5,6363	5,0643	4,6950	4,4374	4,2479	4,1027	3,9880	3,8951	3,8183
6	0,9	2,4606	2,3310	2,2426	2,1783	2,1296	2,0913	2,0605	2,0351	2,0139
	0,95	3,2172	2,9961	2,8477	2,7413	2,6613	2,5990	2,5491	2,5082	2,4741
	0,975	4,0721	3,7283	3,5014	3,3406	3,2209	3,1283	3,0546	2,9946	2,9447
	0,99	5,3858	4,8206	4,4558	4,2016	4,0146	3,8714	3,7583	3,6667	3,5911
7	0,9	2,4140	2,2828	2,1931	2,1280	2,0785	2,0397	2,0084	1,9826	1,9610
	0,95	3,1355	2,9134	2,7642	2,6572	2,5767	2,5140	2,4638	2,4226	2,3883
	0,975	3,9498	3,6065	3,3799	3,2194	3,0999	3,0074	2,9338	2,8738	2,8240
	0,99	5,2001	4,6395	4,2779	4,0259	3,8406	3,6987	3,5867	3,4959	3,4210
8	0,9	2,3771	2,2446	2,1539	2,0880	2,0379	1,9985	1,9668	1,9407	1,9188
	0,95	3,0717	2,8486	2,6987	2,5911	2,5102	2,4471	2,3965	2,3551	2,3205
	0,975	3,8549	3,5118	3,2853	3,1248	3,0053	2,9128	2,8392	2,7791	2,7293
	0,99	5,0567	4,4994	4,1399	3,8896	3,7054	3,5644	3,4530	3,3629	3,2884

Tabelle C.6 Wichtige p-Quantile $F_{(p;df_1;df_2)}$ der zentralen F-Verteilung für ausgewählte df_1 Zähler- und df_2 Nennerfreiheitsgrade (nach Eid et al., 2011) (Fortsetzung)

df_1	p	**df_2** 10	12	14	16	18	20	22	24	26
9	0,9	2,3473	2,2135	2,122	2,0553	2,0047	1,9649	1,9327	1,9063	1,8841
	0,95	3,0204	2,7964	2,6458	2,5377	2,4563	2,3928	2,3419	2,3002	2,2655
	0,975	3,7790	3,4358	3,2093	3,0488	2,9291	2,8365	2,7628	2,7027	2,6528
	0,99	4,9424	4,3875	4,0297	3,7804	3,5971	3,4567	3,3458	3,2560	3,1818
10	0,9	2,3226	2,1878	2,0954	2,0281	1,9770	1,9367	1,9043	1,8775	1,8550
	0,95	2,9782	2,7534	2,6022	2,4935	2,4117	2,3479	2,2967	2,2547	2,2197
	0,975	3,7168	3,3736	3,1469	2,9862	2,8664	2,7737	2,6998	2,6396	2,5896
	0,99	4,8491	4,2961	3,9394	3,6909	3,5082	3,3682	3,2576	3,1681	3,0941
11	0,9	2,3018	2,1660	2,0729	2,0051	1,9535	1,9129	1,8801	1,8530	1,8303
	0,95	2,9430	2,7173	2,5655	2,4564	2,3742	2,3100	2,2585	2,2163	2,1811
	0,975	3,6649	3,3215	3,0946	2,9337	2,8137	2,7209	2,6469	2,5865	2,5363
	0,99	4,7715	4,2198	3,8640	3,6162	3,4338	3,2941	3,1837	3,0944	3,0205
12	0,9	2,2841	2,1474	2,0537	1,9854	1,9333	1,8924	1,8593	1,8319	1,8090
	0,95	2,9130	2,6866	2,5342	2,4247	2,3421	2,2776	2,2258	2,1834	2,1479
	0,975	3,6209	3,2773	3,0502	2,8890	2,7689	2,6758	2,6017	2,5411	2,4908
	0,99	4,7059	4,1553	3,8001	3,5527	3,3706	3,2311	3,1209	3,0316	2,9578
13	0,9	2,2687	2,1313	2,0370	1,9682	1,9158	1,8745	1,8411	1,8136	1,7904
	0,95	2,8872	2,6602	2,5073	2,3973	2,3143	2,2495	2,1975	2,1548	2,1192
	0,975	3,5832	3,2393	3,0119	2,8506	2,7302	2,6369	2,5626	2,5019	2,4515
	0,99	4,6496	4,0999	3,7452	3,4981	3,3162	3,1769	3,0667	2,9775	2,9038
14	0,9	2,2553	2,1173	2,0224	1,9532	1,9004	1,8588	1,8252	1,7974	1,7741
	0,95	2,8647	2,6371	2,4837	2,3733	2,2900	2,2250	2,1727	2,1298	2,0939
	0,975	3,5504	3,2062	2,9786	2,8170	2,6964	2,6030	2,5285	2,4677	2,4171
	0,99	4,6008	4,0518	3,6975	3,4506	3,2689	3,1296	3,0195	2,9303	2,8566
15	0,9	2,2435	2,1049	2,0095	1,9399	1,8868	1,8449	1,8111	1,7831	1,7596
	0,95	2,8450	2,6169	2,4630	2,3522	2,2686	2,2033	2,1508	2,1077	2,0716
	0,975	3,5217	3,1772	2,9493	2,7875	2,6667	2,5731	2,4984	2,4374	2,3867
	0,99	4,5581	4,0096	3,6557	3,4089	3,2273	3,0880	2,9779	2,8887	2,8150
20	0,9	2,2007	2,0597	1,9625	1,8913	1,8368	1,7938	1,7590	1,7302	1,7059
	0,95	2,7740	2,5436	2,3879	2,2756	2,1906	2,1242	2,0707	2,0267	1,9898
	0,975	3,4185	3,0728	2,8437	2,6808	2,5590	2,4645	2,3890	2,3273	2,2759
	0,99	4,4054	3,8584	3,5052	3,2587	3,0771	2,9377	2,8274	2,7380	2,6640

Tabelle C.6 Wichtige p-Quantile $F_{(p;df_1;df_2)}$ der zentralen F-Verteilung für ausgewählte df_1 Zähler- und df_2 Nennerfreiheitsgrade (nach Eid et al., 2011) (Fortsetzung)

df_1	p	df_2 10	12	14	16	18	20	22	24	26
25	0,9	2,1739	2,0312	1,9326	1,8603	1,8049	1,7611	1,7255	1,6960	1,6712
	0,95	2,7298	2,4977	2,3407	2,2272	2,1413	2,0739	2,0196	1,9750	1,9375
	0,975	3,3546	3,0077	2,7777	2,6138	2,4912	2,3959	2,3198	2,2574	2,2054
	0,99	4,3111	3,7647	3,4116	3,1650	2,9831	2,8434	2,7328	2,6430	2,5686
30	0,9	2,1554	2,0115	1,9119	1,8388	1,7827	1,7382	1,7021	1,6721	1,6468
	0,95	2,6996	2,4663	2,3082	2,1938	2,1071	2,0391	1,9842	1,9390	1,9010
	0,975	3,3110	2,9633	2,7324	2,5678	2,4445	2,3486	2,2718	2,2090	2,1565
	0,99	4,2469	3,7008	3,3476	3,1007	2,9185	2,7785	2,6675	2,5773	2,5026
40	0,9	2,1317	1,9861	1,8852	1,8108	1,7537	1,7083	1,6714	1,6407	1,6147
	0,95	2,6609	2,4259	2,2663	2,1507	2,0629	1,9938	1,9380	1,8920	1,8533
	0,975	3,2554	2,9063	2,6742	2,5085	2,3842	2,2873	2,2097	2,1460	2,0928
	0,99	4,1653	3,6192	3,2656	3,0182	2,8354	2,6947	2,5831	2,4923	2,4170
50	0,9	2,1171	1,9704	1,8686	1,7934	1,7356	1,6896	1,6521	1,6209	1,5945
	0,95	2,6371	2,4010	2,2405	2,1240	2,0354	1,9656	1,9092	1,8625	1,8233
	0,975	3,2214	2,8714	2,6384	2,4719	2,3468	2,2493	2,1710	2,1067	2,0530
	0,99	4,1155	3,5692	3,2153	2,9675	2,7841	2,6430	2,5308	2,4395	2,3637
60	0,9	2,1072	1,9597	1,8572	1,7816	1,7232	1,6768	1,6389	1,6073	1,5805
	0,95	2,6211	2,3842	2,2229	2,1058	2,0166	1,9464	1,8894	1,8424	1,8027
	0,975	3,1984	2,8478	2,6142	2,4471	2,3214	2,2234	2,1446	2,0799	2,0257
	0,99	4,0819	3,5355	3,1813	2,9330	2,7493	2,6077	2,4951	2,4035	2,3273
80	0,9	2,0946	1,9461	1,8428	1,7664	1,7073	1,6603	1,6218	1,5897	1,5625
	0,95	2,6008	2,3628	2,2006	2,0826	1,9927	1,9217	1,8641	1,8164	1,7762
	0,975	3,1694	2,8178	2,5833	2,4154	2,2890	2,1902	2,1108	2,0454	1,9907
	0,99	4,0394	3,4928	3,1381	2,8893	2,7050	2,5628	2,4496	2,3573	2,2806
100	0,9	2,0869	1,9379	1,8340	1,7570	1,6976	1,6501	1,6113	1,5788	1,5513
	0,95	2,5884	2,3498	2,1870	2,0685	1,9780	1,9066	1,8486	1,8005	1,7599
	0,975	3,1517	2,7996	2,5646	2,3961	2,2692	2,1699	2,0901	2,0243	1,9691
	0,99	4,0137	3,4668	3,1118	2,8627	2,6779	2,5353	2,4217	2,3291	2,2519

Tabelle C.6 Wichtige p-Quantile $F_{(p;df_1;df_2)}$ der zentralen F-Verteilung für ausgewählte df_1 Zähler- und df_2 Nennerfreiheitsgrade (nach Eid et al., 2011) (Fortsetzung)

df_1	p	df_2 30	40	50	60	70	80	90	100	110
1	0,9	2,8807	2,8354	2,8087	2,7911	2,7786	2,7693	2,7621	2,7564	2,7517
	0,95	4,1709	4,0847	4,0343	4,0012	3,9778	3,9604	3,9469	3,9361	3,9274
	0,975	5,5675	5,4239	5,3403	5,2856	5,2470	5,2184	5,1962	5,1786	5,1642
	0,99	7,5625	7,3141	7,1706	7,0771	7,0114	6,9627	6,9251	6,8953	6,8710
2	0,9	2,4887	2,4404	2,4120	2,3933	2,3800	2,3701	2,3625	2,3564	2,3515
	0,95	3,3158	3,2317	3,1826	3,1504	3,1277	3,1108	3,0977	3,0873	3,0788
	0,975	4,1821	4,0510	3,9749	3,9253	3,8903	3,8643	3,8443	3,8284	3,8154
	0,99	5,3903	5,1785	5,0566	4,9774	4,9219	4,8807	4,8491	4,8239	4,8035
3	0,9	2,2761	2,2261	2,1967	2,1774	2,1637	2,1535	2,1457	2,1394	2,1343
	0,95	2,9223	2,8387	2,7900	2,7581	2,7355	2,7188	2,7058	2,6955	2,6871
	0,975	3,5894	3,4633	3,3902	3,3425	3,3090	3,2841	3,2649	3,2496	3,2372
	0,99	4,5097	4,3126	4,1993	4,1259	4,0744	4,0363	4,0070	3,9837	3,9648
4	0,9	2,1422	2,0909	2,0608	2,0410	2,0269	2,0165	2,0084	2,0019	1,9967
	0,95	2,6896	2,6060	2,5572	2,5252	2,5027	2,4859	2,4729	2,4626	2,4542
	0,975	3,2499	3,1261	3,0544	3,0077	2,9748	2,9504	2,9315	2,9166	2,9044
	0,99	4,0179	3,8283	3,7195	3,6490	3,5996	3,5631	3,5350	3,5127	3,4946
5	0,9	2,0492	1,9968	1,9660	1,9457	1,9313	1,9206	1,9123	1,9057	1,9004
	0,95	2,5336	2,4495	2,4004	2,3683	2,3456	2,3287	2,3157	2,3053	2,2969
	0,975	3,0265	2,9037	2,8327	2,7863	2,7537	2,7295	2,7109	2,6961	2,6840
	0,99	3,6990	3,5138	3,4077	3,3389	3,2907	3,2550	3,2276	3,2059	3,1882
6	0,9	1,9803	1,9269	1,8954	1,8747	1,8600	1,8491	1,8406	1,8339	1,8284
	0,95	2,4205	2,3359	2,2864	2,2541	2,2312	2,2142	2,2011	2,1906	2,1821
	0,975	2,8667	2,7444	2,6736	2,6274	2,5949	2,5708	2,5522	2,5374	2,5254
	0,99	3,4735	3,2910	3,1864	3,1187	3,0712	3,0361	3,0091	2,9877	2,9703
7	0,9	1,9269	1,8725	1,8405	1,8194	1,8044	1,7933	1,7846	1,7778	1,7721
	0,95	2,3343	2,2490	2,1992	2,1665	2,1435	2,1263	2,1131	2,1025	2,0939
	0,975	2,7460	2,6238	2,5530	2,5068	2,4743	2,4502	2,4316	2,4168	2,4048
	0,99	3,3045	3,1238	3,0202	2,9530	2,9060	2,8713	2,8445	2,8233	2,8061
8	0,9	1,8841	1,8289	1,7963	1,7748	1,7596	1,7483	1,7395	1,7324	1,7267
	0,95	2,2662	2,1802	2,1299	2,0970	2,0737	2,0564	2,0430	2,0323	2,0236
	0,975	2,6513	2,5289	2,4579	2,4117	2,3791	2,3549	2,3363	2,3215	2,3094
	0,99	3,1726	2,9930	2,8900	2,8233	2,7765	2,7420	2,7154	2,6943	2,6771

Tabelle C.6 Wichtige p-Quantile $F_{(p;df_1;df_2)}$ der zentralen F-Verteilung für ausgewählte df_1 Zähler- und df_2 Nennerfreiheitsgrade (nach Eid et al., 2011) (Fortsetzung)

df_1	p	df_2								
		30	40	50	60	70	80	90	100	110
9	0,9	1,8490	1,7929	1,7598	1,7380	1,7225	1,7110	1,7021	1,6949	1,6891
	0,95	2,2107	2,1240	2,0734	2,0401	2,0166	1,9991	1,9856	1,9748	1,9661
	0,975	2,5746	2,4519	2,3808	2,3344	2,3017	2,2775	2,2588	2,2439	2,2318
	0,99	3,0665	2,8876	2,7850	2,7185	2,6719	2,6374	2,6109	2,5898	2,5727
10	0,9	1,8195	1,7627	1,7291	1,7070	1,6913	1,6796	1,6705	1,6632	1,6573
	0,95	2,1646	2,0772	2,0261	1,9926	1,9689	1,9512	1,9376	1,9267	1,9178
	0,975	2,5112	2,3882	2,3168	2,2702	2,2374	2,213	2,1942	2,1793	2,1671
	0,99	2,9791	2,8005	2,6981	2,6318	2,5852	2,5508	2,5243	2,5033	2,4862
11	0,9	1,7944	1,7369	1,7029	1,6805	1,6645	1,6526	1,6434	1,6360	1,6300
	0,95	2,1256	2,0376	1,9861	1,9522	1,9283	1,9105	1,8967	1,8857	1,8767
	0,975	2,4577	2,3343	2,2627	2,2159	2,1829	2,1584	2,1395	2,1245	2,1123
	0,99	2,9057	2,7274	2,6250	2,5587	2,5122	2,4777	2,4513	2,4302	2,4132
12	0,9	1,7727	1,7146	1,6802	1,6574	1,6413	1,6292	1,6199	1,6124	1,6063
	0,95	2,0921	2,0035	1,9515	1,9174	1,8932	1,8753	1,8613	1,8503	1,8412
	0,975	2,4120	2,2882	2,2162	2,1692	2,1361	2,1115	2,0925	2,0773	2,0650
	0,99	2,8431	2,6648	2,5625	2,4961	2,4496	2,4151	2,3886	2,3676	2,3505
13	0,9	1,7538	1,6950	1,6602	1,6372	1,6209	1,6086	1,5992	1,5916	1,5854
	0,95	2,0630	1,9738	1,9214	1,8870	1,8627	1,8445	1,8305	1,8193	1,8101
	0,975	2,3724	2,2481	2,1758	2,1286	2,0953	2,0706	2,0515	2,0363	2,0239
	0,99	2,7890	2,6107	2,5083	2,4419	2,3953	2,3608	2,3342	2,3132	2,2960
14	0,9	1,7371	1,6778	1,6426	1,6193	1,6028	1,5904	1,5808	1,5731	1,5669
	0,95	2,0374	1,9476	1,8949	1,8602	1,8357	1,8174	1,8032	1,7919	1,7827
	0,975	2,3378	2,2130	2,1404	2,0929	2,0595	2,0346	2,0154	2,0001	1,9876
	0,99	2,7418	2,5634	2,4609	2,3943	2,3477	2,3131	2,2865	2,2654	2,2482
15	0,9	1,7223	1,6624	1,6269	1,6034	1,5866	1,5741	1,5644	1,5566	1,5503
	0,95	2,0148	1,9245	1,8714	1,8364	1,8117	1,7932	1,7789	1,7675	1,7582
	0,975	2,3072	2,1819	2,1090	2,0613	2,0277	2,0026	1,9833	1,9679	1,9554
	0,99	2,7002	2,5216	2,4190	2,3523	2,3055	2,2709	2,2442	2,2230	2,2058
20	0,9	1,6673	1,6052	1,5681	1,5435	1,5259	1,5128	1,5025	1,4943	1,4877
	0,95	1,9317	1,8389	1,7841	1,7480	1,7223	1,7032	1,6883	1,6764	1,6667
	0,975	2,1952	2,0677	1,9933	1,9445	1,9100	1,8843	1,8644	1,8486	1,8356
	0,99	2,5487	2,3689	2,2652	2,1978	2,1504	2,1153	2,0882	2,0666	2,0491

Tabelle C.6 Wichtige p-Quantile $F_{(p;df_1;df_2)}$ der zentralen F-Verteilung für ausgewählte df_1 Zähler- und df_2 Nennerfreiheitsgrade (nach Eid et al., 2011) (Fortsetzung)

df_1	p	df_2 30	40	50	60	70	80	90	100	110
25	0,9	1,6316	1,5677	1,5294	1,5039	1,4857	1,4720	1,4613	1,4528	1,4458
	0,95	1,8782	1,7835	1,7273	1,6902	1,6638	1,6440	1,6286	1,6163	1,6063
	0,975	2,1237	1,9943	1,9186	1,8687	1,8334	1,8071	1,7867	1,7705	1,7572
	0,99	2,4526	2,2714	2,1667	2,0984	2,0503	2,0146	1,9871	1,9652	1,9473
30	0,9	1,6065	1,5411	1,5018	1,4755	1,4567	1,4426	1,4315	1,4227	1,4154
	0,95	1,8409	1,7444	1,6872	1,6491	1,6220	1,6017	1,5859	1,5733	1,5630
	0,975	2,0739	1,9429	1,8659	1,8152	1,7792	1,7523	1,7315	1,7148	1,7013
	0,99	2,3860	2,2034	2,0976	2,0285	1,9797	1,9435	1,9155	1,8933	1,8751
40	0,9	1,5732	1,5056	1,4648	1,4373	1,4176	1,4027	1,3911	1,3817	1,3740
	0,95	1,7918	1,6928	1,6337	1,5943	1,5661	1,5449	1,5284	1,5151	1,5043
	0,975	2,0089	1,8752	1,7963	1,7440	1,7069	1,6790	1,6574	1,6401	1,6259
	0,99	2,2992	2,1142	2,0066	1,9360	1,8861	1,8489	1,8201	1,7972	1,7784
50	0,9	1,5522	1,4830	1,4409	1,4126	1,3922	1,3767	1,3646	1,3548	1,3468
	0,95	1,7609	1,6600	1,5995	1,5590	1,5300	1,5081	1,4910	1,4772	1,4660
	0,975	1,9681	1,8324	1,7520	1,6985	1,6604	1,6318	1,6095	1,5917	1,5771
	0,99	2,2450	2,0581	1,9490	1,8772	1,8263	1,7883	1,7588	1,7353	1,7160
60	0,9	1,5376	1,4672	1,4242	1,3952	1,3742	1,3583	1,3457	1,3356	1,3273
	0,95	1,7396	1,6373	1,5757	1,5343	1,5046	1,4821	1,4645	1,4504	1,4388
	0,975	1,9400	1,8028	1,7211	1,6668	1,6279	1,5987	1,5758	1,5575	1,5425
	0,99	2,2079	2,0194	1,9090	1,8363	1,7846	1,7459	1,7158	1,6918	1,6721
80	0,9	1,5187	1,4465	1,4023	1,3722	1,3503	1,3337	1,3206	1,3100	1,3012
	0,95	1,7121	1,6077	1,5445	1,5019	1,4711	1,4477	1,4294	1,4146	1,4024
	0,975	1,9039	1,7644	1,6810	1,6252	1,5851	1,5549	1,5312	1,5122	1,4965
	0,99	2,1601	1,9694	1,8571	1,7828	1,7298	1,6901	1,6591	1,6342	1,6139
100	0,9	1,5069	1,4336	1,3885	1,3576	1,3352	1,3180	1,3044	1,2934	1,2843
	0,95	1,6950	1,5892	1,5249	1,4814	1,4498	1,4259	1,4070	1,3917	1,3791
	0,975	1,8816	1,7405	1,6558	1,5990	1,5581	1,5271	1,5028	1,4833	1,4671
	0,99	2,1307	1,9383	1,8248	1,7493	1,6954	1,6548	1,6231	1,5977	1,5767

C.7 Überschreitungswahrscheinlichkeiten für spezifische U-Werte

Tabelle C.7 Überschreitungswahrscheinlichkeiten (einseitig) für spezifische U-Werte und Stichprobengrößen

| | $n_2 = 3$ | | | $n_2 = 4$ | | | |
| | n_1 | | | n_1 | | | |
U	1	2	3	1	2	3	4
0	0,250	0,100	0,050	0,200	0,067	0,028	0,014
1	0,500	0,200	0,100	0,400	0,133	0,057	0,029
2	0,750	0,400	0,200	0,600	0,267	0,114	0,057
3		0,600	0,350		0,400	0,200	0,100
4			0,500		0,600	0,314	0,171
5			0,650			0,429	0,243
6						0,571	0,343
7							0,443
8							0,557

| | $n_2 = 5$ | | | | | $n_2 = 6$ | | | | | |
| | n_1 | | | | | n_1 | | | | | |
U	1	2	3	4	5	1	2	3	4	5	6
0	0,167	0,047	0,018	0,008	0,004	0,143	0,036	0,012	0,005	0,002	0,001
1	0,333	0,095	0,036	0,016	0,008	0,286	0,071	0,024	0,010	0,004	0,002
2	0,500	0,190	0,071	0,032	0,016	0,428	0,143	0,048	0,019	0,009	0,004
3	0,667	0,286	0,125	0,056	0,028	0,571	0,214	0,083	0,033	0,015	0,008
4		0,429	0,196	0,095	0,048		0,21	0,131	0,057	0,026	0,013
5		0,571	0,286	0,143	0,075		0,429	0,190	0,086	0,041	0,021
6			0,393	0,206	0,111		0,571	0,274	0,129	0,063	0,032
7			0,500	0,278	0,155			0,357	0,176	0,089	0,047

U	$n_2=5$					$n_2=6$						
n_1	1	2	3	4	5	1	2	3	4	5	6
8			0,607	0,365	0,210			0,452	0,238	0,123	0,066
9				0,452	0,274			0,548	0,305	0,165	0,090
10				0,548	0,345				0,381	0,214	0,120
11					0,421				0,457	0,268	0,155
12					0,500				0,545	0,331	0,197
13					0,579					0,396	0,242
14										0,465	0,294
15										0,535	0,350
16											0,409
17											0,468
18											0,531

U	$n_2 = 7$						
n_1	1	2	3	4	5	6	7
0	0,125	0,028	0,008	0,003	0,001	0,001	0,000
1	0,250	0,056	0,017	0,006	0,003	0,001	0,001
2	0,375	0,111	0,033	0,012	0,005	0,002	0,001
3	0,500	0,167	0,058	0,021	0,009	0,004	0,002
4	0,625	0,250	0,092	0,036	0,015	0,007	0,003
5		0,333	0,133	0,055	0,024	0,011	0,006
6		0,444	0,192	0,082	0,037	0,017	0,009
7		0,556	0,258	0,115	0,053	0,026	0,013
8			0,333	0,158	0,074	0,037	0,019
9			0,417	0,206	0,101	0,051	0,027
10			0,500	0,264	0,134	0,069	0,036
11			0,583	0,324	0,172	0,090	0,049
12				0,394	0,216	0,117	0,064
13				0,464	0,265	0,147	0,082
14				0,538	0,319	0,183	0,104
15					0,378	0,223	0,130

U	$n_2 = 7$ n_1 1	2	3	4	5	6	7
16					0,438	0,267	0,159
17					0,500	0,314	0,191
18					0,562	0,365	0,228
19						0,418	0,267
20						0,473	0,310
21						0,527	0,355
22							0,402
23							0,451
24							0,500
25							0,549

U	$n_2 = 8$ n_1 1	2	3	4	5	6	7	8	t	Normal
0	0,111	0,022	0,006	0,002	0,001	0,000	0,000	0,000	3,308	0,001
1	0,222	0,044	0,012	0,004	0,002	0,001	0,000	0,000	3,203	0,001
2	0,333	0,089	0,024	0,008	0,003	0,001	0,001	0,000	3,098	0,001
3	0,444	0,133	0,042	0,014	0,005	0,002	0,001	0,001	2,993	0,001
4	0,556	0,200	0,067	0,024	0,009	0,004	0,002	0,001	2,888	0,002
5		0,267	0,097	0,036	0,015	0,006	0,003	0,001	2,783	0,003
6		0,356	0,139	0,055	0,023	0,010	0,005	0,002	2,678	0,004
7		0,444	0,188	0,077	0,033	0,015	0,007	0,003	2,573	0,005
8		0,556	0,248	0,107	0,047	0,021	0,010	0,005	2,468	0,007
9			0,315	0,141	0,064	0,030	0,014	0,007	2,363	0,009
10			0,387	0,184	0,085	0,041	0,020	0,010	2,258	0,012
11			0,461	0,230	0,111	0,054	0,027	0,014	2,153	0,016
12			0,539	0,285	0,142	0,071	0,036	0,019	2,048	0,020
13				0,341	0,177	0,091	0,047	0,025	1,943	0,026
14				0,404	0,217	0,114	0,060	0,032	1,838	0,033
15				0,467	0,262	0,141	0,076	0,041	1,733	0,041

U	$n_2 = 8$ n_1 1	2	3	4	5	6	7	8	t	Normal
16				0,533	0,311	0,172	0,095	0,052	1,628	0,052
17					0,362	0,207	0,116	0,065	1,523	0,064
18					0,416	0,245	0,140	0,080	1,418	0,078
19					0,472	0,286	0,168	0,097	1,313	0,094
20					0,528	0,331	0,198	0,117	1,208	0,113
21						0,377	0,232	0,139	1,102	0,135
22						0,426	0,268	0,164	0,998	0,159
23						0,475	0,306	0,191	0,893	0,185
24						0,525	0,347	0,221	0,788	0,215
25							0,389	0,253	0,683	0,247
26							0,433	0,287	0,578	0,282
27							0,478	0,323	0,473	0,318
28							0,522	0,360	0,368	0,356
29								0,399	0,263	0,396
30								0,439	0,158	0,437
31								0,480	0,052	0,481
32								0,520		

D   Zuordnung statistischer Verfahren zu den Aufgaben

Statistiken	Aufgabe	Titel
Binomialverteilung	2	Statistik verstehen
	3	Zur falschen Zeit am falschen Ort?
	4	Sich unersetzlich fühlen und austauschbar sein
	5	Multiple-Choice (1)
	6	Multiple-Choice (2)
	7	Mensa und Essen
	8	»Manchmal, aber nur manchmal …«
	27	Planet Stastik I (1)
χ^2-Test	12	Penthes und Sileas
	19	Broken Home
	21	Viele Köche verderben den Brei
	26	Palzenkekse
	27	Planet Stastik I (1)
	30	»Schlafen, schlafen, vielleicht auch träumen …«
	31	»Zwei mal drei macht vier …«
	32	»Uni könnte so schön sein, wenn nur die ganzen Studis nicht wären«
	39	Was weißt denn du von Liebe?
Deskriptivstatistik	17	Die multifunktionale Gemüsereibe (1)
	18	Anpassung der Toleranzschwelle gegenüber unhygienischen Zuständen in Küche und Bad
	33	Intrinsische Motivation und Leistung
	35	EDV-Fortbildungen und Umgang mit dem PC
Eigenwerte	60	Faktorenanalyse, allgemein
Einfachregression	33	Intrinsische Motivation und Leistung
	34	Die Bahnhofskneipe »Zur Pfütze«
Fisher-Yates-Test	28	Analphabetismus und Autofahrer
	29	Das finnische Möbelhaus

Statistiken	Aufgabe	Titel
Produkt-Moment-Korrelation (Pearson-Korrelation)	12	Penthes und Sileas
	24	Im Silbersack
	27	Planet Stastik I (1)
	33	Intrinsische Motivation und Leistung
	35	EDV-Fortbildungen und Umgang mit PC
	42	Der Apfel fällt nicht weit vom Stamm
Prozentrang	11	Psychische Beanspruchung
	35	EDV-Fortbildungen und Umgang mit dem PC
Scree-Plot	60	Faktorenanalyse, allgemein
Spearman-Rang-Korrelation	20	Schwimmabzeichen und Wohnsituation
	40	McKay auf der Akademie
Tafel Varianzanalyse	51	Kundenzufriedenheit
t-Test für abhängige Stichproben	37	Neurotizismus bei Ehepartnern
	42	Der Apfel fällt nicht weit vom Stamm
t-Test für Korrelationen	20	Schwimmabzeichen und Wohnsituation
	24	Im Silbersack
	27	Planet Stastik I (1)
	33	Intrinsische Motivation und Leistung
	35	EDV-Fortbildungen und Umgang mit PC
	42	Der Apfel fällt nicht weit vom Stamm
t-Test für unabhängige Stichproben	12	Penthes und Sileas
	23	Neulich auf der Pferderennbahn (1)
	24	Im Silbersack
	25	Die Esel der Spartaner
	27	Planet Stastik I (1)
	33	Intrinsische Motivation und Leistung
	35	EDV-Fortbildungen und Umgang mit PC

Statistiken	Aufgabe	Titel
Wilcoxon-Test	17	Die multifunktionale Gemüsereibe (1)
	18	Anpassung der Toleranzschwelle gegenüber unhygienischen Zuständen in Küche und Bad
Yules Q	19	Broken Home
	21	Viele Köche verderben den Brei
	27	Planet Stastik I (1)
z-Werte	11	Psychische Beanspruchung
	35	EDV-Fortbildungen und Umgang mit dem PC
	41	Assessment-Center

Darauf warten Studenten:
Statistik verständlich erklärt

Nullzellenproblem, Dummy-Kodierung, Identifikation von Ausreißern — klingt witziger, als es ist, wenn man in der Statistikvorlesung sitzt und offensichtlich kein »Statistisch« spricht!

In diesem Lehrbuch werden Forschungsmethoden und Statistik verständlich und anschaulich erläutert. Sie erhalten das Handwerkszeug von der Vorlesung im ersten Semester bis zur Abschlussarbeit. Rechenschritte werden dabei in einzelnen Schritten erklärt und durch Beispiele und konkrete Anwendungen ergänzt. So wird klar, wozu Statistik gut ist – und wie sie funktioniert!

Michael Eid • Mario Gollwitzer •
Manfred Schmitt
Statistik und
Forschungsmethoden
2. Auflage 2011. 1056 Seiten.
Gebunden
ISBN 978-3-621-27524-8

Fit für die Prüfung
▶ Übungsaufgaben und Lernfragen zu jedem
  Kapitel
▶ Zahlreiche Beispiele
▶ Kapitelzusammenfassungen zum schnellen
  Wiederholen
▶ Vertiefungen für die, die es genau wissen
  wollen
▶ Über 150 Abbildungen und Tabellen

Online lernen und lehren
▶ Datensätze zum Rechnen der Übungs-
  aufgaben
▶ Lösungen der Übungsaufgaben mit SPSS
  und R
▶ Antworthinweise zu den Lernfragen
▶ Kommentierte Links
▶ FAQs u. a.

Ob Bachelor, Master oder Diplom – für alle,
die Statistik verstehen wollen!

Verlagsgruppe Beltz • Postfach 100154 • 69441 Weinheim • www.beltz.de

Mit R können Sie rechnen

R ist eine freie Statistik-Software, die in der Psychologie zunehmend angewendet wird. Die Vorteile: R ist kostenlos. R ist fehlerfreier und flexibler als die meisten kommerziellen Statistik-Programme. R wird ständig weiterentwickelt und enthält so neu entwickelte statistische Verfahren sehr früh.

In diesem R-Lehrbuch werden die Verfahren besprochen, die für die psychologische und sozialwissenschaftliche Forschung zentral sind. Einzelne Verfahren werden an konkreten Datenbeispielen ausführlich erklärt. Die Daten werden online zur Verfügung gestellt, sodass die Beispiele direkt am PC nachvollzogen werden können. Dabei sind keine Vorkenntnisse im Programmieren nötig. Übersichtstabellen mit den wichtigsten Befehlen erleichtern das Nachschlagen – und Beispiele, Übungsaufgaben und Anwendertipps helfen beim Einstieg in die Software. Für Studierende der Psychologie und der Sozialwissenschaften (begleitend zur Statistik-Vorlesung) und empirisch arbeitende Wissenschaftler (für den Umstieg von SPSS auf R).

Aus dem Inhalt
Installation von R · Grundlagen der Programmiersprache von R · Datenmanagement · Transformationen von Variablen · univariate und bivariate deskriptive Statistiken · Graphiken inferenzstatistische Verfahren

Maike Luhmann
R für Einsteiger
Einführung in die Statistiksoftware für die Sozialwissenschaften
Mit Online-Materialien
2. Auflage 2011. 317 Seiten.
Broschiert
ISBN 978-3-621-27928-4

Verlagsgruppe Beltz · Postfach 100154 · 69441 Weinheim · www.beltz.de

Neues Kurzlehrbuch für ein spannendes Fachgebiet

Wie plant man ein Experiment? Wie präsentiert man die Ergebnisse? Wie liest und interpretiert man eine experimentelle Arbeit? – Das Experiment ist die zentrale Methode der wissenschaftlichen Psychologie zum Erkenntnisgewinn. In diesem Kurzlehrbuch wird anschaulich dargestellt, wie man experimentell arbeitet.

Im Psychologiestudium muss man experimentelle Arbeiten nicht nur lesen und bewerten, sondern im Rahmen des Experimentalpsychologischen Praktikums, der Bachelor- oder Masterarbeit auch selbst planen und durchführen. Katrin Bittrich und Sven Blankenberger erläutern die wichtigsten experimentellen Paradigmen ebenso wie die einzelnen Schritte von der Literaturrecherche über die Methodik bis zur Auswertung und Präsentation.

Katrin Bittrich
Sven Blankenberger
Experimentelle Psychologie
Experimente planen, realisieren, präsentieren
Mit Online-Materialien
1. Auflage 2011. 192 Seiten.
Broschiert
ISBN 978-3-621-27802-7

Aus dem Inhalt
- ▶ Methode
- ▶ Ergebnisse
- ▶ Diskussion
- ▶ Literatur
- ▶ Präsentation
- ▶ Software
- ▶ Anhang (Übersetzungshilfe)

Verlagsgruppe Beltz · Postfach 100154 · 69441 Weinheim · www.beltz.de